## Impressum

**Buchtitel:**
Handbuch Digitales Marketing, 2. Auflage 2022

**Herausgeber:**
Niko Pabst und Andreas Mittelmeier

**Autoren:**
Chris Budgen, Wajden Byloff, Roman Gaisböck, Manfred Gansterer, Gerhard Günther, Thomas Hinterleitner, Kathrin Hirczy, Vivienne Hödl, Michael Katzlberger, Hannes Kirchbaumer, Paul Koppenwallner, Franziskos Kyriakopoulos, Andreas Ladich, Michael Malik, Michael Märtin, Andreas Mittelmeier, Dominik Paulnsteiner, Florentina Perschy, Daniel Pfeffer, Harald Rametsteiner, Millad Shahini, Philipp E. Stephan, Siegfried Stepke, Hannes Wurzwallner.

**Grafisches Konzept, Umsetzung, Illustrationen und Produktion:**
Kristina Csar, Michael Ladich

**Lektorat:**
Michaela Thaler, Maximilian Mondel und Elisa Krisper

**Hinweis:**
Die erste Auflage ist unter dem Titel Handbuch Digitalisierung für MarketingentscheiderInnen erschienen.

**Bibliografische Information der Deutschen Nationalbibliothek**
Die Deutsche Nationalbibliothek verzeichnet diese Publikation in der Deutschen Nationalbibliografie; detaillierte bibliografische Daten sind im Internet über http://dnb.d-nb.de abrufbar.

**Hinweis:**
Aus Gründen der leichteren Lesbarkeit wird auf eine geschlechtsspezifische Differenzierung verzichtet. Entsprechende Begriffe gelten im Sinne der Gleichbehandlung für alle Geschlechter.


**ISBN: 978-3-7143-0382-7 (Print)**
**ISBN: 978-3-7094-1282-4 (E-Book-PDF)**


1210 Wien, Scheydgasse 24, Tel.: 01/24 630
www.lindeverlag.at

**Druck:** Hans Jentzsch & Co GmbH
1210 Wien, Scheydgasse 31
Dieses Buch wurde in Österreich hergestellt

Gedruckt nach der Richtlinie des Österreichischen Umweltzeichens „Druckerzeugnisse", Druckerei Hans Jentzsch & Co GmbH, UW-Nr. 790

PRINTED IN AUSTRIA

Ein großer Dank gilt allen die an diesem Buch mitgewirkt haben.
Im Speziellen Kristina Csar für die großartige Grafik, Maximilian Mondel für die redaktionelle Bearbeitung, Michaela Thaler und Elisa Krisper für das Korrekturlesen, allen Autoren und dem Team, die den Kurs zum Buch entwickelt haben und betreuen: Chris Budgen, Karin Duft, Ursula Gastinger, Kathrin Hirczy, Andreas Ladich, Markus Plank, Millad Sahini, Georg Wiedenhofer und den Kursinitiatoren Stephan Kreissler und Niko Pabst.

# WISSEN IST MACHT – AUCH IM DIGITAL MARKETING

Aktuelle Studien und Befragungen untermauern wenig überraschend die Rolle der Digitalisierung im Marketing. Die fortschreitende Digitalisierung stand bereits in den vergangenen fünf bis zehn Jahren als To Do bei allen befragten Marketern unangefochten an erster Stelle. Der Widerstand in den eigenen Unternehmen galt dabei als große Herausforderung und Hemmschwelle. Befeuert durch die Corona-Pandemie zündet die Digitalisierung nun den Turbo und gewinnt deutlich an Tempo. Durch die wegfallenden Widerstände ist in den Marketingabteilungen des Landes nun die Sicht und der Weg frei zur Umsetzung und gleichzeitig auch auf die nächste Herausforderung – das dazu notwendige Wissen. Das ideale und kompetente Nachschlagewerk dazu halten Sie in Ihren Händen.

Mit dem „Crashkurs Digitalisierung für Marketingentscheider", der vom Marketing Club Österreich gemeinsam mit dem iab austria als perfektem digitalen Partner durchgeführt wird, haben Sie das richtige Angebot gewählt, um Ihr Wissen zu verbreitern und Ihre digitalen Kompetenzen zu vertiefen.

**Andreas Ladich**

Präsident Marketing Club Österreich

Der Marketing Club Österreich versteht sich als Kompetenzzentrum für Marketing und hat sich die Vertiefung des Wissens seiner Mitglieder – auch und gerade im Bereich Digital Marketing – auf seine Fahnen geheftet. Die fachliche und persönliche Fortbildung der MCÖ-Mitglieder ist dabei genauso wichtig wie das Schaffen eines Netzwerks und der Austausch der Mitglieder untereinander. Die Vorstellung geeigneter Tools, das Know-how zur Verwaltung, zur Analyse und eine durch Marketing Automatisation unterstützte Verarbeitung, sind wichtige Themen auch im Rahmen von Clubabenden, Workshops und Kursen.

Ich wünsche Ihnen, liebe Leserin, lieber Leser, dass Sie das Wissen aus dem Buch vorwärts bringt, Sie dabei unterstützt, die richtigen Entscheidungen zu treffen und Ihnen erfolgreiche Umsetzungen ermöglicht!

# DIGITALISIERUNG IST ALLES

Das Wort „Digitalisierung" ist omnipräsent. Und es gibt wohl auch keine präzise Definition für die „Digitalisierung": Uber ist ebenso Teil der Digitalisierung wie die Flugbuchung am Handy, das Smart Home oder ein Großteil der Inhalte, die wir täglich konsumieren. Und natürlich unsere gesamte Kommunikation. Auf Messenger-Diensten, per E-Mail oder in Video-Calls. Es gibt kaum mehr einen Job, für den es nicht ein Mindestmaß an Digital-Skills braucht. Wir wissen heute schon, dass die Digitalwirtschaft der größte Job-Motor sein wird, der Arbeitsplätze und Wertschöpfung schafft. Die Digitalisierung hat jeden noch so kleinen Bereich unseres Alltags erfasst. Trotzdem stehen wir erst am Beginn der Entwicklung, die immer rasanter Fahrt aufnimmt.

Im interactive advertising bureau austria arbeiten wir als Teil einer globalen Organisation täglich daran, Rahmenbedingungen und Standards für die Digitalwirtschaft zu schaffen und setzen uns für den wichtigsten Wirtschaftszweig der Zukunft ein. Wir sind glücklich, dass wir starke Partner wie den Marketing Club Österreich an unserer Seite wissen, um diese Arbeit auf breiter Basis und zum Wohle des Standorts zu leisten. Ein zentraler Erfolgsfaktor für den Erfolg des Digitalstandorts Österreich ist die Qualifikation der Menschen, die unsere digitale Zukunft gestalten werden. Ich gratuliere Ihnen dazu, dass Sie mit diesem Buch ihren digitalen Horizont erweitern und lege Ihnen als Vertiefung den Besuch des „Crashkurs Digitalisierung für Marketingentscheider*innen" ans Herz.

Ich wünsche Ihnen interessante und inspirierende Stunden mit unserem Buch!

© Stefanie J. Steidl

**Markus Plank**
Präsident iab austria

# EIN NACHSCHLAGEWERK ZUM THEMENFELD DIGITAL MARKETING

Das Ziel des Marketing Club Österreich ist es, das Marketing-Ökosystem zu vernetzen, den Austausch zu fördern sowie neueste Trends und Marketing-Know-How zu vermitteln. Neben Fachvorträgen, Workshops, Studien und Podcasts bietet der Marketing Club Österreich seit 2018 – gemeinsam mit dem iab Austria – auch ein Weiterbildungsformat: den Crashkurs Digitalisierung für Marketing-Entscheiderinnen und -Entscheider.

Die Basis für die Weiterbildung haben unsere Mitglieder selbst gelegt, da sie uns hartnäckig auf Weiterbildungsmöglichkeiten angesprochen haben und so auch die thematischen Inhalte des Digital Kurses aktiv mitgestaltet haben.

Das beliebte mehrwöchige Weiterbildungsformat bietet einen spannenden und relevanten Überblick über digitale Strategien, Online Tools, Bewertungsmöglichkeiten, Online Trends und Werbekanäle. Die mannigfaltigen Inhalte werden von mehr als 20 ausgewiesenen Fachexpertinnen und Fachexperten aus Österreich vermittelt.

Als logische Folge des erfolgreichen Weiterbildungsformats haben wir das Wissen unserer Vortragenden zusammengetragen und nun in die in Ihren Händen befindliche Fachlektüre gegossen. Das Buch zum „Crashkurs Digitalisierung" des Marketing Club Österreich und iab Austria stellt ein Nachschlagewerk für Marketing-Entscheiderinnen und -Entscheider dar, die sich im Bereich Marketing-Digitalisierung und Digitale Transformation im Marketing wichtige Basics, Insights und weiterführende Inputs holen möchten.

Wir wünschen Ihnen mit der vorliegenden Publikation viele spannende und vor allem neue Eindrücke und Sichtweisen zum Themenfeld Digital Marketing.

Herzlichst, Ihre Herausgeber

**Niko Pabst** (li) &
**Andreas Mittelmeier** (re)
Marketing Club Österreich

# INHALTSVERZEICHNIS

## MODUL 2:
## Digitale Kanäle

## MODUL 3:
## Technik & Tools



INHALTSV

## MODUL 4: Omnichannel Marketing



ERZEICHNI

## MODUL 5:
## Trends

jentzsch + druckt + **die perfekte Ergänzung** zu gelungenem digitalen Marketing

# Unsere Produkte.

## Ihr bleibender Ein*druck*.

Jetzt bestellen

Visitenkarten, Briefpapier, Notizbücher und mehr. **jentzsch** produziert Ihre Geschäftsdrucksorten.

- Visitenkarten
- Briefpapier
- Mappen
- Schreibblöcke
- Notizbücher
- Kalender
- Kuverts
- Tragetaschen
- und vieles mehr

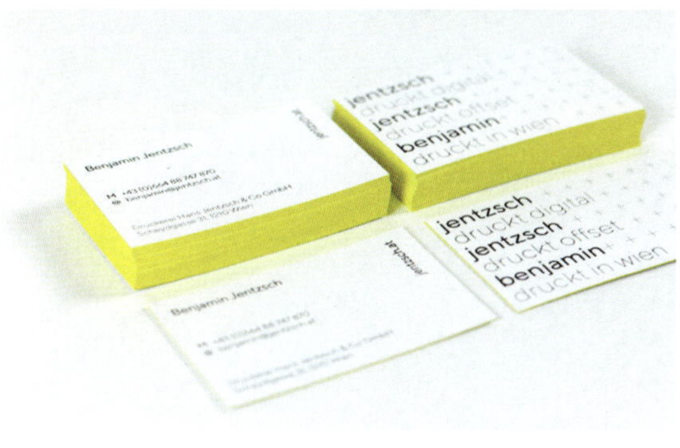


- 100% österreichische Produktion
- Zertifiziert umweltbewusstes Drucken
- Qualität seit 1963

**jentzsch** + 01 278 42 16-0 + office@jentzsch.at + **jentzsch.at** +

# DER DIGITALE GIPFELSTURM

## ... oder die Digitalisierung des Marketings als Erfolgsfaktor

*In diesem Kapitel erfahren Sie über die Veränderungen im Marketing in Verbindung mit der Digitalisierung der vielfältigen Medienlandschaft und des geänderten Konsumverhaltens. Das Marketing wird zunehmend von digitaler Kommunikation geprägt, es werden die neuen Möglichkeiten und Herausforderungen im Berufsfeld Marketing dargestellt.*

**HARALD RAMETSTEINER**

## Das Internet hat die Welt und das Kommunikationsverhalten revolutioniert:

**1960** Das in den 1960er Jahren begonnene **Vernetzen der Großrechner** von Universitäten und Forschungseinrichtungen sollte in weiterer Folge dem Verteidigungsministerium der USA einen technologischen Vorsprung sichern.

**1990** Ab den 1990er Jahren wurde das Internet für **kommerzielle Einsatzmöglichkeiten** nutzbar gemacht – dies war die Grundlage für das World Wide Web, wie wir es heute kennen. Die Einführung grafikfähiger Webbrowser, die kostenlos zum Download angeboten wurden, unterstützte die Darstellung der Inhalte des Webs. Suchmaschinen ermöglichten das gezielte und rasche Auffinden von Inhalten:

**1995** die **Geburtsstunde für Yahoo, Alta Vista und Google**.

**2004** Die Entwicklung und Einführung von **Social-Media-Plattformen** wie Facebook oder YouTube war die Grundlage für den Austausch von Inhalten unter Nutzern. Begriffe wie **Web 2.0** oder **User Generated Content** beschreiben die neuen Möglichkeiten. Die Einführung von mobilen **Smartphones**, mit Apple als innovativem Vorreiter, waren der Grundstein für den ständigen Zugriff auf digitale Inhalte. Der Kreis schließt sich mit dem Start der **digitalen Vermarktung** von Produkten: Aus dem elektronischen Buchgeschäft Amazon wurde der führende E-Commerce Händler der Welt.

# DAS INTERNET ALS TREIBER DER DIGITALEN TRANSFORMATION

Laut Schätzungen hat weltweit mehr als die Hälfte der Weltbevölkerung Zugang zum Internet. In der Europäischen Union liegt der Anteil der privaten Haushalte mit Internetzugang bei rund 90 Prozent, das ist ein Wachstum von 26 Prozentpunkten innerhalb von zehn Jahren. Die hohe Dichte an Breitbandanschluss mit knapp 90 Prozent ist die technische Grundlage. Auch das Einkaufen über das Internet gewinnt in der EU zunehmend an Bedeutung, rund 60 Prozent der Personen zwischen 16 und 74 Jahren bestellen Waren oder Dienstleistungen online.[1]

1 ec.europa.eu/eurostat/statistics-explained/index.php?title=Digital_economy_and_society_statistics_-_households_and_individuals/de _ 22.2.2021

Beim Blick auf die unterschiedlichen Nutzungsformen des Internets bestätigt sich zunächst die führende Rolle der Suchmaschinen bei der Recherche zum Auffinden relevanter Inhalte. Überraschend wirkt der noch immer hohe Stellenwert von E-Mails im Kontext neuer digitaler Kommunikationsformen wie WhatsApp & Co. Die hohe Nutzungsrate von Online-Banking bzw. der steigende Anteil von Online-Shopping führen zur Transformation von Branchen, wie Banken oder Handel. Es folgen Serviceleistungen wie die digitale Routenplanung, das Ranking der Tätigkeiten im Internet weist auch die zu vermutende hohe Bedeutung der Kommunikation in sozialen Medien und Messenger-Diensten aus. Zur Abrundung verlagern sich das Ansehen von Videos und das Anhören von Musik in den digitalen Raum.[2]

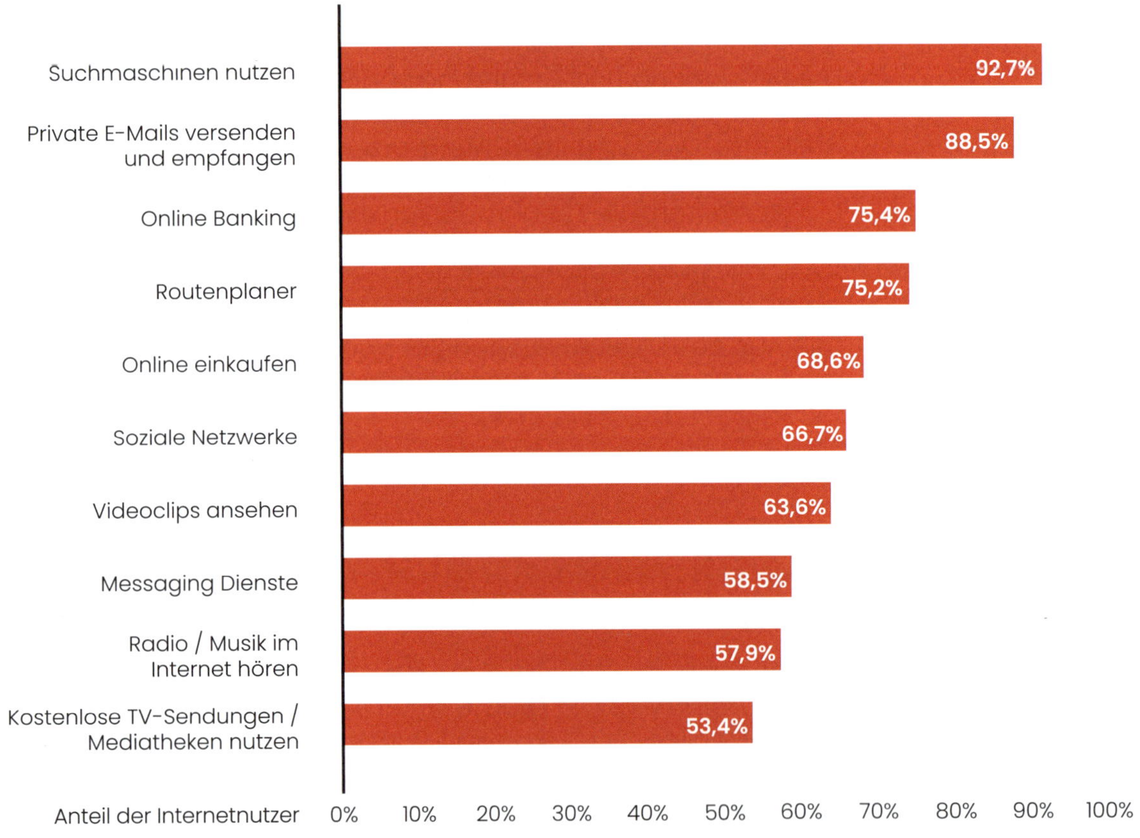


**Abbildung 1**
Die beliebtesten Online-Tätigkeiten in Österreich | Quelle: Österreichische Webanalyse (ÖWA)

2 https://de.statista.com/statistik/daten/studie/252671/umfrage/nutzungsschwerpunkte-des-internets-in-oesterreich/ _ 28.2.2021

Die Auswirkung des Internets betrifft viele Bereiche des Zusammenlebens und des wirtschaftlichen Handels. Die Digitalisierung führt zu Umwälzungen (die „digitale Revolution"), exemplarisch in der Nutzung von Informationen und den damit verbundenen digitalen Medien, bezogen auf die Möglichkeiten und Formen der Kommunikation bzw. mit Einfluss auf die Arbeitswelt in der Wirtschaft. Durch die digitale Transformation ergeben sich auch neue Geschäftsmodelle, Service-Orientierung ist die Grundlage für wachsende digitale Player wie Booking.com oder Airbnb.

Die User schätzen die bekannten digitalen Player aufgrund der Services, die sie im Verhalten integrieren und damit den Alltag vereinfachen. Facebook produziert keine Inhalte, Uber besitzt keine Fahrzeuge, Airbnb betreibt keine Hotels und Google ist als Suchmaschine die Schnittstelle zu digitalen Angeboten.

## NEUE MÖGLICHKEITEN UND HERAUSFORDERUNGEN FÜR DAS MARKETING

Im Kontext dieses dynamischen Umfelds nutzen agile Unternehmen die sich daraus ergebenen Chancen. Zukunftsorientierte Entscheidungsträger beschäftigen sich mit Innovationen zur Integration der digitalen Möglichkeiten bzw. Automatisierung von Prozessen. Damit verbunden ergeben sich auch im Marketing viele neue Möglichkeiten. Die Kundenorientierung basiert aufgrund der zur Verfügung stehenden Daten auf mehr Verständnis für die Kundenanforderungen und Kundenaktivitäten. Das Nutzen von Echtzeitdaten ermöglicht fundiertere Entscheidungen, zusätzlich kann die Kommunikation effizienter geplant und besser auf die Wirkung überprüft werden. Durch die Integration der Daten und Automatisierung kann stärker auf das Verhalten der Konsumentinnen und Konsumenten eingegangen werden.

Der Marketing Circle Austria – bestehend aus Marketing Club Österreich (MCÖ), Dialog Marketing Verband Österreich (DMVÖ), Österreichische Marketing Gesellschaft (ÖMG) und internet advertising bureau Austria (iab Austria) – hat zusammen mit dem Pharma Marketing Club Austria (PMCA) und mit Unterstützung der Fachgruppe Werbung & Marktkommunikation der Wirtschaftskammer Wien eine Studie zum „Berufsbild Marketing" herausgebracht.[3] Beim Blick auf die Auswirkungen der Digitalisierung auf das Marketing ergibt sich als Stimmungsbild (siehe Abb. 2), dass sich die Aufgaben massiv verändert haben, dass das Marketing als Treiber in veränderte Prozesse involviert ist und dass die digitale Agenda in die Gesamtstrategie integriert wird.

Damit verbunden sind die Anforderungen, dass das Marketing-Team ein höheres IT-Verständnis benötigt und ein noch engeres Zusammenarbeiten mit der IT-Abteilung zielführend ist.

3 https://marketingclub.at/news/neue-studie-online-berufsbild-marketing _ 22.2.2021

**Abbildung 2**
Auswirkungen der Digitalisierung auf das Marketing | Quelle: Marketing Circle Austria

## KOMMUNIKATION WIRD PRÄGEND FÜR DAS MARKETING

Ein Vergleich von Definitionen für Digital Marketing zeigt ein weitgehend ähnliches Verständnis. Digital Marketing wird als Disziplin verstanden, die auf digitale Technologien und digitale Medien setzt. Die digitale Kommunikation wird eingebettet in das gesamte Marketing, in dem der bewährte Management-Regelkreis aus Analyse, Planung, Umsetzung und Steuerung integriert betrachtet wird. Manche Autoren bezeichnen diese Disziplin auch als Online-Marketing, wobei sich vor dem Hintergrund der gängigen Begriffe wie Digitalisierung oder digitale Transformation das „Digital Marketing" als die zeitgemäße Begrifflichkeit etabliert hat.

Die zunehmend starke Reduktion des Marketings auf Kommunikation – denn die Produktentwicklung läuft in vielen internationalen Unternehmen in den Konzernzentralen oder regionalen Innovations-Zentren und der Preis wird von der Verkaufsabteilung geprägt – verdeutlicht auch die Ergebnisse der aktuellen Studie „Berufsfeld Marketing" des Marketing Circle Austria. Die Betrachtung der Bereiche, in die das Marketing involviert oder maßgeblich beteiligt ist, ordnet der Kommunikation und Werbung die führende Rolle in fast allen Marketingabteilungen zu. Dieser Schwerpunkt wird von der Markenstrategie gefolgt, wobei diese in der Regel wieder starke Auswirkungen auf die Marketingkommunikation hat.

Wenn man die Themenfelder betrachtet, mit denen sich das Marketing beschäftigt, bestätigt sich die überragende Bedeutung der Kommunikation im Portfolio der Aufgaben (siehe Abb. 3).

Wenig überraschend betrifft das Hauptthema Website und Social Media das digitale Marketing, an der dritten Stelle findet sich das Content Marketing mit in der Regel starkem digitalen Gewicht. Strategien für Kommunikation und Marken sind eine wichtige Abwechslung zu den oft operativen und verkaufsorientierten Alltagsaktivitäten. Die genannten Aufgabenfelder werden mit einem Mix von Aktivitäten (von Events über klassische Werbung bis zu Verkaufsunterstützung) zu einem spannenden Berufsfeld, mit dem schon dargestellten Kommunikationsschwerpunkt.[4]

4 https://marketingclub.at/news/neue-studie-online-berufsbild-marketing _ 22.2.2021

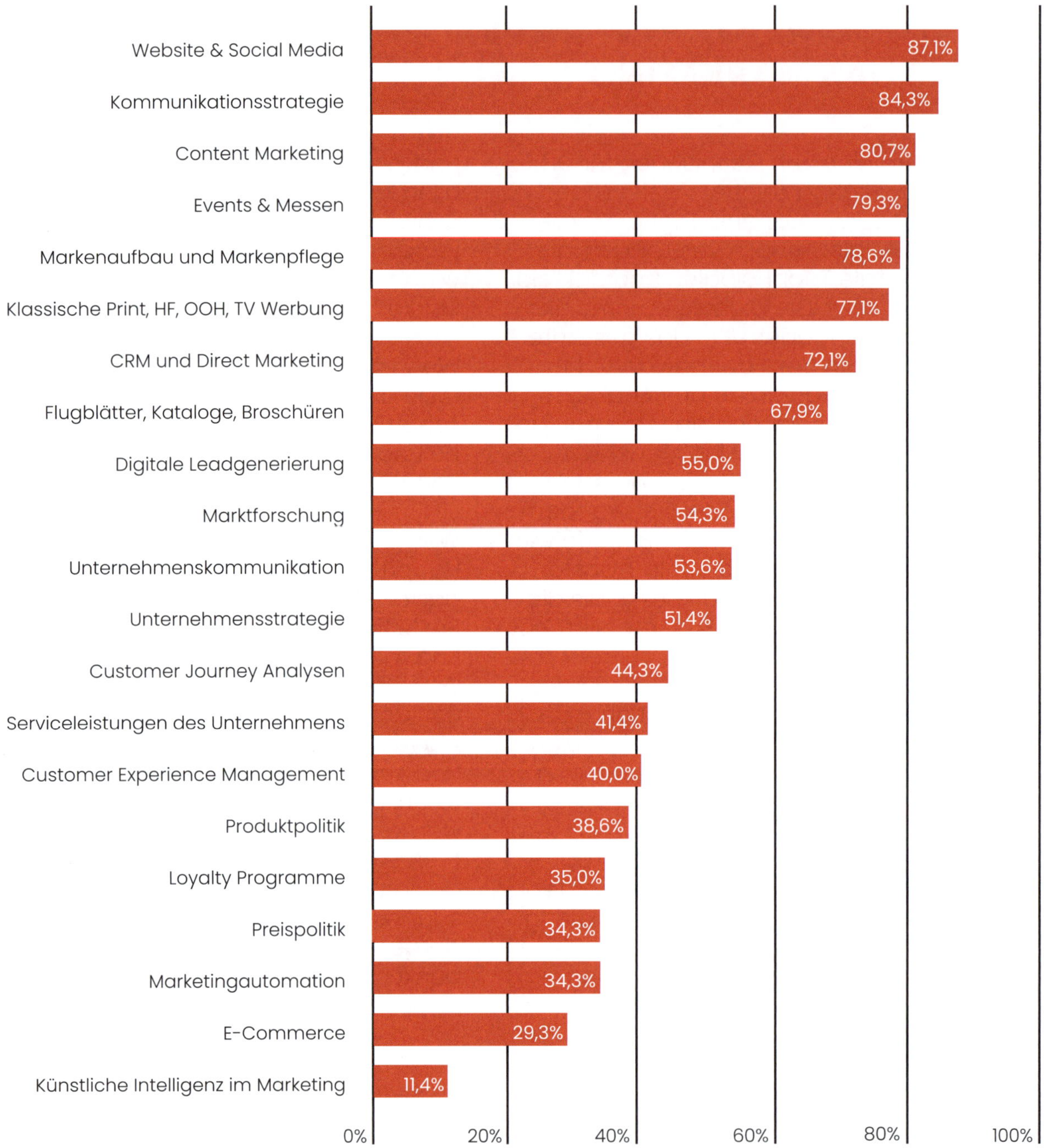


**Abbildung 3**
Die aktuellen Themenfelder im Marketing
Quelle: Marketing Circle Austria

# DIGITALE KOMMUNIKATION GEWINNT STARK AN BEDEUTUNG

Über viele Jahren war TV-Werbung als klassische Kommunikation mit Reichweite bzw. der Möglichkeit der Emotionalisierung über Bild, Wort und Musik der Fixstern am Firmament der Marketingabteilungen und Agenturen. Aber im Zeitablauf hat sich international der Kommunikationsmix stark verändert, Print- und Fernsehwerbung haben deutlich zugunsten der digitalen Kommunikation verloren.

**Von den Medienbeobachtern wird der Zeitraum zwischen 2015 und 2017 für die Übernahme der führenden Rolle des digitalen Marketings in Europa genannt.**

Exemplarisch sei hier auf die Advertising Expenditure Studie der Mediaagentur Zenith verwiesen, die im Jahr 2017 Internetwerbung (oder eben das Digital Marketing) erstmals an der ersten Stelle bei den Werbespendings sah.[5]

In **Österreich** ticken die Uhren scheinbar langsamer. Das Marktforschungsinstitut Focus Media Research sieht den **Anteil der digitalen Werbung an der dritten Stelle** hinter Printwerbung und TV-Werbung. Beim Blick auf das Gesamtjahr 2021 wird Digital Marketing eine Bedeutung von 16,8 Prozent zugeordnet, die Zahlen beziehen sich auf Erhebungen und Experteneinschätzungen. Interessant ist die dynamische Entwicklung, wobei die Werte der letzten zwei Jahre auch stark von der Corona-Pandemie beeinflusst waren.

Während Digital Marketing laut Focus im Jahr 2021 um 12 Prozent gegenüber dem Vorjahr bzw. um über 20 Prozent gegenüber dem Jahr vor der Pandemie gewachsen ist, gab es insbesondere für die klassische Kommunikationskategorie Print eine schwache Entwicklung bzw. einen Rückgang.

Die zu Jahresbeginn 2022 von Focus Marketing Research veröffentlichen Werte ordnen dem Bereich **Social Media das stärkste Wachstum** zu, beim Ausblick – basierend auf einer Befragung von führenden werbetreibenden Unternehmen und Agenturen – auf die weitere Entwicklung wird ein starkes Plus bei Video Ads, bezahlter Social-Media-Werbung und Mobile Marketing prognostiziert.[6]

Dramatisch ist der Blick in die Zukunft über mehrere Jahre. Wenn die Prognosen der Marktforscher mit Unterstützung von Expertinnen und Experten eintreffen, dann kommen radikale Veränderungen in der Kommunikationslandschaft auf uns zu (siehe Abb. 4). Eine Studie des Marktforschungsinstituts Marketagent prognostiziert für das Jahr **2027 eine knappe Verdopplung der digitalen Kommunikation** auf ca. 29 Prozent, begleitet von einem ausgeprägten Rückgang der Printwerbung. TV-Werbung bleibt weitgehend stabil, aber auch in Österreich wird in einigen Jahren – mit zeitlicher Verzögerung Digital Marketing die wichtigste Kommunikationsgattung werden.[7]

5 https://onlinemarketing.de/programmatic-advertising/wachabloesung-werbebranche-digital-uebernimmt-spitze-tv-europa _ 24.2.2021
6 https://www.focusmr.com/de/werbebilanz-2021/ _ 11.02.2022
7 Marketagent: Die österreichische Werbe- und Medienlandschaft im Jahr 2027 (gemeinsam mit der Marketingagentur falknereiss)

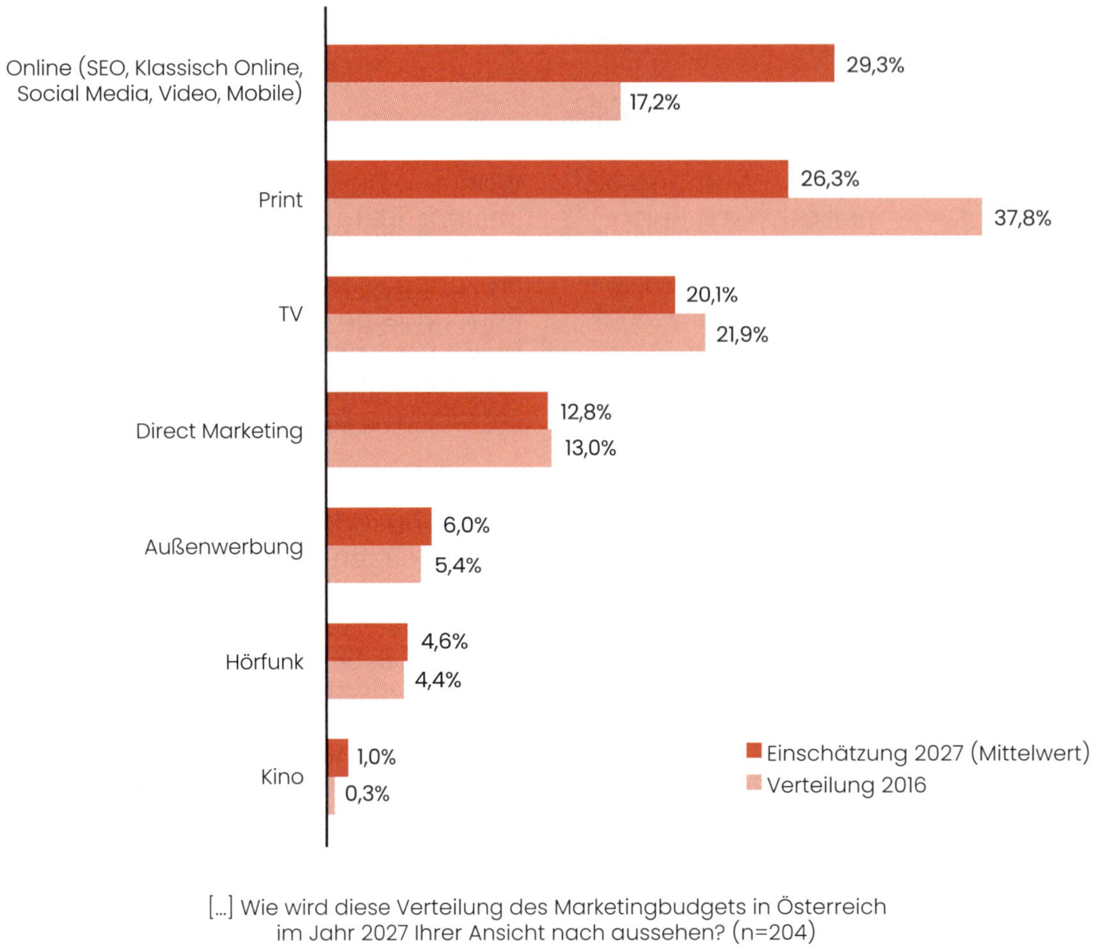


**Abbildung 4**
Die Prognose der Kommunikationsverteilung in Österreich für 2027 | Quelle: Marketagent

Besagte Studie beschäftigt sich auch mit der zu erwartenden Entwicklung beim Online Shopping: Marketagent prognostiziert eine Vervierfachung der E-Commerce Ausgaben in Österreich, mit einem Anteil von über 20 Prozent am gesamten Einzelhandelsumsatz in einigen Jahren (Anmerkung: der Corona-Effekt und das damit verbundene geänderte Einkaufsverhalten waren zum Zeitpunkt der Studie noch nicht absehbar bzw. berücksichtigt).

# DIGITALES MARKETING-KNOW-HOW IST STARK NACHGEFRAGT

Der digitale Wandel und die damit verbundene Transformation des Marketings mit stark steigenden Aufgaben rund um digitale Kommunikation verändern die Anforderungen an neue Mitarbeiterinnen und Mitarbeiter. Das Jobportal karriere.at skizziert regelmäßig die Schwierigkeit, Nachwuchskräfte mit Digital-Marketing-Knowhow am Markt zu finden. Die digitalen Talente zeichnet auf der einen Seite das selbstverständliche Aufwachsen und Nutzen von sozialen Medien, Apps, Streaming-Portalen & Co aus. Auf der anderen Seite gibt es einen Engpass an Managerinnen und Managern sowie generell jungen Talenten, die fachliches Know-how aus entsprechender Aus- und Weiterbildung bzw. Erfahrung im Digital-Marketing-Alltag im Job einbringen können.[8]

Eine Studie des Beratungsunternehmens Ernst & Young erkennt einen Mangel an qualifiziertem Personal: Mehr als drei von vier mittelständischen Unternehmen in Österreich haben Schwierigkeiten, geeignete Fachkräfte zu finden, fast ein Viertel sogar erhebliche. Beim Blick auf die Bereiche mit Fachkräftemangel führt der technische Bereich in der Produktionsbranche vor IT/EDV, bereits an der dritten Stelle folgt der Engpass bei Expertinnen und Experten in Marketing/Vertrieb und Kundendienst.[9] Mögliche Ansätze für das Lösen des Fachkräftemangels sind der Ausbau des Angebots bei Aus- und Weiterbildung und/oder die Integration von Quereinsteigern, mit Recruiting auch außerhalb der gewöhnlichen Pools. Zusätzlich probieren Unternehmen neue Arbeitsmodelle oder bieten zusätzliche Benefits, um im Ringen um vielversprechende Mitarbeiterinnen und Mitarbeiter erfolgreich zu sein.[10]

Die Ergebnisse der Studie „Berufsfeld Marketing" des Marketing Circle Austria bestätigen den ausgeprägt hohen Stellenwert von neuen Mitarbeiterinnen und Mitarbeitern mit digitalem Wissen (siehe Abb. 5).

Schwerpunktmäßig werden Mitarbeiterinnen und Mitarbeiter für digitale Medien und Content Management gesucht. Einen besonderen Differenzierungsvorteil haben Talente, die neben dem Know-how im Online Marketing auch die breite Sichtweise für das Vernetzen der Disziplinen und eine Allrounder-Einsatzmöglichkeit mitbringen. Die Forderung nach digitalem Verständnis und Know-how führt dazu, dass knapp 70 Prozent der Unternehmen einen Bedarf an Schulungen und Weiterbildung für die Mitarbeiterinnen und Mitarbeiter erkennen. Das hängt auch damit zusammen, dass die Unternehmen eine Mischung aus kompetentem Fachpersonal im Haus und externen Dienstleistern wie Agenturen mit Fachspezialisten anstreben.

8 https://www.karriere.at/blog/digitale-talente-rekrutieren.html _ 25.2.2021
9 https://www.horizont.at/marketing/news/human-resources-ringen-um-fachkraefte-83872b _ 25.2.2021
10 https://onlinemarketing.de/karriere/karriere-tipps/jobs-der-woche-kw36 & https://www.talention.de/blog/fachkraeftemangel-das-sind-die-fakten _ 25.2.2021

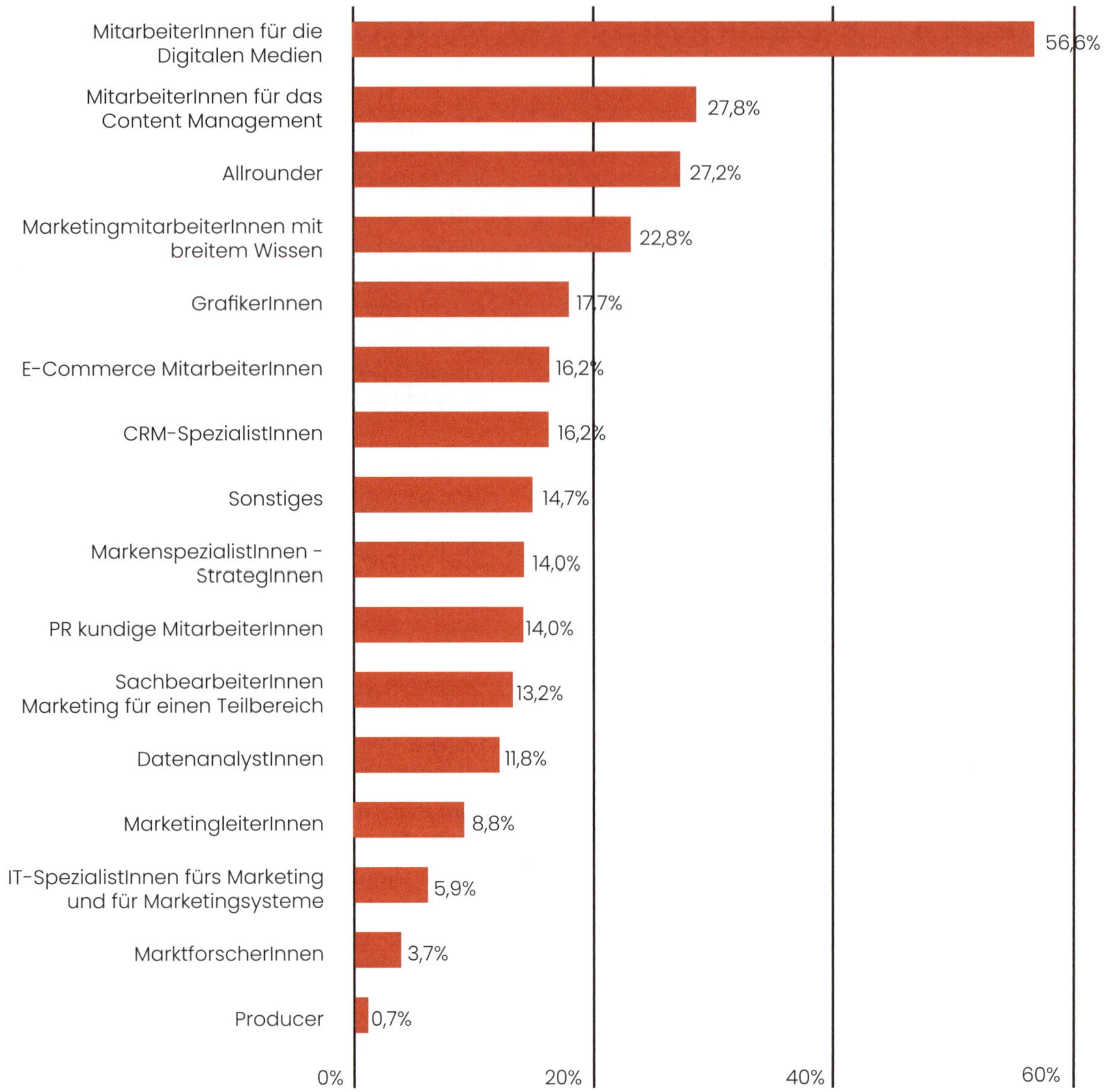


**Abbildung 5**
Die Anforderungen an neue Marketing-Kräfte | Quelle: Marketing Circle Austria

Der Aufholbedarf beim Digital Marketing wird auch beim Betrachten der größten Hindernisse beim Bewältigen der Herausforderungen in den Abteilungen sichtbar (siehe Abb. 6).

**Abbildung 6**
Die größten Hindernisse zur Bewältigung der Herausforderungen im Marketing
Quelle: Marketing Circle Österreich

Die Befragten identifizieren eine fehlende Konsolidierung von Kundendaten für eine umfassende Betrachtung bzw. ein fehlendes gemeinsames Verständnis für die Wichtigkeit des datengetriebenen Marketings. Während auf der einen Seite die in Verbindung mit digitalem Marketing generierten und zur Verfügung stehenden Daten steigen, hat man es auf der anderen Seite noch immer mit einem ausgeprägten Silo-Denken über die unterschiedlichen Unternehmensbereiche hinweg zu tun. Zusätzlich erkennen die Entscheidungsträger im Marketing ein nicht durchgängiges Bild auf die Kunden über alle Touchpoints bzw. das Fehlen technischer Tools.[11]

11 https://marketingclub.at/news/neue-studie-online-berufsbild-marketing _ 22.2.2021

# TRENDS ERÖFFNEN CHANCEN FÜR DAS MARKETING

Das moderne Marketing bleibt spannend und dynamisch, mit der richtigen Einschätzung neuer Entwicklungen und deren möglichem Einsatz im eigenen Business werden neue Impulse gesetzt.

Content-Marketing wird als Teil eines ganzheitlichen Kommunikationsansatzes als wichtige Säule betrachtet, dabei geht es auch um die **Verbindung aus Strategie und kreativen Kampagnenideen**. Zu den wachsenden Formaten zählen neben neuen Social-Media-Plattformen der Gaming- und E-Sports-Bereich. Die Dynamik rund um Video/Bewegtbildinhalte bleibt bestehen, die Entwicklungen rund um Smart TV und Connected TV können dies zusätzlich unterstützen. Das **Wachstum von Video/Bewegtbildinhalten und Live Streaming** wurde durch die Corona-Pandemie beschleunigt, zusätzlich gewinnt **User Generated Content als Indikator für Sicherheit bei Kaufentscheidungen** noch weiter an Stellenwert. Formate wie Podcasts werden als „Easy to Consume Content" geschätzt. Die weltweite Klimakrise und das Umdenken vor dem Hintergrund der Pandemie beeinflussen Entscheidungen im Kontext der Nachhaltigkeit, in diesem Zusammenhang profitiert Digital Marketing zusätzlich. Die **Auffindbarkeit im Internet ist immer Schlüssel zum Erfolg**, dabei können Voice oder Visual Search die Customer Experience erleichtern.[12]

Spannend wird die Entwicklung rund um datengetriebenes Marketing und Datenschutz. Auswirkung auf den Alltag wird die neue Version des Google Analytics haben, dessen Fokus stark auf Machine Learning setzt. Das ermöglicht bessere Insights zum zukünftigen Verhalten der User und einen detaillierteren Einblick in die Customer Journey.

Durch den **Einsatz von Identifikatoren** wie User IDs, Device IDs oder auch Daten aus Google Signals kann auch in einer **Welt ohne Cookies** das Arbeiten mit Daten sichergestellt werden. Umfassend können die Auswirkungen neuer rechtlicher Rahmenbedingungen wie die e-Privacy Richtlinie und mögliche Cookie-Einschränkungen sein. Die Branche wird an Lösungen arbeiten: **sauberes Consent Management, das eigene Data-Ownership der Technologien, die Entwicklung einer Customer Data Platform** oder der Umstieg auf ein **serverseitiges Tracking** können die Grundlage sein.[13]

Ein Blick in die Glaskugel offenbart immer neue Chancen und Herausforderungen, die von erfahrenen Entscheidungsträgern mit digitalem Verständnis und engagierten Nachwuchskräften mit digitalem Innovationsgeist genützt werden. Als Konstanten bleiben die Kundenorientierung mit Verständnis für die Anforderungen und das Verhalten von Konsumentinnen und Konsumenten, der Einsatz der passenden Instrumente zur Erreichung der kundenbezogenen Unternehmensziele und der Beitrag richtig geführter Marken mit Relevanz für die Konsumenten.

12 https://www.horizont.at/digital/news/die-vermarkter-digitale-vermarktung-was-erwartet-uns-2021-82755 & https://onlinemarketing.de/branding/digital-marketing-trends-2021 _ 01.03.2021
13 https://www.e-dialog.at/blog/wissen/happy-new-digital-marketing-trends-2021/ _ 28.2.2021

# KEY TAKEAWAYS
## dieses Kapitels auf einen Blick:

1. Das Internet revolutioniert das Kommunikations- und Einkaufsverhalten. Recherche über Suchmaschinen und Shopping über E-Commerce Plattformen prägen den Alltag.

2. Agile Unternehmen nutzen die sich ergebenden Chancen. Daten unterstützen die Kundenorientierung und auf Fakten fundierte Entscheidungen.

3. Das digitale Umfeld verändert die Anforderungen an Marketingabteilungen. Es wird ein höheres IT-Verständnis in der Zusammenarbeit zwischen den Abteilungen gefordert.

4. Die Internationalisierung reduziert das Marketing stark auf Aufgaben rund um Kommunikation. Wesentliche Inhalte beziehen sich auf Website, Social Media und Content Marketing.

5. Im Kommunikationsmix gewinnen die digitalen Medien stark an Bedeutung. Der internationale Vergleich ordnet der digitalen Kommunikation die führende Rolle vor klassischen Medien zu.

6. Die auf Studien basierende Einschätzung ist, dass auch in Österreich die digitale Kommunikation die führende Rolle übernehmen wird. Auch die E-Commerce-Ausgaben werden deutlich wachsen.

7. Die Transformation des Marketings verlangt digitales Knowhow. Das bezieht sich auf digitales Verständnis unter Entscheidungsträgern bzw. Aus- und Weiterbildung beim Nachwuchs.

8. Zu den Hindernissen zählen die fehlende Konsolidierung von Kundendaten für eine übergreifende Sicht über mehrere Abteilungen. Datengetriebenes Marketing verlangt das Aufbrechen von Silo-Denken.

9. Laufende Entwicklungen erfordern Anpassungsfähigkeit, von Content Marketing bis Nachhaltigkeit. Es geht um die richtige Einordnung von wachsenden Formaten.

10. Das Marketing bleibt spannend und dynamisch. Ganzheitliches Marketing mit einem wachsend digitalen Schwerpunkt ist die Säule für den Erfolg in der Zukunft.

# VON DER HERAUSFORDERUNG

## ... zur Strategie: Identifikation von Kundenbedürfnissen durch Personas, Empathy Mapping & Customer Journey

*Der Prozess der Digitalisierung hat inzwischen fast alle Branchen und Bereiche des täglichen Lebens erfasst. Anstatt davon überrannt zu werden und durch nicht-orchestrierten, punktuellen Aktionismus das ohnehin schon knappe Budget zu verpulvern, gilt es eine unternehmensweite Strategie zu entwickeln, die sowohl die eigenen Stärken und Schwächen berücksichtigt, als auch den Kunden und dessen Erwartungen ins Zentrum rückt. Erste Schritte können hierbei die Erarbeitung von Personas auf Basis der Customer Journey sein. Was Personas sind, wie diese entwickelt werden und welche Rolle dabei Kundenerlebnisse spielen, erfahren Sie in diesem Kapitel.*

**CHRIS BUDGEN**

# SCHÖNE NEUE WELT?

Das Thema Digitalisierung beeindruckt vor allem durch seine rasante Verbreitung.

Das Telefon brauchte fast 75 Jahre, um weltweit über 100 Millionen Benutzer zu erreichen. Das Internet brauchte dazu nur sieben Jahre und die mobile Applikation „Pokemon Go" gar nur 25 Tage.

Trotz der noch kurzen „Lebensdauer" der Digitalisierung, hat sie sich dennoch in beinahe jedem Bereich unseres täglichen Lebens manifestiert und es dadurch geschafft, den Konsumenten/die Konsumentin wieder in den Mittelpunkt der unternehmerischen Maßnahmen zu rücken.

Der **Konsument/die Konsumentin im Mittelpunkt** hat auch dazu geführt, dass sich Verhaltensweisen und Erwartungen der Konsumenten in den vergangenen Jahren massiv verändert haben. **Es wird nicht mehr gesucht, es wird gefragt**. Unüberschaubare Produktpaletten werden personalisiert kuratiert. Medien werden nicht mehr linear konsumiert, sondern sind nach Bedarf jederzeit verfügbar. Die Konsumenten sind lokal und global. Sie sind vernetzt. Sie sind kommunikativ und nutzen immer mehr unterschiedliche Kanäle, um ihre Meinungen kundzutun. Die explodierende Anzahl der potentiellen Touchpoints zwingt Unternehmen dazu, sich in immer kürzeren Intervallen mit neuen Modellen der Markenkommunikation auseinanderzusetzen, denn Inhalte, die auf YouTube funktionieren, haben auf TikTok keine Chance, Bilder auf Pinterest folgen einer gänzlich anderen Linie als jene auf Instagram und wie wir Clubhouse sinnvoll nutzen können, wissen wir noch gar nicht so richtig. Was wir wissen ist, dass Konsumentinnen und Konsumenten diese Plattformen nutzen und wenn Marken Teil dieser Konversationen sein möchten, muss beobachtet werden, welche Inhalte mit welchen Stimmungsbildern hier verbreitet werden.

Bei stündlich zum Beispiel

**500 Stunden** neuen Videomaterials
auf **YouTube** oder
**350 Millionen Tweets** auf Twitter

stellt das natürlich eine Mammutaufgabe dar.

Auch Konsumentinnen und Konsumenten haben mit dieser Reizüberflutung zu kämpfen. Waren diese in den 1970er Jahren noch mit im Durchschnitt 300 Werbebotschaften am Tag konfrontiert, so müssen sie einer Studie des IMK nach heutzutage mit über **6.000 Werbebotschaften** zurechtkommen. Nicht zuletzt bedingt durch diese Überflutung verringert sich die Aufmerksamkeitsspanne des Menschen laufend. So haben wir es als Gesellschaft im Jahr 2015 „geschafft", in punkto Aufmerksamkeit im Durchschnitt hinter jene von Goldfischen zurückzufallen. Dies führt dazu, dass der Mensch versucht, seine Umgebung immer mehr zu vereinfachen.

Künstliche Intelligenz soll die Inspiration übernehmen und idealerweise sogar durch „Predictive Replenishment" Bedürfnisse befriedigen, bevor diese überhaupt entstehen. Interaktion mit Marken und dem Handel wird immer stärker digitalisiert und im Low-Involvement-Bereich wird das Interface zunehmend durch Spracheingaben über Digital Assistents wie Alexa oder Cortana abgelöst.

Diese Umstände stellen nicht nur das Marketing, sondern das gesamte Unternehmen vor große Herausforderungen, die nicht durch punktuelle Silo-Initiativen gemeistert werden können. Digitalisierung muss ein integrativer Bestandteil der kompletten Unternehmensstrategie sein, um wirklich in jeden Bereich vordringen zu können.

## VON DER HERAUSFORDERUNG ZUR STRATEGIE

Zur systematischen Erarbeitung einer digitalen Unternehmensstrategie bietet sich das sechsstufige Modell in Anlehnung an Soricelli an. Hierbei wird in einem ersten Schritt die strategische digitale Ausgangslage beschrieben indem einerseits mit Hilfe einer Maturitätsanalyse versucht wird festzustellen, ob das Unternehmen eher als digitaler Anfänger, Fashionista, Konservativer oder Master einzuordnen ist und andererseits die relevanten Außenfaktoren in Betracht gezogen werden. Dabei werden neben Trends sowie gesellschaftlichen und technologischen Treibern vor allem die Zielgruppen im Detail untersucht und beschrieben. Mit Hilfe dieses Wissens lässt sich die gesamtheitliche Customer Journey – also die wahrgenommene Qualität des gesamten Kunden-Interaktions-Zyklus – analysieren, um daraus strategische und operative Initiativen in den Bereichen Kundenerlebnis, Geschäftsprozesse sowie Geschäftspotentiale abzuleiten.

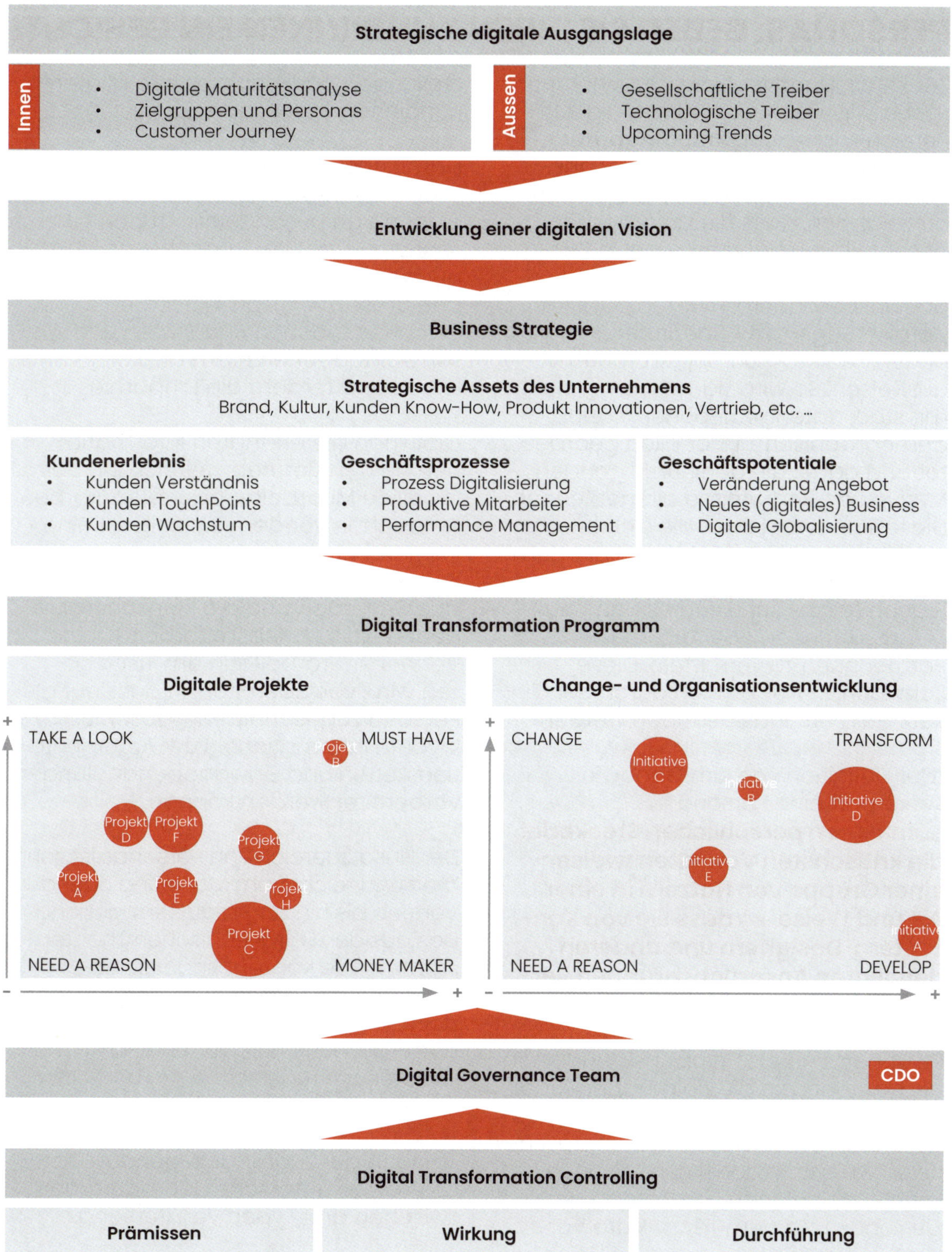


**Abbildung 7**
Systematische Erarbeitung einer digitalen Unternehmensstrategie
Quelle: in Anlehnung an Soricelli 2016

## PERSONAS: GEBEN SIE IHREN KUND:INNEN EIN GESICHT!

Zur Entwicklung jeglicher unternehmerischer Aktivität – nicht nur im digitalen Bereich – ist es ein **unabdingbarer Erfolgsfaktor**, ein klares Bild der anvisierten Zielgruppen zu haben. Doch oft zeigt sich, dass die Zielgruppenbeschreibung häufig sowohl in Bezug auf die Datenmenge und -qualität, aber insbesondere in Bezug auf den Detailierungs- bzw. Spezifizierungsgrad deutliche Verbesserungspotentiale aufweisen. So wird häufig immer noch mit stark datengetriebenen, soziodemographischen Modellen gearbeitet und dabei die dahinterliegenden Motive und Bedürfnisse ausgeblendet. Diese sind zwar jenen, die sich bereits seit längerem mit der Marke bzw. dem Unternehmen beschäftigen, bekannt, jedoch fällt es schwer diese an neue MitarbeiterInnen oder externe PartnerInnen zu vermitteln. Diese Schwachpunkte können durch den Einsatz von Personas behoben werden.

Laut Definition von Kim Goodwin verkörpert eine Persona
**„... in einem persönlichen Steckbrief die kritischsten Verhaltensweisen einer Gruppe von Nutzern in einer Art und Weise, so dass sie von Konzeptern, Designern und anderen beteiligten Anspruchsgruppen verstanden werden“.**

Personas sind also typische Kundinnen und Kunden, die die Zielgruppen für die Produkte, Dienstleistung oder Marketingaktivitäten des Unternehmens repräsentieren. Sie geben dabei dem oft unbekannten KundInnen von Anfang an ein Gesicht – und dem Team klare Vorstellungen darüber, was ihre späteren Kundinnen und Kunden auszeichnet.

Damit erleichtern sie eine **kundenzentrierte Ausrichtung** der Aktivitäten und eignen sich besonders in frühen Konzeptions- und Planungsphasen aber auch als Reality-Check in der laufenden Umsetzung von Aktivitäten. Denn Personas machen Annahmen und Wissen sichtbar, erleichtern die Kommunikation und fördern die Empathie.

Gibt man die erlangten Informationen an den Vertrieb weiter, kann der jeweilige Mitarbeiter oder die Mitarbeiterin schon vor dem Erstkontakt eine typgerechte Verkaufstaktik entwerfen. So helfen Personas, sich besser auf das Gespräch und die Menschen, mit denen ein Vertriebsmitarbeiter/eine Vertriebsmitarbeiterin am Tisch sitzen wird, vorzubereiten, in dem auf die Persona zugeschnittene, abschlussrelevante Informations- bzw. Argumentationsketten und Einwandbehandlungen vorbereitet werden können.

Der Einsatzbereich von Personas ist sehr breit und reicht vom Marketing über den Vertrieb bis hin zur Produktentwicklung. Das aus dem altgriechischen Theater stammende Konzept findet seine Ursprünge in modernen Anwendungen jedoch in der Software-Entwicklung, wo es durch das 1998 erschienene Buch „The Inmates are running the Asylum“ einer breiteren Öffentlichkeit vorgestellt wurde.

Je nach der zugrundeliegenden Datenmenge unterscheidet man grob zwischen drei Typen von Personas:



CUSTOME

| Ad-Hoc Personas | Qualitative Personas | Quantitative Personas |
| --- | --- | --- |
| Die Definition ist maßgeblich durch Erfahrung und Bauchgefühl geleitet. | Die Definition ist untermauert mit einer qualitativen Customer Journey Analyse. | Die Definition ist abgesichert durch quantitative Verifikation der Beschreibungsmerkmale. |

## Ad-Hoc Personas

Der einfachste und schnellste Einstieg in das Thema „Personas" ist das Erarbeiten von Ad-Hoc Personas. Dabei werden im Rahmen eines internen Workshops, geleitet durch die Erfahrungen der Teilnehmerinnen und Teilnehmer sowie deren Bauchgefühl, die relevantesten **drei bis fünf Personas als Hypothesen** erarbeitet.

Das **Teilnehmerfeld** sollte dabei so **heterogen** wie möglich gestaltet sein. Idealerweise nehmen neben **MitarbeiterInnen** aus internen Bereichen wie Marketing, Customer Service und Vertrieb, auch **VertreterInnen** aus anderen Stakeholder-Gruppen – wie zum Beispiel **PartnerInnen** oder langjährige **KundInnen** – an den Workshops teil.

Die Aufgabenstellung muss dabei klar definieren, nach welchen Kriterien die Personas gewählt werden sollen. Geht es darum, die Kundinnen und Kunden zu beschreiben, die Häufig- oder VielkäuferInnen sind oder ist das Ziel, eher mögliche Gatekeeper zu definieren? Vielleicht ist die aktuell wichtigere Fragestellung auch, welche KundInnen eher eine Leuchtturmwirkung hätten bzw. wie sieht die Persona jener aus, die sich aktiv gegen eine Beziehung entscheiden. Wird diese Definition verabsäumt, verläuft sich die Diskussion im Workshop sehr schnell in unterschiedliche Mikro-Zielgruppen, und das verwässerte Ergebnis lässt sich dann nicht mehr praxistauglich einsetzen.

Die erste Herausforderung im Workshop wird es sein, **geeignete Schlüsselfaktoren** zur Persona-Beschreibung zu **entwickeln**. Denn neben den offensichtlichen Elementen wie demographischen Informationen, Vorlieben und Abneigungen, ist die richtige Auswahl der – je nach Aufgabenstellung unterschiedlichen – Beschreibungsmerkmale ausschlagebend für ein abgerundetes Bild. Mögliche Fragestellungen können hier zum Beispiel die Motive bzw. Nutzungsgewohnheiten näher beschreiben, oder welche Fähigkeiten und Vorkenntnisse werden für die Entscheidungsfindung für das Produkt mitgebracht. Handelt es sich um individuelle Entscheidungsprozesse oder eher um eine Buying-Center-Entscheidung. Und wenn es sich um eine Buying-Center-Entscheidung handelt, welche Rolle übernimmt die Persona dann dabei?

Auf Basis der Aufgabenstellung sowie der erarbeiteten Schlüsselfaktoren werden nun in Kleingruppen konkrete Personas als „echte" Menschen, mit Hintergrundstory und allem, was dazugehört erarbeitet und dann in der großen Gruppe feingeschliffen.

Als hilfreich hat sich der Einsatz einer „Empathy Map" erwiesen, deren Ziel es ist, sich auf emotionaler Ebene einer Personengruppe oder Einzelperson anzunähern. Diese wird gemeinsam in der Gruppe erarbeitet, indem für die geplante Persona die folgenden Fragen im Hinblick auf die Zielsetzung (z.B. Produktkauf, Produktnutzung, Weiterempfehlung, ...) beantwortet werden:

- Was sieht der Kunde/die Kundin?
- Was sieht er/sie am Markt, von uns, von unseren Marktbegleitern?
- Was hört der Kunde/die Kundin?
- Auf wen hören sie, was hören sie von Freunden, vom Chef, von Beeinflussern?
- Was sagt der Kunde/die Kundin?
- Was sagt er/sie über uns, über sich, über seine/ihre Herausforderungen, über seine/ihre Prioritäten, über seine/ihre Pläne?
- Was tut der Kunde/die Kundin?
- Wie agiert er/sie wirklich, ist ein Unterschied zwischen dem, was er/sie sagt und was er/sie tut?

Die Auseinandersetzung mit diesen Fragen versetzt die Gruppe in die Lage, zwei der relevantesten Beobachtungen zu machen:

**Pain**
Welche Ängste, Frustrationen, Hindernisse haben sie?

**Gain**
Welche Hoffnungen, Träume, Wünsche, Bedürfnisse, Erfolgsmaßstäbe haben sie?

Als Ergebnis erhält man einen Persona-Steckbrief, der in einfacher Darstellung die Persona transportiert und repräsentativ für eine (Teil-)Zielgruppe erfassbar macht.

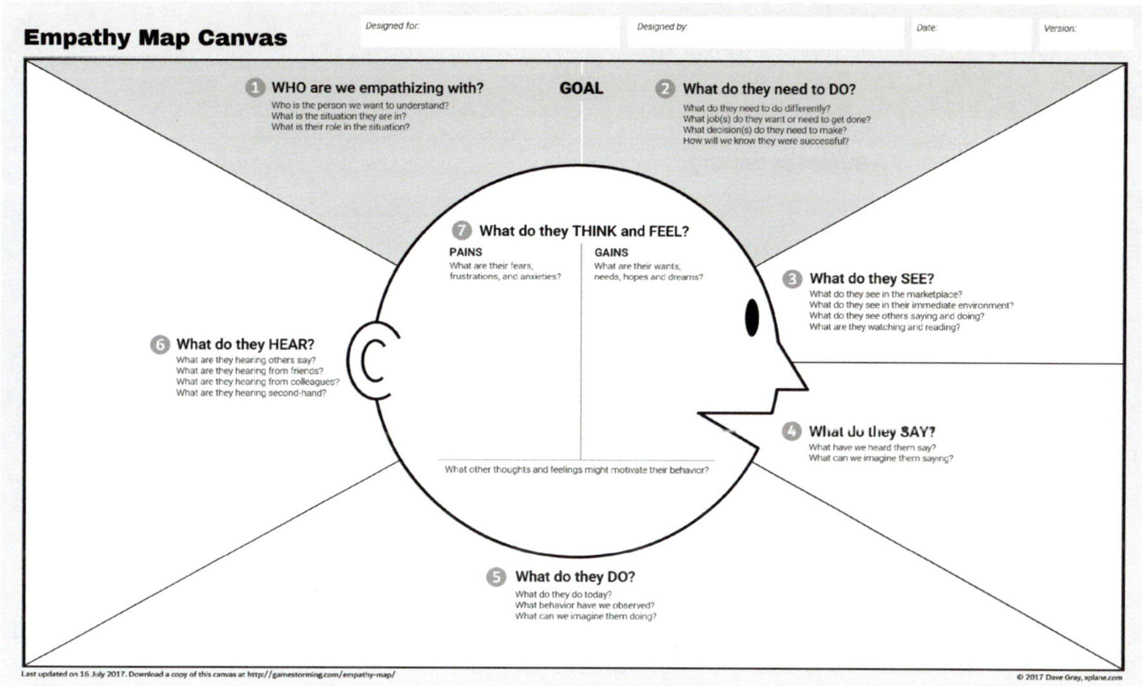


**Abbildung 8**
Empathy Map Cavas | Quelle: Gamestorming.com

## Qualitative Personas auf Basis der Customer Journey

Die Erstellung qualitativer Personas geschieht meist im Zuge der **Weiterentwicklung von Ad-Hoc Personas** oder manchmal auch als primärer Einstiegspunkt in das Thema an sich. Dabei werden die Hypothesen und Schlüsselfaktoren mit Hilfe von Gesprächen mit Vertretern der angepeilten Zielgruppe kontrolliert und natürlich auch weitere nützliche Insights gewonnen.

Der **Fokus** liegt dabei häufig auf der **Customer Journey Analyse**. Dabei werden alle Prozesse aus KundInnensicht betrachtet und dabei sämtliche Erfahrungen erfasst. Insbesondere spannend ist das Ergebnis hinsichtlich der Erfüllung von KundInnenbedürfnissen und -erwartungen sowie der Bewertung der jeweiligen Interaktions-Erlebnisse aus der Zielgruppenperspektive.

**Ausgangspunkt** ist dabei der **Customer Life Cycle**, der versucht die Journey in mehr oder weniger abgrenzbare Phasen zu unterteilen. Grundsätzlich unterteilt es sich dabei in Phasen, die dazu genutzt werden, eine potentielle Interessentin/einen potentiellen Interessenten zu einer Kundin/einem Kunden zu machen („Business getting") und in jene Phasen, die dazu dienen, die Kundin/den Kunden in einer möglichst langen und gewinnbringenden Beziehung zu halten („Business keeping"). Die detaillierte Ausgestaltung der Subphasen hängt stark von der untersuchten Branche und deren Eigenheiten ab. Grob lassen sie sich jedoch unterteilen in:

**Abbildung 9**
Business getting & Business keeping | Quelle: Chris Budgen

Je nach Phase sind die Aufgaben, die erfüllt werden müssen, die Informationen die benötigt werden und auch die Berührungspunkte mit dem Unternehmen und seinen Marken teilweise komplett unterschiedlich. Um die geplanten Zielgruppen-interviews strukturiert abwickeln zu können, gilt es, sich ein klares Bild über die einzelnen Phasen zu machen.

Nach der Auswahl der zu untersuchenden Ad-Hoc Persona, sowie nach der Ausarbeitung der Phasen, um Kundenaktivitäten und -interaktionen in eine zeitliche Abfolge zu bringen, soll einerseits analysiert werden, was aus Kundensicht an den einzelnen Touchpoints passiert. Hierbei bietet sich eine Einteilung basierend auf dem Kano-Modell an. Die angebotenen Leistungen und Erlebnisse werden nach Enttäuschungs-, Okay- und Begeisterungsfaktoren klassifiziert.

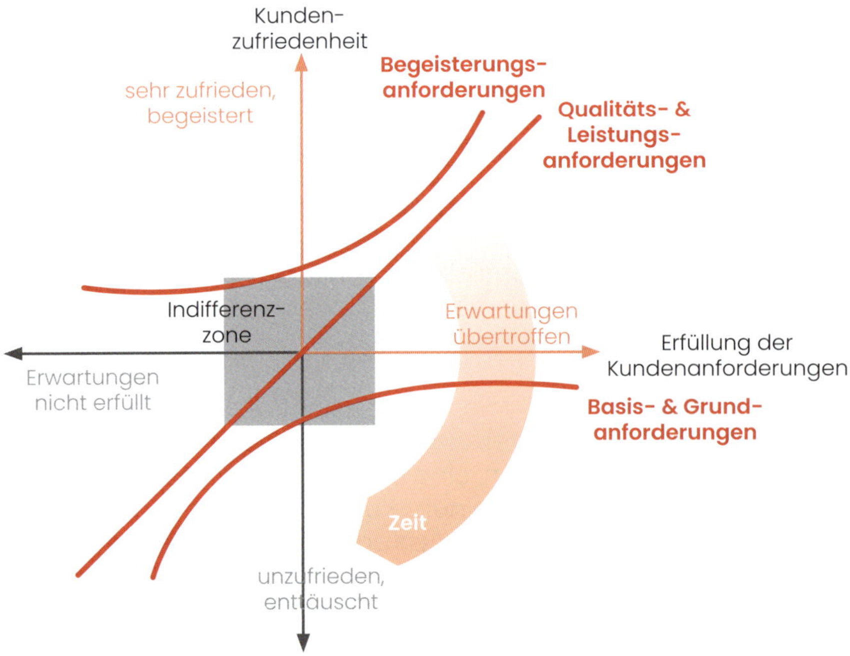


**Abbildung 10**
Das Kano-Modell
Quelle: Microtool.de

Auf Basis dessen werden in Folge Initiativen erarbeitet, um die Kundenerlebnisse an jedem Punkt zu verbessern, reibungsloser und unbeschwerter zu machen. Hilfreich hat sich dazu die Durchführung eines Customer Journey Workshops gezeigt, bei dem die Phasen nach den folgenden Kriterien diskutiert werden:

- **Actions**
  Was müssen Kundinnen und Kunden tun, um in die nächste Phase zu kommen?
- **Questions**
  Welche Fragen müssen Kundinnen und Kunden für sich beantworten können, um die Actions zu erfüllen?
- **Happy Moments**
  Was begeistert Kundinnen und Kunden in dieser Phase, was hätten sie nicht erwartet?
- **Pain Points**
  Was bereitet die größten Schwierigkeiten aus Sicht der Kundinnen und Kunden?
- **Content & Tools**
  Welche Informationen und/oder Tools würde Kundinnen und Kunden den Wechsel in die nächste Phase erleichtern?
- **Opportunities**
  Wenn Geld/Zeit/Realität keine Rolle spielen würden, womit könnten Kundinnen und Kunden wirklich begeistert werden?

Um sowohl die Hypothesen bezüglich der Persona an sich, als auch die Annahmen und Einschätzungen hinsichtlich der Customer Journey zu überprüfen, sind Einzelinterviews mit Kunden bzw. Zielgruppenelementen, zu denen das zu erarbeitende Profil passt, am zielführendsten. Je nach Branche und Aufgabenstellung können diese Gespräche natürlich auch im Rahmen einer Workshop-Session (z.B. mittels World-Café-Technik) oder auch bei Vertriebsbesuchen geführt werden.

Da sich Kundinnen und Kunden meist nicht linear durch die einzelnen Phasen bewegen, sondern spontan zwischen ihnen wechseln, manche überspringen oder auch Rückschritte machen, empfiehlt es sich, die qualitativen Interviews aufzuzeichnen, um gegebenenfalls zu einem späteren Zeitpunkt Unklarheiten nachzugehen.

Die gesammelten Ergebnisse werden im Anschluss mittels einer Customer Journey Map dargestellt und zeigen so allen Stakeholdern ein klares Bild von der Persona sowie deren Erlebnisse entlang der Customer Journey auf. Diese dient als Basis und Sounding-Board für die Entwicklung weiterer strategischer und operativer Maßnahmen.

## Quantitative Personas

Die Entwicklung von quantitativen Personas gilt als Königsdisziplin und ist mitunter die aufwändigste Methode. Ziel ist es dabei, die Personas, Schlüsselfaktoren und Customer Journey Insights durch quantitative Daten, die etwa mittels groß angelegten Umfragen oder Big-Data-Analysen gewonnen werden, weiter zu validieren und gegebenenfalls anzupassen.

## Gründe für das Scheitern von Personas

Oft werden Personas und deren Nutzen im Unternehmen schlecht kommuniziert oder die Methode wird missverstanden. Dies führt unweigerlich dazu, dass die Methode an sich nicht durch das Management mitgetragen wird oder es bei einer punktuellen Aktion bleibt, deren Ergebnisse keine Durchdringung im gesamten Unternehmen finden. Daher empfiehlt es sich, neben den eigentlichen Ergebnissen eine kurze Kommunikation oder idealerweise ein eigene Basisschulung anzubieten, um das Thema klar in alle Bereiche zu kommunizieren.

## KEY TAKEAWAYS dieses Kapitels auf einen Blick:

1. Digitalisierung betrifft – durch die Bank – alle Branchen und Bereiche und sie ist gekommen, um zu bleiben.

2. So langsam wie heute, wird sich die Welt nie wieder verändern.

3. Es gilt mit strategischem Weitblick und operativer Agilität Initiativen im Digitalen zu setzen, die der ungeheuerlichen Geschwindigkeit der Veränderungen Rechnung tragen.

4. Die Erwartungshaltung der Kundinnen und Kunden steigt durch die bessere Vergleichbarkeit des Wettbewerbs sowie der Demokratisierung von Meinungen in der heutigen Rezessionskultur auf ein immer höheres Niveau.

5. Strategische Ansätze müssen stets den Kundinnen und Kunden und dessen Erlebnisse in den Mittelpunkt der Überlegungen stellen, Ausgangspunkt können Personas sein.

6. Um nicht zu sehr in Klischees zu verfallen, empfiehlt sich die Nutzung einer „Empathy Map", um sich besser in Kundinnen und Kunden hineinfühlen zu können.

7. Zur weiteren Qualifizierung und Ableitung von Maßnahmen werden die in den Ad-hoc Personas erarbeiteten Hypothesen und Schlüsselfaktoren im Zuge einer Customer Journey-Analyse geprüft.

8. Die Customer Journey-Analyse untersucht alle Prozesse aus Kundensicht und erfasst dabei sämtliche Erfahrungen hinsichtlich der Erfüllung von Kundenbedürfnissen und -erwartungen. Die für die Customer Journey-Analyse notwendigen Daten werden dabei durch persönliche Gespräche, Gruppen-Diskussionen und qualitativen Interviews gewonnen.

9. In einem letzten Schritt können die qualitativen Daten mittels großangelegter Befragungen und Big-Data-Analysen weiter quantifiziert werden.

10. Wichtig ist es im Vorfeld, ein Verständnis für das Modell der Persona im Unternehmen zu schaffen, denn nur so wird ein möglichst hoher Grad an Nutzung und Nutzen erreicht.

ONLINE-MARKETING-RECHT

# Die EU-Datenschutzgrundverordnung (DSGVO)

*In diesem Kapitel werden grundsätzliche datenschutzrechtliche Regelungen sowie weitere einschlägige Rechtsgebiete, wie etwa das Medien- und Wettbewerbsrecht, näher beleuchtet, um Entscheidungsträgern im Bereich des Online Marketings einen ersten groben Überblick über die für sie wichtigen Vorschriften zu verschaffen, um dadurch eine rechtlich belastbare Planung von Werbe- und Marketingkampagnen im Onlinebereich zu ermöglichen.*

**PAUL KOPPENWALLNER**

**PHILIPP E. STEPHAN**

# GRUNDSÄTZE DER EU-DATENSCHUTZGRUNDVERORDNUNG

Am 25. Mai 2018 ist die EU-Datenschutzgrundverordnung („DSGVO") auf europäischer Ebene mit Direktwirkung für den Rechtsraum innerhalb und zum Teil auch außerhalb der EU-Mitgliedsstaaten in Kraft getreten. Die DSGVO hat eine Vereinheitlichung (sämtliche Datenverarbeitungen in ihrem Anwendungsbereich müssen dieser Rechtslage entsprechen), aber auch einige Neuerungen im Datenschutzrecht mit sich gebracht. Von der DSGVO betroffene datenschutzrechtliche Aspekte lassen sich überblicksartig wie folgt zusammenfassen:

| | | |
|---|---|---|
| Definition „personenbezogene Daten" | Rechte von Betroffenen und Pflichten von Verantwortlichen | Regeln zu Auftragsverarbeitern |
| Verzeichnis von Verarbeitungstätigkeiten | Handlungspflichten bei Datenverlust | Einführung des Datenschutzbeauftragten |
| Datentransfers in Drittländer | Datenschutz-Folgenabschätzungen | Vorgaben in Zusammenhang mit Datensicherheit |
| Datenschutz durch Technikgestaltung und durch datenschutzfreundliche Voreinstellung | | Erweiterter Bußgeldrahmen |

**Abbildung 11:** Von der DSGVO betroffene datenschutzrechtliche Aspekte im Überblick | Quelle: DSGVO

**In der Folge werden einige der für das Online Marketing einschlägigen Regelungen näher dargestellt.**

### Verantwortliche

Verantwortliche sind alle natürlichen oder juristischen Personen, Behörden, Einrichtungen oder andere Stellen, die allein oder gemeinsam mit anderen Verantwortlichen über die Zwecke und Mittel der Verarbeitung von personenbezogenen Daten entscheiden.

### Auftragsverarbeiter

Auftragsverarbeiter sind jene natürlichen oder juristischen Personen, Behörden, Einrichtungen oder andere Stellen, die personenbezogene Daten im Auftrag eines Verantwortlichen verarbeiten. Auftragsverarbeiter entscheiden daher nicht über den Zweck der Verarbeitung, sondern sind der „verlängerte Arm" eines Verantwortlichen (etwa Cloud-Service Anbieter, die ausschließlich Daten speichern, die von einem Verantwortlichen erhoben worden sind).

3.

## Verarbeitung

Verarbeitung bedeutet jeden mit oder ohne Hilfe automatisierter Verfahren ausgeführten Vorgang oder jede solche Vorgangsreihe im Zusammenhang mit personenbezogenen Daten, wie das Erheben, das Erfassen, die Organisation, das Ordnen, die Speicherung, die Anpassung oder Veränderung, das Auslesen, das Abfragen, die Verwendung, die Offenlegung durch Übermittlung, Verbreitung oder eine andere Form der Bereitstellung, den Abgleich oder die Verknüpfung, die Einschränkung, das Löschen oder die Vernichtung. Dieser Begriff ist bewusst technologieneutral und möglichst weit definiert worden, um Umgehungen zu vermeiden (grundsätzlich stellt daher jeder Umgang mit personenbezogenen Daten eine „Verarbeitung" dar).

## Vertrag

Die Tätigkeit als Auftragsverarbeiter darf nur auf Grundlage eines schriftlichen Vertrags erfolgen, in dem Gegenstand, Dauer, Art und Zweck der Verarbeitung, Art der personenbezogenen Daten, die Kategorien der betroffenen Personen sowie die Rechte und Pflichten des Verantwortlichen festgelegt werden. Der Auftragsverarbeiter hat sich den Weisungen des Verantwortlichen zu unterwerfen und diesen bei seinen datenschutzrechtlichen Pflichten zu unterstützen. Nach Beendigung der Verarbeitungsdienstleistungen hat der Auftraggeber nach Wahl des Verantwortlichen entweder alle Daten zu löschen oder zurückzugeben.

## Betroffener / betroffene Person

Betroffener bzw. betroffene Person ist jede natürliche Person, die aufgrund der Verarbeitung ihrer personenbezogenen Daten direkt oder indirekt, insbesondere mittels Zuordnung zu einer Kennung wie einem Namen, zu einer Kennnummer, zu Standortdaten, zu einer Online-Kennung oder zu einem oder mehreren besonderen Merkmalen, die Ausdruck der physischen, physiologischen, genetischen, psychischen, wirtschaftlichen, kulturellen oder sozialen Identität dieser natürlichen Person sind („personenbezogene Daten"), identifiziert werden kann.

## Auswahl

Verantwortliche dürfen nur solche Auftragsverarbeiter mit der Verarbeitung ihrer Daten beauftragen, welche hinreichende Garantien dafür bieten, dass die geeigneten technischen und organisatorischen Maßnahmen so durchgeführt werden, dass die Verarbeitung entsprechend den Anforderungen der DSGVO erfolgt. Dieser Anforderung kommt insbesondere dann erhebliche Bedeutung zu, wenn Auftragsverarbeiter ihren Sitz außerhalb der EU (etwa in den USA) haben, da in Drittstaaten oftmals kein der DSGVO entsprechendes Schutzniveau für die betroffenen Personen besteht. Fehlen adäquate Datenschutzrechte der Betroffenen, hat sich der Auftragsverarbeiter in dem Vertrag mit dem Verantwortlichen zur Einhaltung der Schutzbestimmungen der DSGVO zu verpflichten, damit eine grenzüberschreitende Datenverarbeitung ausnahmsweise erfolgen kann.

# RECHTSGRUNDLAGEN FÜR DATENVERARBEITUNGEN

Die Verarbeitung von personenbezogenen Daten darf nur erfolgen, sofern eine Rechtsgrundlage vorliegt, die dies erlaubt. Die DSGVO kennt folgende Grundlagen, die eine Datenverarbeitung erlauben:

- Einwilligung der betroffenen Person zur Verarbeitung ihrer personenbezogenen Daten.
- Die Verarbeitung ist für die Erfüllung eines Vertrags, dessen Vertragspartei die betroffene Person ist, oder zur Durchführung vorvertraglicher Maßnahmen erforderlich, die auf Anfrage der betroffenen Person erfolgen.
- Die Verarbeitung ist zur Erfüllung einer rechtlichen Verpflichtung erforderlich, der der Verantwortliche unterliegt.
- Die Verarbeitung ist erforderlich, um lebenswichtige Interessen der betroffenen Person oder einer anderen natürlichen Person zu schützen.
- Die Verarbeitung ist für die Wahrnehmung einer Aufgabe erforderlich, die im öffentlichen Interesse liegt oder in Ausübung öffentlicher Gewalt erfolgt, die dem Verantwortlichen übertragen wurde.
- Die Verarbeitung ist zur Wahrung der berechtigten Interessen des Verantwortlichen oder eines Dritten erforderlich, sofern nicht die Interessen oder Grundrechte und Grundfreiheiten der betroffenen Person, die den Schutz personenbezogener Daten erfordern, überwiegen, insbesondere dann, wenn es sich bei der betroffenen Person um ein Kind handelt.

# DATENVERARBEITUNGSVERZEICHNIS

Vor Inkrafttreten der DSGVO bestand in Österreich die Pflicht, jede Datenanwendung in einem eigenen Datenverarbeitungsregister zu melden (sofern keine Ausnahme von der Meldepflicht bestand). Die Datenschutzbehörde vergab sodann siebenstellige Registernummern, sogenannte „DVR-Nummern", damit eine eindeutige Zuteilung der von einer Person verwendeten Datenanwendungen möglich war.

Diese Meldepflicht wurde durch die Pflicht zur Erstellung und Führung eines „Verzeichnisses von Verarbeitungstätigkeiten, die der eigenen Zuständigkeit unterliegen" (kurz „Datenverarbeitungsverzeichnis") ersetzt.

Sowohl Verantwortliche als auch Auftragsverarbeiter müssen ein Datenverarbeitungsverzeichnis erstellen und führen.

Der zwingende Inhalt des Datenverarbeitungsverzeichnisses wird von der DSGVO vorgegeben. Teilweise entspricht der Inhalt jenen Angaben, die bereits früher in einer DVR-Meldung gemacht werden mussten. Im Unterschied zur DVR-Meldung muss das Datenverarbeitungsverzeichnis jedoch nicht vorab an die Datenschutzbehörde übermittelt werden, sondern „lediglich" im Unternehmen aufliegen. Bei einer allfälligen Kontrolle der Datenschutzbehörde muss das Datenverarbeitungsverzeichnis vorgelegt werden.

**Zu dokumentieren sind insbesondere:**

- Die Kontaktdaten des Verantwortlichen
- Zwecke der Datenverarbeitungen
- Kategorien betroffener Personen sowie personenbezogener Daten und deren Verarbeitung
- Kategorien von Empfängern (sowie Dokumentation, falls eine Übermittlung an Drittländer, wie etwa USA, oder an internationale Organisationen erfolgt), sowie wenn möglich
- die vorgesehenen Fristen für die Löschung der verschiedenen Datenkategorien und eine allgemeine Beschreibung der technischen und organisatorischen Maßnahmen

Insbesondere bei komplexen Datenverarbeitungen oder größeren Unternehmen mit zahlreichen internen Datenströmen kann sich die Erstellung und Aktualisierung des Datenverarbeitungsverzeichnisses als nicht zu unterschätzende Herausforderung darstellen. Zu beachten ist, dass das Datenverarbeitungsverzeichnis noch vor der Aufnahme von Datenverarbeitungstätigkeiten anzufertigen ist. Dies ist von entscheidender Relevanz, um die Richtlinien für die eigene Datenverarbeitung vorab genau zu definieren und zu dokumentieren, sowie um darauf aufbauend die Informationspflichten nach Art 13 und 14 DSGVO (Datenschutzerklärung) im vorgeschriebenen Ausmaß erfüllen zu können.

## SICHERHEIT IN DER DATENVERARBEITUNG

Die DSGVO verlangt auch Gewährleistung eines angemessenen Schutzniveaus bei der Verarbeitung von personenbezogenen Daten. Ein angemessenes Schutzniveau ist unter anderem durch folgende technische und organisatorische Maßnahmen herzustellen:

- Pseudonymisierung/Verschlüsselung personenbezogener Daten
- Gewährleistung der Vertraulichkeit, Integrität, Verfügbarkeit und Belastbarkeit der IT-Systeme
- Wiederherstellungsmöglichkeit bei physischen/technischen Zwischenfällen
- Regelmäßige Audits zur Sicherstellung der Wirksamkeit der ergriffenen Maßnahmen

Nachdem es sich um ein „angemessenes" Schutzniveau handeln muss, sind in der Praxis je nach Art und Größe des Unternehmens unterschiedliche Vorgaben zu erfüllen (ein Ein-Personen-Unternehmen, das im Handel tätig ist, muss daher nicht das gleiche Schutzniveau gewährleisten, das ein IT-Konzern sicherstellen muss, der im Bereich der Landesverteidigung berät).

Bei der Ermittlung des angemessenen Schutzniveaus sind außerdem die mit einer Verarbeitung konkret verbundenen Risiken zu berücksichtigen (insbesondere Verlust, Vernichtung, Veränderung oder unbefugte Offenlegung). Daher ist auch die Durchführung einer entsprechenden Risikoanalyse notwendig.

Hinzu kommt, dass Verantwortliche und Auftragsverarbeiter angemessene Schritte zu unternehmen haben, um sicherzustellen, dass Ihnen unterstellte natürliche Personen, die Zugang zu personenbezogenen Daten haben, diese ausschließlich nach den Vorgaben der DSGVO und nach vorheriger Anweisung des Verantwortlichen verarbeiten.

Verantwortliche haben zum Schutz personenbezogener Daten zudem unter bestimmten Voraussetzungen auch eine Datenschutz-Folgenabschätzung („DSFA") in Bezug auf beabsichtigte Datenverarbeitungen zu erstellen; etwa wenn bei einer Datenverarbeitung neuartige Technologien verwendet werden oder aufgrund der Art, des Umfangs, sowie der Umstände und Zwecke der beabsichtigten Verarbeitung voraussichtlich ein hohes Risiko für die Rechte und Freiheiten der Betroffenen besteht. Dies ist insb. dann der Fall, wenn eine systematische und umfassende Bewertung persönlicher Aspekte natürlicher Personen („Profiling") beabsichtigt ist. Auch die Einführung und der Betrieb von Videoüberwachungen kann eine DSFA erforderlich machen.

Bei der Datenverarbeitung im Zuge der Kundenbetreuung oder im Marketing für eigene Zwecke könnte eine Prüfpflicht und eine Pflicht zur Durchführung einer DSFA bspw. dann bestehen, wenn durch Online-Analyse-Tools Verhaltens- oder Marketingprofile der Nutzer, anhand der Arbeitsleistung, wirtschaftlichen Lage, Gesundheit, persönlichen Interesse, oder anderer persönlicher Aspekte, erstellt und weiterverarbeitet werden.

Um den Schutz von personenbezogenen Daten in bestimmten Fällen noch weiter auszubauen, können sowohl Verantwortliche als auch Auftragsverarbeiter einen Datenschutzbeauftragten bestellen, der bei der Einhaltung der datenschutzrechtlichen Vorgaben unterstützt und als Kontaktperson zu Behörden und Dritten fungiert. Die Bestellung eines Datenschutzbeauftragten ist dann zwingend, wenn die Kerntätigkeit des Unternehmens eine umfangreiche, regelmäßige und systematische Überwachung von betroffenen Personen erforderlich macht oder in der umfangreichen Verarbeitung besonderer Kategorien von Daten im Sinne des Art 9 oder 10 DSGVO besteht.

## INFORMATIONSPFLICHTEN UND RECHTE DER BETROFFENEN

Verantwortliche treffen – je nachdem, ob personenbezogene Daten direkt bei der betroffenen Person oder von Drittstellen erhoben werden – weitreichende Informationspflichten gegenüber betroffenen Personen. Demnach sind folgende Informationen bereitzustellen (dies erfolgt zumeist in Form einer Datenschutzerklärung):

- Kontaktdaten des Verantwortlichen, seines Vertreters bzw. Datenschutzbeauftragten
- Zwecke und die Rechtsgrundlagen aufgrund derer personenbezogene Daten verarbeitet werden
- Kategorien der verarbeiteten personenbezogenen Daten
- Empfänger bzw. Kategorien der Empfänger von personenbez. Daten
- Dauer der Speicherung personenbezogener Daten
- Auskunft über geeignete Garantien bei Datentransfers in Drittländer oder an internationale Organisationen
- Aufklärung über das Bestehen eines Beschwerderechts bei der Datenschutzbehörde
- Aufklärung über das Recht auf Auskunft sowie auf Berichtigung, Löschung (Vergessenwerden) oder auf Einschränkung der Datenvereinbarung, über das Widerspruchsrecht gegen die Datenverarbeitung sowie über das Recht auf Datenübertragung
- Aufklärung über das Recht, dass die allfällige Einwilligung zu einer Datenverarbeitung jederzeit widerrufen werden kann
- Aufklärung über das Bestehen einer automatisierten Entscheidungsfindung einschließlich Profiling, sowie aussagekräftige Informationen über die involvierte Logik sowie die Tragweite und die angestrebten Auswirkungen einer derartigen Verarbeitung für die betroffene Person

Betroffene Personen können Auskunftsverlangen auf elektronischem Weg versenden und sind auch Verantwortliche zur elektronischen Auskunftserteilung berechtigt. Die Auskunftserteilung hat unverzüglich, spätestens jedoch innerhalb eines Monats zu erfolgen. Sämtliche Informationen und Mitteilungen über die Datenverarbeitung sind kostenfrei zur Verfügung zu stellen. Lediglich bei offenkundig unbegründeten oder exzessiven Anträgen kann ein angemessenes Entgelt verlangt oder die Auskunftserteilung verweigert werden.

Das Ersuchen um Einwilligung in die Datenverarbeitung muss in verständlicher und leicht zugänglicher Form sowie in klarer und einfacher Sprache erfolgen. Die Einwilligung muss schriftlich und frei von Zwang erfolgen. So darf die Vertragserfüllung insbesondere nicht von der vorherigen Einwilligung in die Datenverarbeitung laut Datenschutzerklärung abhängig gemacht werden, die nicht unbedingt für die Vertragserfüllung notwendig ist (das sogenannte Koppelungsverbot). Weiters muss Betroffenen auch das Recht eingeräumt werden, ihre Einwilligung jederzeit zu widerrufen.

## HANDLUNGSPFLICHTEN BEI DATENVERLUST BZW. DATENDIEBSTAHL

Besondere Handlungspflichten bestehen im Fall einer Verletzung des Schutzes personenbezogener Daten, etwa bei einem Datenverlust oder Datendiebstahl. Diese werden wie folgt kurz und überblicksartig dargestellt:

| | **Benachrichtigungspflicht gegenüber der Aufsichtsbehörde** | **Benachrichtigungspflicht gegenüber der betroffenen Person** |
|---|---|---|
| **Zeitpunkt** | unverzüglich, jedenfalls binnen 72 Stunden nach Bekanntwerden der Datenschutzverletzung | unverzüglich, sofern Datenschutzverletzung voraussichtlich ein hohes Risiko für persönliche Rechte und Freiheiten natürlicher Personen zur Folge hat |
| **Benachrichtigung ist nicht notwendig, wenn ...** | ... Verletzung nicht zu einem Risiko für Rechte & Freiheiten natürlicher Personen führt (diese Annahme sollte jedoch genauestens geprüft und dokumentiert werden). | (1) ... geeignete technische/organisatorische Maßnahmen sicherstellen, dass betroffene Daten nicht für Unbefugte zugänglich sind,<br>(2) ... Abhilfemaßnahmen sicherstellen, dass wahrscheinlich kein hohes Risiko mehr besteht oder<br>(3) ... eine individuelle Benachrichtigung nur mit unverhältnismäßigem Aufwand verbunden wäre, stattdessen hat eine öffentliche Bekanntmachung zu erfolgen. |

**Abbildung 12:** Handlungspflichten im Fall einer Verletzung des Schutzes personenbezogener Daten | Quelle: DSGVO

## FAZIT

Die DSGVO hat die Rechte der Betroffenen gestärkt sowie die Pflichten der Verantwortlichen und der Auftragsverarbeiter erweitert bzw. konkretisiert. So sind insbesondere

- die Veröffentlichung einer Datenschutzerklärung, in der den Informationspflichten der DSGVO entsprochen wird (insbesondere Information über die Verarbeitungszwecke und die Kategorien der verarbeiteten personenbezogenen Daten und deren Empfänger)
- die Erstellung eines Datenverarbeitungsverzeichnisses
- die weitergehenden Informationspflichten nach Ausübung des Auskunftsrechts der betroffenen Personen, sowie
- die besonderen Handlungspflichten bei einem Datenverlust

hervorzuheben. Die Vorschriften der DSGVO sind sowohl im unternehmerischen Alltag sowie bei der Konzeption und Durchführung von Marketingkampagnen zu berücksichtigen.

## WEITERE EINSCHLÄGIGE RECHTSGEBIETE IM BEREICH DES ONLINE MARKETING

Je nach Art der Nutzung von elektronischen Medien ergeben sich verschiedene Möglichkeiten für die Umsetzung von Online-Marketing-Maßnahmen. So sind etwa der Auftritt auf der unternehmenseigenen Website, das Verwenden von (Werbe-)Cookies, das E-Mail-Marketing, die Suchmaschinenwerbung sowie das Social Media Marketing zu nennen.

In der Folge werden in diesem Zusammenhang relevante einschlägige Rechtsvorschriften zu ausgewählten Themen kurz zusammengefasst (dies jedoch ohne Anspruch auf Vollständigkeit):

## IMPRESSUMS-/OFFENLEGUNGSVERPFLICHTUNG

Die Verpflichtung zur Führung eines Impressums bzw. zur Offenlegung der eigenen Unternehmensdaten ergibt sich aus einer Vielzahl verschiedener Gesetzesmaterien. Diese werden in der Folge kurz zusammengefasst (dies jedoch ohne Anspruch auf Vollständigkeit):

## 1. Pflichten nach dem UGB

Im Firmenbuch eingetragene UnternehmerInnen und Unternehmen haben in ihren Geschäftsbriefen und Bestellscheinen sowie auf ihre Website und in E-Mails folgende Angaben zu machen:

- Firma
- Rechtsform
- Sitz
- Firmenbuchnummer und -gericht

## 2. Pflichten nach der GewO

Die Regelungen der GewO gelten für jene Gewerbetreibende, die nicht im Firmenbuch eingetragen sind. Diese haben in ihren Geschäftsbriefen und Bestellscheinen sowie auf ihrer Website und in ihren E-Mails folgende Informationen aufzunehmen:

- Name
- Standort der Gewerbeberechtigung

## 3. Pflichten nach dem ECG

Diensteanbieter (etwa Websitebetreiber), die einen Dienst in der Informationsgesellschaft bereitstellen, haben auf allen „kommerziellen" Websites, (z.B. Online-Vertrieb, Online-Werbung, Suchmaschinen, Online-Infoangebote, aber auch alle Social Media Accounts, die zum Vertrieb der eigenen Waren oder auch nur zur bloßen Darstellung des eigenen Unternehmens genutzt werden) oder in Newslettern, welche im Regelfall als „periodisches elektronisches Medium" gelten, zu den obigen Angaben ergänzend noch folgende Informationen bereitzustellen:

- Namen bzw. Firma laut Firmenbuch
- Firmenbuchnummer und -gericht
- Geografische Anschrift der Niederlassung
- Geografische Anschrift der tatsächlichen Niederlassung, die sowohl für eine behördliche als auch gerichtliche Zustellungen tauglich ist
- Mindestens zwei Kontaktdaten über die eine unmittelbare und rasche Kontaktaufnahme möglich ist (zum Beispiel E-Mail, Web-Formular, Telefon, Fax)
- Angabe von bestehenden Mitgliedschaften bei Wirtschaftskammerorganisationen, Hinweis auf die anwendbaren gewerbe- oder berufsrechtlichen Vorschriften
- Sofern vorhanden: Angaben zur Aufsichtsbehörde bzw. zu Schlichtungsstellen
- Sofern vorhanden: UID-Nummer

## 4. Pflichten nach dem MedienG

Grundsätzlich wird nach den Bestimmungen des MedienG – je nach Form des Auftritts bzw. des verwendeten Mediums – zwischen der „kleinen" und „großen" Impressumspflicht unterschieden:
Auf „kleinen" Websites bzw. Newslettern, die nur eine Präsentation des Medieninhabers zum Inhalt haben (z.B. bloßer Webshop oder Website zur Unternehmenspräsentation) sind folgende Informationen zu veröffentlichen:

- Name/Firma des Medieninhabers
- Unternehmensgegenstand
- Wohnort/Sitz des Medieninhabers

Bei „großen" Websites bzw. Newslettern, in denen auch redaktionelle bzw. meinungsbildende Beiträge enthalten sind, sind zusätzlich folgende Angaben zu machen:

- Erklärung über die grundlegende Richtung des Mediums („Blattlinie"; darunter wird die grundlegende Ausrichtung der Website/des Newsletters verstanden, zum Beispiel „Information über Waren und Dienstleistungen des Unternehmens, sowie Förderung des Absatzes derselben")
- Firma/Sitz/Unternehmensgegenstand jedes Medienunternehmens, an dem eine der anzugebenden Personen beteiligt ist (ein Medienunternehmen ist ein Unternehmen, das die inhaltliche Gestaltung eines Mediums zum Hauptzweck hat; der bloße Betrieb eines Webshops oder eines Newsletters macht ein Unternehmen noch nicht zum Medienunternehmen)
- Bei allen juristischen Personen: Angaben zu den vertretungsbefugten Organen (etwa Geschäftsführer/Vorstandsmitglieder) sowie Mitglieder des Aufsichtsrates
- Bei Gesellschaften: Gesellschafter mit Art und Höhe der Beteiligung inklusive Treuhandverhältnissen und stillen Beteiligungen
- Bei Vereinen: Vorstand und Vereinszweck
- Bei Stiftungen: Stifter und Begünstigte
- Sind die anzugebenden Gesellschafter ihrerseits wieder Gesellschaften, so sind auch deren Gesellschafter entsprechend anzuführen. Sind auch dies wieder Gesellschaften, so sind auch deren Gesellschafter entsprechend anzugeben usw.

## SANKTIONEN BEI VERSTÖSSEN

Verstöße gegen die genannten Informationspflichten können nach den einschlägigen Gesetzen Verwaltungsstrafen (ECG: bis zu 3.000 Euro; MedienG bis zu 20.000 Euro) nach sich ziehen. Die Unterlassung der Erfüllung der Informationspflichten kann aber auch lauterkeitsrechtliche Konsequenzen nach sich ziehen. So haben insbesondere Mitbewerber die Möglichkeit ihre Unterlassungs- und allenfalls auch Schadenersatzansprüche wegen beachtlichen Rechtsbruchs im Sinne der Generalklausel des § 1 UWG, aber auch wegen beachtlicher Irreführung wegen der Vorenthaltung wesentlicher Information iSd § 2 Abs 4 und 5 UWG mittels Klage durchzusetzen.

## VERWENDUNG VON (TECHNISCH NICHT NOTWENDIGEN) COOKIES

Cookies sind Datenpakete, die etwa von Webbrowsern der Nutzer bzw. von Websitebetreibern erzeugt werden, um Nutzerdaten (zum Beispiel Login-Daten, Einstellungen und Aktionen in Webapplikationen wie den „Warenkörben" in Onlineshops, etc.) zu speichern und einen schnellen und unkomplizierten Bezug der verschiedenen Onlinedienstleistungen zu ermöglichen.
Cookies können daher auch zu anderen als zu technisch notwendigen Zwecken eingesetzt werden, insbesondere zur Schaltung individueller Werbung, die nach dem Surfverhalten der Nutzer bestimmt wird („behavioral-" bzw. „targeted-advertising"). Dies hat in der Regel die Verarbeitung von personenbezogenen Daten, welche mit den zusätzlich verwendeten Cookies gesammelt wurden, zur Folge und daher sind die datenschutzrechtlichen Bestimmungen der DSGVO, aber auch des Telekommunikationsgesetzes („TKG") zu beachten: Betreiber öffentlicher Kommunikationsdienste und Anbieter eines Dienstes der Informationsgesellschaft sind verpflichtet, die Teilnehmer/Benutzer darüber zu informieren, welche personenbezogenen Daten verarbeitet werden, auf welcher Rechtsgrundlage und für welche Zwecke dies erfolgt und für wie lange die Daten gespeichert werden.

Jede Datenverarbeitung benötigt eine Rechtsgrundlage im Sinne der DSGVO, die den jeweiligen Nutzern, etwa in der Datenschutzerklärung oder in einer eigenen Cookies Policy, offen zu legen ist. Anerkannte Rechtsgrundlagen sind etwa das Vorliegen eines berechtigten Interesses an einer Datenverarbeitung, die Notwendigkeit zur Vertragserfüllung oder das Vorliegen einer gesetzlichen Verpflichtung. Erfolgt eine Datenverarbeitung außerhalb dieser Rechtsgrundlagen, wie etwa beim Einsatz von anderen als technisch unbedingt notwendigen Cookies, ist zwingend eine Einwilligung des Nutzers als Rechtsgrundlage notwendig.

Die Einwilligungserklärung des Nutzers hat im Rahmen eines Opt-In-Systems zu erfolgen (die Zustimmung darf nicht etwa durch bereits gesetztes „X"/Häkchen/etc. im Bereich der Einwilligungserklärung vorgefertigt werden, sondern muss das „X"/Häkchen/etc durch den Nutzer selbst gesetzt werden). Weiters ist das Koppelungsverbot zu beachten, das heißt die Erbringung von Leistungen darf nicht von der Zustimmung zur Verwendung von Cookies abhängig gemacht werden, die für die Erbringung der Leistungen selbst gar nicht notwendig wäre.
Vor Vertragsabschluss sollte eine Alterskontrolle des Nutzers erfolgen, da eine Einwilligung von Kindern unter 14 Jahren vertragsrechtlich nicht wirksam erteilt werden kann, weshalb auch der Rechtsgrund für die Vertragserfüllung wegfallen könnte.

Hinsichtlich der sonstigen Pflichten als Verantwortlicher iSd DSGVO wird auf die Ausführungen unter Punkt 2 verwiesen.

## E-MAIL-MARKETING

Um eine Direktwerbung via E-Mail versenden zu dürfen, muss grundsätzlich eine Einwilligung des Empfängers vorliegen.

Trotz einer fehlenden ausdrücklichen Einwilligung kann gemäß den Vorschriften des TKG ausnahmsweise Direktwerbung erfolgen, wenn

- der Empfänger ein Kunde des Unternehmens ist, und
- beim Erwerb von Produkten/Dienstleistungen seine E-Mail-Adresse bekannt gegeben, und
- dem Kunden bei der Erhebung der E-Mail-Adresse die Möglichkeit zur Ablehnung von Zusendungen eingeräumt wurde, und
- ähnliche Produkte/Dienstleistungen beworben werden, die der Kunde bei der Erhebung seiner E-Mail-Adresse erworben hat, und
- die E-Mail-Adresse des Kunden nicht in die sogenannte „Robinson Liste" oder in die „ECG"-Liste eingetragen ist.

ENSCHUTZ

## SUCHMASCHINENWERBUNG

Bei der Verwendung von Suchmaschinenwerbung („AdWord-Werbung") geht es darum, bei der Eingabe von gewissen Suchworten an möglichst oberster Stelle der Suchergebnisliste einer Suchmaschine zu landen.
Bei der Auswahl der möglichen AdWords werden den Nutzer in der Regel keine Grenzen gesetzt. Trotzdem sollte die Auswahl immer mit Bedacht erfolgen. Die verwendeten AdWords dürfen keinen Bezug zu Marken- oder Persönlichkeitsrechten Dritter herstellen, für deren Verwendung keine Einwilligung bzw. Erlaubnis durch die Rechteeigentümer vorliegt. Die unberechtigte Verwendung von geschützten Wörtern oder Namen könnte sonst die jeweiligen Rechteeigentümer zur Durchsetzung von Unterlassungs- und allenfalls Schadenersatzansprüchen nach dem Immaterialgüter- bzw. Wettbewerbsrecht berechtigen.

## SOCIAL MEDIA MARKETING

Vor der Verwendung von Social Media Kanälen zu Marketingzwecken sind die jeweiligen Nutzungsbestimmungen und Guidelines der betreffenden Plattform zu beachten und der eigene geschäftliche Auftritt entsprechend daran anzupassen.

Bei der Veröffentlichung von Werbebeiträgen sind, insbesondere im Bereich des Native Advertising, die medien- und wettbewerbsrechtlichen Kennzeichnungsvorschriften zu beachten.

Von einem Zukauf von positiven Kommentaren/Likes sollte Abstand genommen werden, da hierdurch regelmäßig Verstöße gegen das Wettbewerbsrecht gesetzt werden.
Bei der Verwendung von fremden Inhalten, insbesondere von Bildern, sollte stets mit Bedacht vorgegangen und eine entsprechende Nutzungseinwilligungen durch den Rechteeigentümer eingeholt werden, um Verstöße gegen das Verbot der unberechtigten Verwendung von urheberrechtlich geschützten Inhalten zu vermeiden.
Bei der Verwendung von fremden Inhalten kann auch schon das Teilen bzw. unter Umständen das Liken von fremden Postings problematisch sein, sollte sich daraus eine unberechtigte Aneignung von fremden Inhalten ergeben. Um dies zu vermeiden, sollte daher (neben der allenfalls erforderlichen Einholung einer Nutzungsbewilligung) auch immer eine entsprechende Ursprungskennzeichnung der veröffentlichten Inhalte erfolgen, wenn nicht eindeutig erkennbar ist, von wem diese stammen.

GRUNDVE

## EXKURS: E-PRIVACY VERORDNUNG

Bei der e-Privacy Verordnung handelt es sich auf europäischer Ebene um eine (geplante) Ergänzung der DSGVO, die diese speziell im Bereich der elektronischen Telekommunikation den Umgang mit personenbezogenen, aber auch nicht-personenbezogenen Daten im Online-Bereich ergänzen soll. Ursprünglich sollte die e-Privacy Verordnung gemeinsam mit der DSGVO in Kraft treten. Dieses Ziel wurde jedoch nicht erreicht: zu Inhalt und Regelungen der e-Privacy Verordnung besteht bisher noch immer kein Konsens. Zuletzt wurden sogar Zweifel geäußert, ob die e-Privacy Verordnung überhaupt in irgendeiner Form kommen wird.

In ihrem Grundsatz sollte die e-Privacy Verordnung neue Regelungen zum Schutz der Nutzer und ihrer Daten im Internet vorsehen, etwa durch einen vereinfachten Umgang zur Nutzung von Cookies und Webtracking (zwingendes Opt-In-System), die Erweiterung der Datensicherheit für Kommunikationsdienste sowie grundsätzlich der Datenschutz im Bereich des Online-Marketing. Hierbei soll insb. die Verwendung von Third Party Cookies bzw. Tracking Diensten einer stärkeren Beschränkung unterliegen. Auch Fragen rund um Upload-Filter sollten in der e-Privacy Verordnung geklärt werden. An den bisherigen Regelungen im Bereich der unerbetenen Kommunikation („Cold Calling", etc.) wird sich – Stand jetzt – hingegen nicht viel ändern und die Sanktionen unterliegen bei allfälligen Verstößen demselben Regime wie bei der DSGVO.

Zum Zeitpunkt der Veröffentlichung dieses Buches ist noch nicht konkret absehbar, wann bzw. ob die e-Privacy Verordnung (und wenn ja: mit welchem Inhalt) erlassen werden wird. Zudem ist damit zu rechnen, dass nach ihrem Inkrafttreten eine Umsetzungsfrist von zumindest zwei Jahren vorgesehen sein wird.

Um bereits vorab optimal auf die Änderungen der e-Privacy Verordnung vorbereitet zu sein, sollten Unternehmen ihre Website-Trackingmethoden evaluieren und ihre Datenschutzerklärungen und Cookie Policies dahingehend prüfen, ob eine gültige Einwilligung für die Verwendung von Cookies und zum Erhalt von Direktwerbung vorliegen. Hierzu ist insb. darauf zu achten, dass die jeweilige Einwilligungserklärung nicht schon „vorgefertigt" wird, sondern jeweils erst durch den jeweiligen Nutzer gesetzt werden muss.

## GRUNDSÄTZE ZUM RECHT IM SPEZIALBEREICH INFLUENCER MARKETING

Immer mehr Personen erarbeiten sich auf ihren Social-Media-Kanälen ein verstärktes Ansehen und Popularität in der von ihnen angesprochenen Zielgruppe („Follower") und haben dabei wesentlichen Anteil an der Meinungsbildung der Konsumenten über Unternehmen und deren Produkte („Influencer"). Aus der Zusammenarbeit von Influencern mit Unternehmen, deren Produkte beworben werden, entstand das Influencer Marketing, das in der Marketing-Praxis eine immer bedeutendere Rolle einnimmt. Trotz dieser neuen Form des Marketings handelt es sich beim Influencer Marketing aber um keinen „rechtsfreien" Raum, sondern es kommen auch für die Werbetätigkeiten von Influencern medien- und wettbewerbsrechtliche Vorschriften zur Anwendung, die wiederum auch für die beworbenen Unternehmen von Bedeutung sind. Diese sollen in der Folge kurz und überblicksartig beleuchtet werden.

## AB WANN UND IN WELCHER FORM BESTEHT EINE KENNZEICHNUNGSPFLICHT?

Bei redaktionellen Beiträgen, in denen lediglich die eigene Meinung über die dargestellten Produkte wiedergegeben wird, ohne dass hierfür ein wirtschaftlicher Anreiz für Influencer besteht oder sonst eine Gegenleistung erhalten wird, ist – wie sonst auch – grundsätzlich keine Werbekennzeichnung notwendig.
Dagegen sind Ankündigungen, Empfehlungen oder sonstige Beiträge und Berichte, die in Form von Postings auf Websites von sozialen Netzwerken veröffentlicht werden, mit dem erkennbaren Zusatz „Anzeige", „entgeltliche Einschaltung" oder „Werbung" zu kennzeichnen, wenn hierfür ein Entgelt geleistet oder eine andere Art von Gegenleistung erbracht wird. Möglich ist es, Zusätze oder andere Begriffe zu benutzen, die für das angesprochene Publikum denselben Erklärungswert wie die gesetzlichen Begriffe besitzen und gleichzeitig auf die besonderen Umstände der Entgeltlichkeit des Werbe-Postings hinweisen.
Eine Werbekennzeichnung ist auch dann zwingend vorzunehmen, wenn die dargestellten Produkte „im Tausch" oder zu einem vergünstigten Preis gegen die Veröffentlichung eines Werbe-Postings zur Verfügung gestellt werden. Die beiden Leistungen haben jeweils einen wirtschaftlichen Wert, der von den Parteien als gleichwertig aufgefasst wird, weshalb sie diese jeweils für die andere erbringen bzw. zur Verfügung stellen. Damit liegt Entgeltlichkeit vor und hat eine Werbekennzeichnung der veröffentlichten

Postings, in dem die zur Verfügung gestellten Produkte dargestellt werden, zu erfolgen.
Ausgenommen von dieser Kennzeichnungspflicht sind nur jene Postings mit wirtschaftlichem Hintergrund, die aufgrund ihrer Gestaltung und äußeren Erkennbarkeit keinen Zweifel über den kommerziellen Zweck aufkommen lassen. Nur wenn dieser wirtschaftliche Hintergrund klar erkennbar ist (zum Beispiel wenn Unternehmen auf ihren kommerziell genutzten Social-Media-Kanälen die eigenen Produkte bewerben), kann eine gesonderte Kennzeichnung ausnahmsweise unterbleiben (dieser besondere Ausnahmefall wird jedoch streng im Einzelfall geprüft und stellt daher keine „Hintertür" für das Unterlassen einer eigentlich gebotenen Kennzeichnung dar).

Da die meisten Influencer ihre Social-Media-Kanäle sowohl zu privaten als auch zu (geschäftlichen) Werbezwecken nutzen, kann es zu Unklarheiten und Missverständnissen für Follower/Konsumenten kommen, die dem medien- und wettbewerbsrechtlichen Transparenzgrundsatz entgegenstehen. Dennoch können Influencer, die ihre Social-Media-Kanäle zu geschäftlichen Zwecken, etwa zur Veröffentlichung von Werbe-Postings nutzen, trotzdem auch redaktionelle Postings veröffentlichen. Demnach ist nicht jedes ihrer Postings automatisch auch als kennzeichnungspflichtige Werbung anzusehen.
Abgemahnte Influencer tragen die Beweislast gegenüber den Behörden, dass kein werberechtlich zu kennzeichnendes Posting vorliegt bzw. man selbst nur als „privater" Influencer ohne wirtschaftliche Einnahmen bzw. Einnahmeabsichten tätig wird. Diese Abgrenzung bzw. der Nachweis hierzu wird mitunter nur schwer zu erbringen sein. Deshalb ist zu empfehlen, dass Influencer, die ihre Social-Media-Kanäle teilweise oder überwiegend zu geschäftlichen Zwecken nutzen und in ihren Postings Markierungen setzen, ohne hierfür eine Gegenleistung erhalten zu haben, im Zweifelsfall eine Werbekennzeichnung setzen. Dies kann durch entsprechende Zusätze, etwa durch „Werbung, unbezahlt" erfolgen.

## WELCHE INHALTE KÖNNEN GEKENNZEICHNET WERDEN?

Aus der Vielzahl der verschiedenen Sparten und Branchen, in denen Influencer tätig werden, ergeben sich auch ganz unterschiedliche Formen von Beiträgen, bei denen eine Kennzeichnung aufgrund der werbenden Inhalte erforderlich sein kann. Dies trifft etwa auf den Text eines Postings oder auf ein veröffentlichtes Lichtbild bzw. Video zu. Doch auch schon allein das Setzen von Markierungen kann unter Umständen bereits einen werblichen Inhalt darstellen, der entsprechend gekennzeichnet werden muss. Markierungen können etwa mittels „Affliate Links" (Link zur Website eines Unternehmens im Beitragstext des Postings), „Tap Tags" (Bereich in einem veröffentlichten Bild, der einen Link zur Website des Herstellers bzw. Händlers enthält) oder auch durch das Setzen von Hashtags erfolgen.

Hierbei sind etwa folgende Inhaltskategorien von Markierungen, bei denen sich eine Kennzeichnungspflicht aufgrund des werblichen Inhalts ergeben kann, denkbar:

| | | |
|---|---|---|
| Orte / Örtlichkeiten von Unternehmen wie Cafés, Bars, Restaurants, etc. | Andere geschäftlich auftretende Influencer oder Personen | Marken oder Unternehmen der dargestellten Produkte |

**Abbildung 13:** Inhaltskategorien von Markierungen, bei denen sich eine Kennzeichnungspflicht aufgrund des werblichen Inhalts ergeben kann | Quelle: WMWP Rechtsanwälte

## RECHTSFOLGEN FÜR INFLUENCER UND BEWORBENE UNTERNEHMEN

Grundsätzlich sind die Influencer und nicht die beworbenen Unternehmen Letztverantwortliche und damit Medieninhaber ihrer Social-Media-Profile im Sinn des MedienG. Verstöße gegen die Werbekennzeichnungspflicht stellen somit eine von Influencern zu vertretende Verwaltungsübertretung dar. Durch diese Verwaltungsübertretung wird in der Regel auch eine unlautere, weil irreführende Geschäftspraktik angewendet, die gegen wettbewerbsrechtliche Vorschriften verstößt. Demnach könnten Influencer sowohl von Mitwerbern als auch aktiv legitimierten Vereinigungen wie dem VKI auf Unterlassung und bei Verschulden auf Schadenersatz in Anspruch genommen werden, wenn sie redaktionelle Inhalte in ihren Postings zu Zwecken der Verkaufsförderung einsetzen, ohne dass dies aus dem Inhalt oder aus einer für den angesprochenen Verbraucherkreis klar erkennbaren Kennzeichnung eindeutig hervorgehen würde (als Information getarnte Werbung).

In diesem Zusammenhang ist für die von Influencern beworbenen Unternehmer insbesondere § 18 UWG zu beachten: Gemäß dieser Bestimmung haften Unternehmer für alle Personen, die in ihrem Auftrag bestimmte Arbeiten für das Unternehmen verrichten bzw. als Geschäftspartner tätig werden und dabei wettbewerbswidrige Handlungen setzen. Dies trifft insbesonders auch auf unzulässige Werbehandlungen zu, die von Influencern etwa auf Grundlage eines Social Media Marketings oder sonstigen Werbekooperationsverträgen (seien diese schriftlich oder formlos abgeschlossen worden) gesetzt wurden, solange der Unternehmer auf dieses Verhalten hätte Einfluss nehmen können. Insofern können die Handlungen/Unterlassungen von Influencern auch direkte rechtliche Konsequenzen für die von ihnen beworbenen Unternehmen haben. Weiters sollten Unternehmen, Influencer bzw. auch Vermittlungs- oder Werbeagenturen zu Beginn von Social-Media-Marketing-Kooperationen eine schriftliche Vereinbarung über die wesentlichen Punkte des Werbeauftrags abschließen. Darin hat der Unternehmer die Influencer auch insbesondere über die jeweiligen nationalen Rechtsvorschriften hinsichtlich der Kennzeichnung von Werbebeiträgen zu informieren sowie über deren rechtskonforme Gestaltung aufzuklären. Dem folgend ist die Verantwortung der Influencer für die Einhaltung der Transparenzvorschriften ihrer Werbeinhalte sowie deren Verpflichtung zur Schad- und Klagloshaltung des Unternehmers gegen Ansprüche Dritter zu vereinbaren. Als weitere Möglichkeit können auch die allenfalls vermittelnden Werbeagenturen zur Kontrolle der Einhaltung der werberechtlichen Vorschriften verpflichtet werden.

## CONCLUSIO

Medien- und wettbewerbsrechtliche Werbungskennzeichnungspflichten bestehen auch für die relativ neue Welt des Social Media Marketing. Deren Einhaltung wird von den zuständigen Behörden sowie Mitwerbern und Vereinigungen wie dem VKI kontrolliert und Verstöße entsprechend sanktioniert, weshalb ein offenes und transparentes Vorgehen sowohl vonseiten der Influencer als auch der beworbenen Unternehmen empfehlenswert ist.
Vonseiten der Unternehmen, die eine Social-Media-Marketing-Kooperation aufnehmen, sollten auch die bisher veröffentlichten Postings der beauftragten Influencer überprüft werden. Werden darin das eigene Unternehmen oder dessen Produkte ohne einer Werbekennzeichnung dargestellt, sollte eine Nachkennzeichnung veranlasst werden, um eine wettbewerbsrechtliche Haftung nach § 18 UWG zu vermeiden. Weiters sollte in den Werbeverträgen über die Werbekennzeichnungsvorschriften aufgeklärt und eine Haftungsregelung für allfällige Verstöße vereinbart werden.

# KEY TAKEAWAYS
## dieses Kapitels auf einen Blick:

**Zu den wichtigsten Pflichten nach der DSGVO:**

1. Es ist ein Datenverarbeitungsverzeichnis zu erstellen und beizubehalten, in dem festgehalten wird, welche personenbezogene Daten von welchen Personen zu welchen Zwecken bzw. auf welcher Grundlage wie verarbeitet werden.
2. Verantwortliche haben Informationen über die Art und den Umfang der Datenverarbeitung, sowie über die den betroffenen Personen zukommende Rechte nach der DSGVO in einer öffentlich zugänglichen Datenschutzerklärung zur Verfügung zu stellen. Darin ist auch auf die Rechte der betroffenen Personen gemäß der DSGVO hinzuweisen.
3. Bei Datenverlusten bzw. -diebstählen bestehen besondere Handlungs- und Offenlegungspflichten.

**Weitere Pflichten im Bereich des Online Marketing:**

4. Je nach Art der Tätigkeit bestehen unterschiedliche Verpflichtungen zur Führung eines Impressums bzw. zur Offenlegung der eigenen Unternehmensdaten.
5. Bei der Verwendung von technisch nicht notwendigen Cookies auf der eigenen Website ist vorab die Zustimmung der betroffenen Person einzuholen.
6. Die Direktwerbung via E-Mail ist nur nach vorheriger Einwilligung bzw. nur in besonderen Ausnahmefällen gestattet.
7. Bei der Suchmaschinenwerbung bzw. im Social Media Marketing sind fremde Marken-, Urheber- oder Persönlichkeitsrechte zu beachten.
8. Im Bereich Influencer Marketing sind Influencer über die Kennzeichnungspflichten ihrer Werbepostings aufzuklären. Hierzu wird der Abschluss von schriftlichen Werbeverträgen empfohlen, in dem gleichzeitig eine Haftungsregelung für Verstöße vereinbart wird.

# DAS 1X1 der digitalen Mediaplanung

*Wie werden die digitalen Medien in Österreich genutzt? Wo kann ich digital werben? Was gibt es bei digitaler Mediaplanung zu bedenken? Diese und mehr Fragen werden im folgenden Kapitel beantwortet. Das Kapitel soll als „Schweizermesser" der digitalen Mediaplanung dienen! Nach dem Lesen weiß man, worauf acht zu geben ist. Und man kann sich besser mit Kundinnen/Kunden, Kolleginnen/Kollegen und Geschäftspartnern zum Themenfeld digitale Mediaplanung austauschen.*

**DANIEL PFEFFER**

# DAS DIGITALE SPIELFELD

Während vor rund 20 Jahren tatsächlich noch gezweifelt wurde, ob sich das Internet als Medium durchsetzen wird, ist es nun aus dem Alltag nicht mehr wegzudenken. Global haben bereits mehr als 4,5 Milliarden Personen Online-Zugang, in Österreich sind es über 88 Prozent der Bevölkerung, die in irgendeiner Form das Internet nutzen: sei es Websurfen, Googeln, Online-Shopping, News konsumieren, E-Mailen, Streamen, E-Gaming, Essen bestellen, Online Banking oder das Nutzen verschiedener Social-Media-Kanäle wie Facebook, Instagram, WhatsApp, Snapchat oder TikTok. Im Schnitt verbringen österreichische User täglich 5 Stunden und 46 Minuten im Internet und machen es damit zum mit Abstand am meist genutzten Mediakanal. Der globale Durchschnitt liegt hier sogar deutlich höher: mit 6 Stunden und 54 Minuten. 95,8 Prozent der Internetuser in Österreich besitzen ein Smartphone, 87,2 Prozent einen Laptop oder PC, 56,5 Prozent ein Tablet, 35,1 Prozent eine Spielkonsole und rund 25 Prozent eine Smartwatch.

| # | WEBSITE | TOTAL VISITS | UNIQUE VISITS | TIME PER VISITS | PAGES PER VISITS |
|---|---|---|---|---|---|
| 01 | google.com | 244M | 14.1M | 22M 35S | 6.58 |
| 02 | wikipedia.org | 101M | 15.8M | 7M 58S | 1.99 |
| 03 | orf.at | 76.2M | 7.15M | 13M 27S | 4.48 |
| 04 | amazon.de | 75.9M | 10.1M | 13M 11S | 8.15 |
| 05 | facebook.com | 69.1M | 8.57M | 23M 17S | 5.13 |
| 06 | youtube.com | 67.6M | 7.27M | 31M 23S | 3.72 |
| 07 | google.at | 50.9M | 4.58M | 17M 12S | 8.34 |
| 08 | krone.at | 33.6M | 4.04M | 7M 36S | 3.43 |
| 09 | pornhub.com | 21.9M | 3.32M | 12M 20S | 9.42 |
| 10 | derstandard.at | 20.1M | 3.26M | 14M 57S | 3.54 |
| 11 | willhaben.at | 18.7M | 3.26M | 17M 21S | 12.88 |
| 12 | instagram.com | 14.2M | 3.42M | 18M 26S | 4.09 |
| 13 | xnxx.com | 12.7M | 1.87M | 15M 9S | 9.81 |
| 14 | gmx.at | 12.2M | 2.23M | 8M 13S | 2.07 |
| 15 | heute.at | 11.6M | 2.31M | 7M 50S | 2.22 |
| 16 | oe24.at | 11.5M | 2.03M | 4M 44S | 2.48 |
| 17 | bergfex.at | 11.4M | 2.52M | 10M 36S | 3.31 |
| 18 | kurier.at | 10.4M | 2.52M | 7M 20S | 1.92 |
| 19 | gmx.net | 10.3M | 980K | 5M 4S | 6.34 |
| 20 | xhamster.com | 9.64M | 1.54M | 15M 53S | 9.80 |

**Abbildung 14:** Die beliebtesten Websites in Österreich | Quelle: SEMRUSH

Man sieht sehr deutlich, dass der Internetkonsum mehrheitlich von internationalen Websites dominiert wird. Aus den Top 20 in Österreich sind lediglich acht Websites österreichischen Ursprungs, wobei Newskanäle die Nase vorne haben. Deswegen ist es kaum verwunderlich, dass auch in puncto Spendings für Werbebudgets laut der von der Kommunikationsagentur MOMENTUM Wien in Kooperation mit dem iab Austria jüngst veröffentlichten Digitalspendingstudie nur 13,5 Prozent der lokalen Digitalwerbespendings in Österreich bleiben.

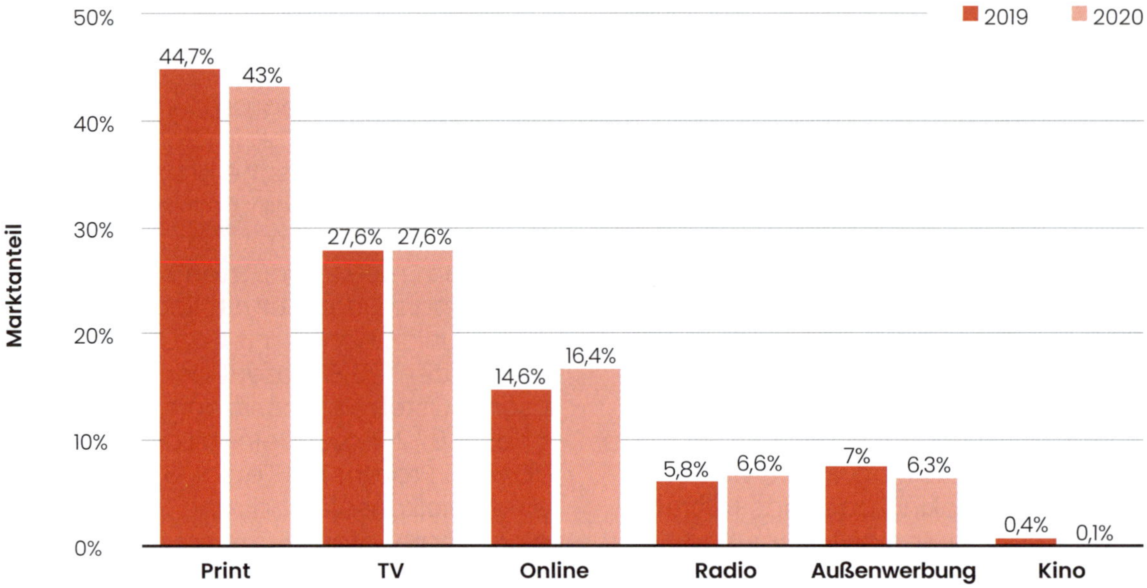


**Abbildung 15:** Bruttomarktanteil Werbeträger in Ö i.d. Jahren 2019 + 2020 | Quelle: Focus Media Research

Während im COVID-Jahr 2020 in Österreich viele Mediakanäle mit teils starken Rückgängen zu kämpfen hatten, wuchsen die Digitalwerbespendings weiter. 7,5 Prozent Wachstum führen zu einem Gesamtmarkt von rund 1,57 Milliarden Euro. Der österreichische Gesamtmarkt wid aber nach wie vor von Print dominiert, während Digital trotz der stärksten Nutzung seit Gründung erst bei 16,4 Prozent Marktanteil liegt. Ein Blick auf Statistiken und Prognosen zu globalen Ad Spendings zeigen, dass dort Digital bereits der dominierende Kanal ist, mit derzeit rund 54,1 Prozent Marktanteil. Die Tendenz ist stark steigend, im Jahr 2024 wird global ein Anteil von rund 62,6 Prozent vorhergesagt.

Die Online-Nutzung hat viele Formen, wichtig ist für eine Marketingsicht zwischen organischem Inhalt (unbezahlt) und gesponserten Inhalten, also Ads zu unterscheiden. Gerade auf Online-Kanälen kann mit unzähligen Formaten auf zahlreichen Kanälen geworben werden – hier ein kleiner Überblick:

## Display

Darunter versteht man klassische Bannerwerbung, sowohl mobile als auch am Desktop. Aufgrund der intensiven mobilen Nutzung sollte jede Kampagne auf jeden Fall auch „mobile responsive" sein, also am Handy funktionieren. Dabei kommen von kleinen mobilen Bannern bis großflächigen Sitebars eine Vielzahl an Formaten zum Einsatz. Banner kommen sowohl für Awareness-Kampagnen also auch für Kampagnen, die die Bekanntheit einer Marke steigern und für Performancekampagnen zum Einsatz, die stärker auf eine gewisse Aktion hin ausgerichtet sind (Download, Kauf, Konfiguration, etc.). Die Banner können hierbei statisch, animiert, interaktiv oder auch mit Video aufgebaut sein.

**Fun Fact:** Der erste Werbebanner im Internet (1994, von AT&T) hatte ein Klickrate (also Verhältnis von Sichtkontakten und Klicks) von rund 44 Prozent – heutzutage erreichen Banner von ähnlicher Größe im Schnitt rund 0,06 bis 0,12 Prozent Klickrate.

**Abbildung 16:** Der weltweit erste Online Banner | Quelle: AT&T

## Native

Hier geht es darum, die Werbung so stark an das Umfeld der Website anzupassen, dass der User im Idealfall nicht merkt, dass es sich um eine Werbeeinschaltung handelt – nichtsdestotrotz ist das Medium verpflichtet, Werbung den gesetzlichen Richtlinien entsprechend zu kennzeichnen. Die simple Version hiervon ist es, eine Text/Bild-Kombination zu verwenden, die einen gewissen Inhalt schmackhaft macht, also „anteasert", und dann beim Klick des User auf die Website des Werbers verlinkt. Vorsicht sei hier geboten bei sogenannten „Click Baiting Headlines", die zwar wahrscheinlich viele Klicks einheimsen, deren User die Website aber sofort wieder verlassen, wenn sie merken, dass ihnen in der Werbeanzeige Inhalte versprochen wurden, die auf der Website nun nicht in der erwarteten Form verfügbar sind. Die fortgeschrittene Version ähnelt dem allseits bekannten Print Advertorial. Hier werden bezahlte Inhalte im redaktionellen Umfeld, ebenfalls als Werbung gekennzeichnet, eingebettet. Der Werber erhofft sich hier erhöhte Glaubwürdigkeit und Imagetransfer.

## Online Video/Bewegtbild

Kommt auf YouTube, Videotheken aber auch im Content eingebettet zum Einsatz. Unterschieden wird zwischen In-Stream, also Ausspielung beim Videokonsum des Users und Out-Stream, also die Ausspielung an einen User, der gerade keinen Video Content konsumiert. Platzierungen können vor einem Video stattfinden, während einem Video oder nach einem Video. Üblich ist eine Länge von 6 bis 30 Sekunden, manche Plattformen bieten aber auch Werbeplätze für längere Werbevideos an. Geschalten werden sie überspringbar („skippable") oder nicht überspringbar („non skippable"). Bei Instream-Platzierungen ist der Ton für gewöhnlich automatisch aktiviert, bei Outstream-Platzierungen muss der Ton manuell vom User aktiviert werden.

## Social

Hier wird, wie der Name suggeriert, Werbung auf Social-Media-Plattformen wie Facebook, Instagram, Snapchat, LinkedIn, Xing, TikTok, Twitter oder Pinterest platziert. Je nach Plattform sind hier statische Bild Ads, Video Ads oder auch kreativere Umsetzungen möglich. Das Ad ist hier nativ, also optisch gleichwertig inmitten des Contents, in die Plattform eingebettet, das geschulte Auge erkennt an einem „Sponsored"- oder „Anzeige"-Hinweis, dass es sich um eine Werbeeinschaltung handelt. In Österreich sind gesamt 7,2 Millionen Nutzer auf Social Media aktiv, während dabei WhatsApp, YouTube und Facebook die derzeit beliebtesten Kanäle sind.

## Addressable TV

Hier werden Werbeanzeigen direkt am Smart-TV ausgespielt – zur Ausspielung kommt es beim Senderwechsel. Verfügbar ist diese Werbeform derzeit ausschließlich auf Privatsendern. Die Ausspielung erfolgt digital, das TV-Gerät muss also mit dem Internet verbunden sein, um dieses Format bieten zu können. Derzeit sind in Österreich fast ausschließlich statische Werbemittel einsetzbar, Video wird in naher Zukunft auch breiter einsetzbar sein.

## Search Engine Advertising (SEA)

Suchanzeigen zu schalten, ist eine der effizientesten Werbeformen, wenn es darum geht, User direkt in einem Such- bzw. Kaufprozess abzuholen. Hierbei werden Suchanzeigen bei vordefinierten Suchbegriffen an den User ausgespielt, die dann ganz oben in den Suchergebnissen angezeigt werden. In Österreich herrscht hier beinahe eine Monopolsituation, da Google knapp 95 Prozent Marktanteil unter den Suchmaschinen hat. Der Mehrheit der User ist nicht bekannt, dass eine „Google-Anzeige" am Beginn der Ergebnisliste meist ein bezahltes Suchergebnis ist.

## Audio

Ein aufstrebender digitaler Kanal ist definitiv Audio. Musikkonsum wird immer digitaler, ob Spotify, SoundCloud, Deezer oder Webradio – hier kann mit Audiospots gearbeitet werden. Je nach Anbieter gibt es auch hier weitere Umsetzungsmöglichkeiten. In Podcasts beliebt sind sogenannte „Host-read Ads", also Werbung, die direkt vom Host des Podcasts vorgelesen wird.

## E-Mail

Totgesagte leben länger – ein Dinosaurier der Online-Werbemaßnahmen ist das E-Mail-Marketing, hier werden Werbe-E-Mails an User ausgesendet. Wichtig: Der User muss die Erlaubnis erteilt haben, in Zukunft mit E-Mails zu Marketingzwecken bespielt zu werden.

# DER DIGITALE MEDIAPLAN

Vor und während der Planung sollte man sich über folgenden Punkte Gedanken machen:

## Was ist mein Ziel und wie messe ich die Zielerreichung?

Allgemein differenziert man zwischen Awareness und Performance als übergeordnete Ziele. Awareness-Kampagnen versuchen unter anderem einen oder mehrere der folgenden Faktoren zu stärken: Marken/Produktbekanntheit, Markenimage, Favourability oder die Kaufbereitschaft. Übergeordnete Kennzahlen, nach denen hier optimiert wird sind zum Beispiel Reichweite, Frequenz und Sichtbarkeit. Hier wird oft auf audiovisuelle und großflächige Displayformate gesetzt.
Unter Performance Kampagnen versteht man Kampagnen, die auf „härtere" KPIs optimieren. Also: Website Traffic, Verkäufe im Webshop, Kontaktanfragen oder Registrierungen. Hier ist es essenziell, dass diese Faktoren auch gemessen werden können, um die Kampagne dementsprechend optimierbar zu machen. Zwei große Vorteile von Digitalkampagnen liegen nämlich genau in der Messbarkeit und der ständigen Optimierbarkeit. Man sagt nicht umsonst, dass ein Großteil der Arbeit an einer Digitalkampagne erst nach dem Start anfällt. Typische Go-To KPIs sind: Cost per Click, Cost per Landing oder Cost per Action/Lead.

## Wer ist meine Zielgruppe?

Man sagt, man kann alles und jeden mit digitaler Werbung targeten (bespielen), auch wenn die Nische noch so klein ist. Soziodemografische, interessensbasierte, geografische, technische und verhaltensbezogene Kriterien können ins Targeting aufgenommen werden. Die Versuchung ist groß, seine Zielgruppe soweit herunterzubrechen, dass sie auf einem Detailgrad wie „Vegane Katzenbesitzer im 13. Wiener Gemeindebezirk, zwischen 18 und 25 Jahre, auf Desktop-Geräten, die in den vergangenen 14 Tagen auf meiner Website waren" aufgesetzt wird. Kann man machen, sollte man aber nicht. Ein zu tiefgehendes Targeting führt zu Minizielgruppen, die schwer bespielbar sind oder sehr hohe Kosten pro Kontakt zur Folge haben. Zumindest sollte es nicht die einzige Zielgruppe in einer Kampagne sein. Oft hat es sich auch bewährt, mit mehreren Zielgruppen die Kampagnen breit zu starten und dann zu optimieren. Das „Gießkannen-Prinzip", wie man es aus klassischen Medien kennt, ist hier definitiv nicht zielführend, da die wenigsten Werbetreibenden derartige Budgets aufbringen können.

## Welches Budget steht zur Verfügung bzw. wird benötigt, um die Ziele zu erreichen?

Die Katze beißt sich bei Konversationen zwischen Auftraggebern und Agenturen oft in den Schwanz. Der Auftraggeber möchte kein Budget nennen, sondern einen Vorschlag hören, wie viel Budget man denn ungefähr „braucht", um dies oder das zu erreichen. Die Optionen im digitalen Raum sind aber so mannigfaltig, dass zumindest ein Anhaltspunkt in punkto Budget den Mediaplanern enorm helfen kann, um die Planung möglichst nah an den Möglichkeiten zu gestalten und trotzdem gesteckte Ziele zu erreichen. Dies spart Feedbackschleifen und Planüberarbeitungen und damit für alle Beteiligten Zeit.

## Wie lautet meine Werbebotschaft?

Eine enge Kooperation zwischen Werbetreibendem, Mediaagentur und Kreativagentur ist unglaublich vorteilhaft. Am besten funktionieren Kampagnen, wo möglichst früh im Prozess Abstimmungsgespräche abgehalten werden, damit die Kampagne aus einem Guss zwischen Strategie, Kreation und Mediaplanung entsteht und nicht eine Mediastrategie auf eine fertige Kreativstrategie gestülpt wird oder eine Kreation sich nach einem fertigen Plan rechnen muss, die sich im worst case nicht ergänzen. Wir als Havas Village verfolgen dieses Credo und bieten alle Leistungen entlang der Kommunikationskette an, dadurch profitieren Kampagnen aus den entstandenen Synergieeffekten. Je eher hier kooperiert wird bzw. Informationen fließen, desto besser abgestimmt sind Kreativ- und Mediastrategie und damit die gesamte Kampagne.

## Welche Werbekanäle sollen bespielt werden mit welchen Formaten?

Das lässt sich am besten aufbauend an den vorangehenden Punkten festmachen: In welchen Kanälen funktioniert die Kreatividee? Mit welchen Formaten? Diese Frage wird meist von Mediaplanern, basierend auf den Punkten Budget und Zielsetzung beantwortet oder eben unter Berücksichtigung der kreativen Idee. Im Havas Village Wien haben wir es uns zum Ziel gesetzt, Medien nach mehr als den üblichen Kriterien für eine Kampagne zu bewerten. Während für gewöhnlich Medien nach offensichtlichen Maßstäben wie Reichweite, Kostenmetriken oder Affinität bewertet werden, gehen wir einen Schritt weiter und bewerten Medien und Umfelder auch nach ihrer Meaningfulness. Sprich, wir ziehen mehrere Kriterien (etwa vergangene Leistungswerte, Sentiment, Sichtbarkeit, Verweildauer, Ad Clutter, etc.) hinzu und brechen die Ergebnisse dann in einem Index herunter, um so eine Selektion vornehmen zu können, die auf die Marke bzw. das Produkt maßgeschneidert ist – daraus soll eine Meaningful Experience möglich gemacht werden. Diese Herangehensweise basiert auf der Studie „Meaningful Brands", die seit mehr als einem Jahrzehnt jährlich unter über 350.000 Befragen weltweit durchgeführt wird. Sie besagt, dass es bei mehr als 77 Prozent aller Brands dem Konsumenten egal wäre, wenn sie von heute auf morgen verschwinden würden. Mit unserem Planungsansatz Mx (Meaningful Experience) steuern wir diesem Extrem entgegen.[14]

### Wann soll die Kampagne stattfinden?

Oft ergibt sich die Antwort auf diese Frage aus der Beantwortung der Ziel-Frage. Je nach Branche gibt es recht unterschiedliche Werbe-Saisonalitäten, wobei für gewöhnlich das vierte, das am meisten belegte Quartal ist. Bucht man seine Kampagnen off-season, kann man meist kosteneffizienter Kampagnen umsetzen. Digitale Kampagnen werden aber auch oft anhand des Tages optimiert, so könnte beispielsweise ein Essenslieferdienst seine Ads nur um die Mittags- und Abendzeit ausspielen, um die Relevanz seiner Werbung zu erhöhen.

## IT'S SHOWTIME

Ist die Kampagne live, geht es darum, die Leistung der Kampagne regelmäßig zu überprüfen. Dafür ist es essenziell, dass die Kampagne auch getrackt wird, also der Erfolg mitgemessen wird, dies geschieht über einen Ad Server, welcher die Ads an ihrer jeweiligen Destination ausspielt. Je nach Kanal und Medienpartner sind Optimierungsmöglichkeiten teils hoch unterschiedlich. Insbesondere auf Self-Serving-Portalen, wie jenen von Google und Facebook, fühlt sich ein Perfektionist wohl – denn hier setzt man selbst (bzw. die Agentur) die Kampagne auf und kann testen, in welcher Zielgruppe, mit welchem Format, mit welcher Headline welches Werbemittel am besten funktioniert. Funktioniert die Kampagne zu einer gewissen Uhrzeit, auf einer gewissen Seite besser als sonst? Welche Platzierungen bringen mir den meisten Traffic auf die Website, welche bringen mir den qualitativ hochwertigsten Käufer oder Personen, die sich lange mit meinem Content auseinandersetzen. Die Optimierungsmöglichkeiten sind fast endlos, deswegen ist es wichtig, hier erfahrenen Kampagnenmanagerinnen und -managern zu vertrauen, die wissen, mit welchem Hebel man die größte Wirkung für die Kampagne erzielen kann. Viel wird heutzutage auch direkt von Algorithmen der Ad Manager automatisiert optimiert, es zeigt sich aber noch immer am effektivsten, wenn der Prozess von einem Menschen überwacht und gesteuert wird.
Da Daten aus verschiedensten Quellen einfließen, ist es empfehlenswert, auf Dashboards zu setzen, welche diese Daten an einem Ort zusammenführen und in Echtzeit verfügbar machen. Learnings und Insights können während der Kampagne und auch für zukünftige Kampagnen genutzt werden.

14 www.meaningful-brands.com

# KEY TAKEAWAYS
## dieses Kapitels auf einen Blick:

1. Massenmedium Internet – kein Kanal wird mehr genutzt!
2. Definiere deine Zielgruppe.
3. Definiere deine Ziele.
4. Stelle sicher, dass diese messbar sind.
5. Optimiere deine Kampagne.
6. Nicht jeder Sichtkontakt und jeder Klick hat dieselbe Wertigkeit – tiefgehende Planung anhand von Meaningfulness kann großen Vorteil bringen.

SOCIAL & SEARCH

# Die reichweitenstärksten digitalen Kanäle

*In diesem Kapitel lernen Sie die Grundzüge der digitalen Kanäle Social und Search kennen. Ich erkläre Ihnen, weshalb die beiden Kanäle in der Customer Journey eine hohe Relevanz haben, worin sie sich unterscheiden, wo sie zusammenspielen, weshalb man für eine erfolgreiche Bespielung erst eine Content Strategie erstellen sollte und warum der Schlüssel zum Erfolg eine einfache Formel ist. Dazu werden wir die Themen Social Media Marketing (SMM) und Suchmaschinen Marketing (SEM) anhand der Strategie für Content Marketing behandeln.*

**ROMAN GAISBÖCK**

**Marketingbegriffe sind nicht immer eindeutig. Um ein gemeinsames Bild zu schaffen, beginnen wir mit einer Verortung der Themenbereiche :**

- **Content Marketing,**
- **Content-Strategie,**
- **Social Media Marketing,**
- **Suchmaschinenmarketing/ Search Engine Marketing**

**Content Marketing** zielt darauf ab, (potenzielle) Kundinnen und Kunden durch unterhaltende, informierende oder beratende Inhalte anzusprechen und vom Leistungsangebot oder der eigenen Marke zu überzeugen. Diese Botschaften werden über zielgruppenrelevante Kanäle verbreitet.

Als **Content-Strategie** wird die Planung der Ziele, Zielgruppe, Inhalte, Content-Formate und digitalen Kanäle bezeichnet.

**Social Media Marketing** verwendet die allgemeinen Grundsätze des Content Marketings und wendet sie im Speziellen für Social-Media-Plattformen als externe digitale Kanäle an. Es nutzt gezielt die spezifischen Voraussetzungen und Eigenheiten sozialer Medien – insbesondere die dort vergleichsweise private Atmosphäre und die Möglichkeit einer sehr direkten Interaktion mit dem jeweiligen Kundenkreis. Social Media Marketing erreicht (etwaige) Kunden somit in aller Regel auf einer persönlichen Ebene und kann somit eine besonders nachhaltige Wirkung hervorrufen.

**Suchmaschinenmarketing (Search Engine Marketing)** umfasst sämtliche Maßnahmen zur Verbesserung der Sichtbarkeit der eigenen Inhalte in den Suchergebnissen von Suchmaschinen und folglich zur Gewinnung von Besuchern für die eigene Webseite. Hier geht es in erster Linie darum, die Suchintention der User zu verstehen und entsprechende Antworten durch die eigenen Inhalte zur Verfügung zu stellen.

Dabei ist es für organische Webseitenzugriffe von Vorteil, die Mechanismen bzw. Algorithmen der Suchdienste zu verstehen und die eigene Webpräsenz inhaltlich wie technisch an die Anforderungen einer optimalen User Experience auszurichten **(Search Engine Optimization/SEO)**.

Daneben besteht die Möglichkeit, Zielgruppen über relevante Themenbereiche durch gezielte Werbung in den Suchergebnissen zu erreichen **(Search Engine Advertising/SEA).**

**Letztendlich haben alle drei Marketing-Richtungen zwei im Mittelpunkt stehende Intentionen:**

Sie sollen die Wahrscheinlichkeit erhöhen, dass (potenzielle) Kunden die Waren oder Dienstleistungen des Marketing-Treibenden vor denen der jeweiligen Mitbewerber online finden und in Anspruch nehmen. Diese Ziele werden wiederum auf unterschiedliche Marketing-Ebenen übertragen, an deren Basis die allgemeine Kundengewinnung und -bindung stehen.

# DIE GRUNDELEMENTE DES CONTENT MARKETINGS

Content Marketing ist ein Teil der Unternehmenskommunikation und hilft beim Bekanntmachen der Marke, dem Reichweitenaufbau und der Leadgenerierung.

**Die Inhalte unterstützen dabei, die eigene Marke zu positionieren, Kunden zu generieren und zu binden.** Man kann den Fokus im Content Marketing dabei auf SEO, Social Media, PR, Branding etc. legen. Im Rahmen von Content Marketing werden dem (potenziellen) Kunden Inhalte bereitgestellt, die einen Mehrwert liefern – etwa durch Blogbeiträge, Infografiken, Studien, Ratgeber, E-Books, Mailservices usw.

**Der Content-Marketing-Prozess besteht dabei aus:**
- Analyse
- Konzeption
- Produktion
- Distribution
- Evaluation

Im Rahmen der **Analyse** werden Ziele und Zielgruppen definiert, Themen und Keywords recherchiert, analysiert und gewichtet.

Die **Konzeption** befasst sich mit der Ideenentwicklung und Themenfindung.

Der **Content** wird klassifiziert und in die Customer Journey eingeordnet. Man priorisiert ihn und erstellt einen Redaktionsplan. Nach dem Briefing der Redaktion geht es an die Produktion. Der Content wird erstellt, geprüft und freigegeben. Landingpages werden erstellt und das Tracking eingerichtet. Nun wird der Content verteilt – auf den eigenen Kanälen und auf fremden Medienkanälen (owned, earned & paid media), um den Besucherstrom zu aktivieren.

Die Content-**Distribution** sorgt dafür, dass die Inhalte gelesen und geteilt werden oder, dass darüber gesprochen wird – etwa durch Blogger, Redakteure oder Influencer, die selbst eine große Reichweite besitzen.

Zur **Evaluation** gehören das Monitoring und die Optimierung des Contents. Auch das Lead Management und die abschließende Bewertung der Performance gehören dazu.

# WIE MAN EINE ZIELGERICHTETE CONTENT-STRATEGIE ENTWICKELT

Eine Content-Strategie regelt den professionellen und strukturierten Umgang mit digitalen Inhalten. Dazu zählt grundsätzlich jede Information, die zur Unternehens-marke im Internet zur Verfügung steht.
**Und wofür?** Damit man weiß, wen man mit welchen Inhalten und wo anspricht, um seine Marketing-Ziele effizient zu erreichen. Also welche Zielgruppe will man auf welchen digitalen Kanälen mit welchen Botschaften und in welchen Content Formaten erreichen?

Für eine erfolgreiche Content Strategie sollen deshalb folgende **sieben Punkte** definiert werden. Die Fragen sollen als Hilfestellung zur Erarbeitung der wichtigsten Eckpunkte dienen.

### 1. Ziele

Warum machen wir das? Was ist der Zweck unserer digitalen Kommunikation? Was konkret wollen wir mit den Maßnahmen erreichen? Welche Leads wollen wir generieren – und wo? Welches Potential haben die digitalen Kanäle konkret für unsere Marke?

### 2. Zielgruppe

Wen genau wollen wir mit unseren Inhalten erreichen? Welche sind die stärksten gemeinsamen Merkmale unserer Kundinnen und Kunden? Wer ist die Kernzielgruppe unserer Marke? Wie sehen prototypische Personas für unseren Kundenkreis aus?

### 3. Medienkanäle/Touchpoints

Auf welchen digitalen Kanälen erreichen wir unsere Kundinnen und Kunden? Wo suchen die Kundinnen und Kunden nach Dienstleistungen/Waren aus unserer Branche (Pull-Kanäle)? Auf welchen Kanälen kann man unsere Zielgruppe mit Inhalten bespielen (Push-Kanäle)?

### 4. Ansprache/Tonalität

Wie sprechen wir unsere Kundinnen und Kunden an? Welche Kanäle werden formell und welche informell bespielt?

### 5. Content Format

Welche Content Formate funktionieren auf welchem Kanal? Welche Content Formate haben wir bei unseren Inhalten zur Verfügung?

### 6. Content

Welche Botschaften wollen wir in welcher Phase der Customer Journey platzieren? Für welche Probleme/Fragestellungen unserer Zielgruppe gibt es den höchsten Bedarf? Welche Inhalte erzeugen den größten Nutzen/Mehrwert für unsere Kundinnen und Kunden? Mit welchen Inhalten können wir die Zielgruppe emotional erreichen oder unterhalten?

### 7. KPIs

Wie messen wir den Erfolg unseres Content Marketings? Was genau können wir messen? Welche Kennzahlen sind für unsere Ziele relevant?

Alle strategischen Überlegungen sind vorerst einmal (begründete oder unbegründete) Hypothesen. Erst mit der Umsetzung können die Maßnahmen gemessen und die Hypothesen evaluiert werden. Daraus folgt die Notwendigkeit einer permanenten Weiterentwicklung der Content Strategie (Continuous Improvement).

## CONTENT STRATEGIE – CORE CHART

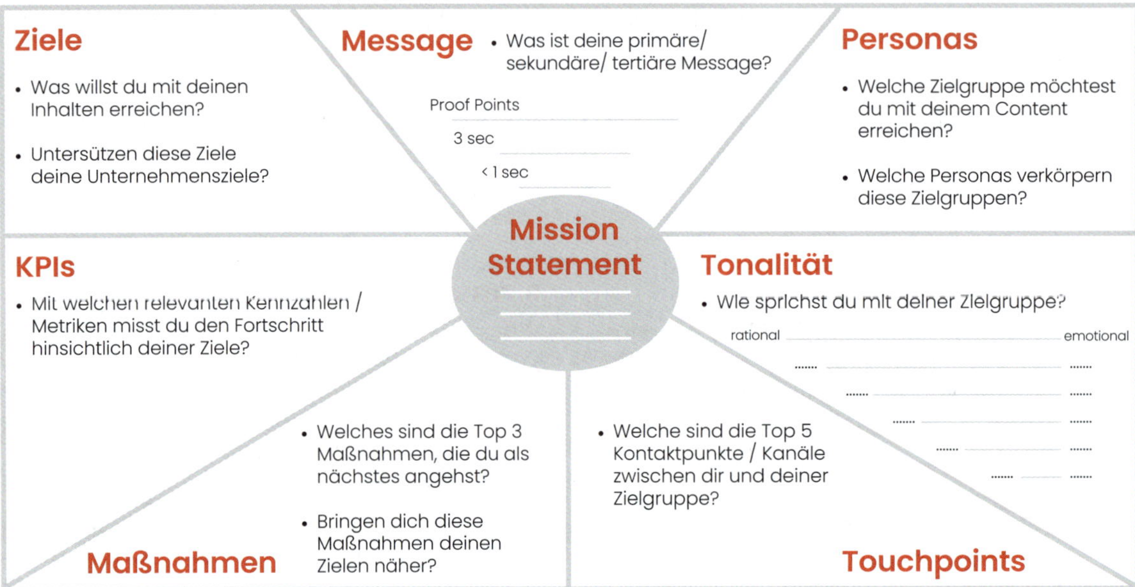


**Abbildung 17:** Canvas mit den wichtigsten Eckpunkten zur Erstellung einer Content Strategie
Quelle: contentcorechart.de

## WIE MAN DIGITALE KANÄLE EINORDNEN KANN

In der Content-Distribution differenziert man die Kommunikationskanäle in Owned Media, Paid Media und Earned Media. Dabei werden direkte Aufrufe der eigenen Instanzen (etwa Webseite, App, Newsletter) als Owned Media bezeichnet. Dem gegenüber dienen Paid Media dazu, die Wunsch-Zielgruppe auf „fremden" Kanälen durch Advertising zu erreichen (etwa Google Ads, Facebook Ads, Display Ads). Durch diese Maßnahmen entstehen im Idealfall Earned Media, also die organische Verbreitung der eigenen Inhalte auf fremden Kanälen (etwa Suchmaschinenaufrufe, virale Inhalte in Social Media, Word of Mouth, Empfehlungen).

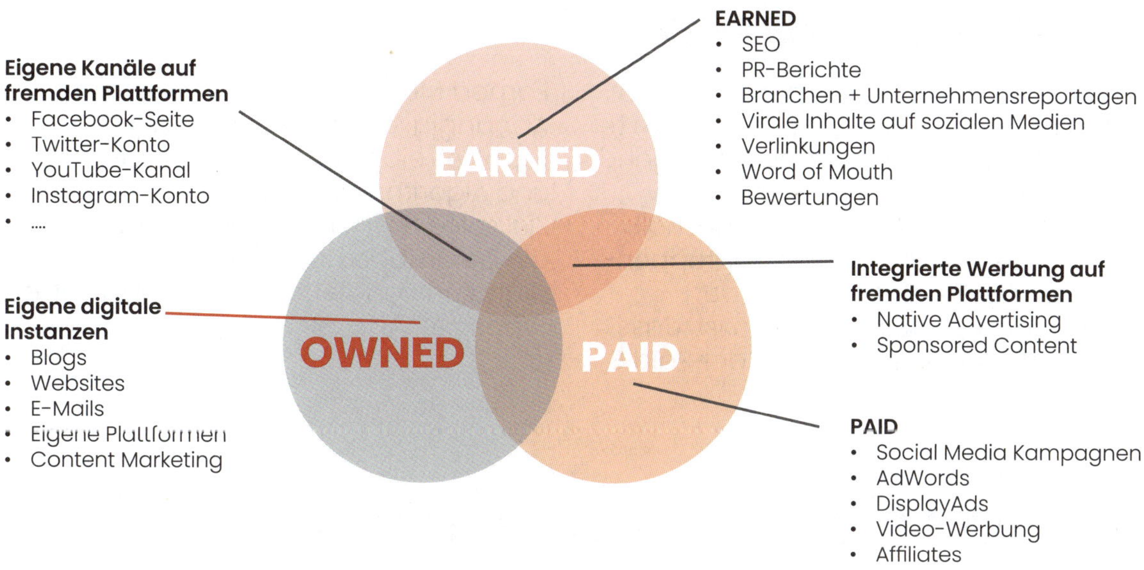


**Abbildung 18:** Owned, Paid & Earned Media | Quelle: Roman Graisböck

Anhand der Betrachtung dieser Kanäle wird bereits sehr deutlich, dass **Content Marketing, Social Media Marketing und Suchmaschinen Marketing eng miteinander verbunden** sind.

Neben dem Zugang zur Zielgruppe über den jeweiligen Distributionskanal, gilt es auch den Kontext und das Umfeld des Inhalts zu berücksichtigen. Dabei ist die klassifizierende Frage, wie eine Botschaft die Zielgruppe erreicht. **Bespielen wir die Zielgruppe mit Inhalten (Push) oder werden die Inhalte aktiv von der Zielgruppe gesucht (Pull)?** Der zentrale Unterschied ist also der User-Intent, also die Motivation des Nutzers zum Zeitpunkt, an dem er den Inhalt konsumiert. Im Marketing-Funnel ist Push-Content in der Awareness-Phase angesiedelt. Hier sind also Plattformen im Vorteil, die viele Daten der Nutzerinnen und Nutzer gesammelt haben, um die richtigen Personen mit den zielgruppenrelevanten Inhalten anzusprechen. Hier sind vor allem Social-Media-Kanäle relevant, aber auch Display Ads, Newsletter, TV-Werbung oder Print-Inserate bedienen dieselbe Mechanik.

Im Gegensatz dazu muss bei Pull-Content die Aufmerksamkeit der Nutzerinnen und Nutzer nicht erst geweckt werden. Menschen, die bereits ein Bedürfnis haben, suchen aktiv nach Lösungen. Sie sind in der Customer Journey weiter vorangeschritten. **Der wichtigste Kanal für Pull-Marketing ist demnach die Suchmaschine.** Vergleichbar ist die User-Intention auch bei direkten Webseitenaufrufen oder im Point of Sale. **Beim Pull-Marketing ist der Bedarf also bereits vorhanden, während beim Push-Marketing versucht wird, den Bedarf zu wecken.** Im Marketing-Funnel sollten deshalb beide Strategien kombiniert werden, um in jeder Phase die richtigen Inhalte bereit zu stellen.

## SOCIAL MEDIA MARKETING

Im Online Marketing werden die Social-Media-Kanäle aufgrund der Reichweite und Zielgruppengenauigkeit vorwiegend für Push-Kampagnen genutzt. Beim Social Media Marketing steht deshalb die Ausspielung möglichst zielgruppenspezifischer Inhalte im Fokus der Anstrengungen. Zu bedenken ist, dass man sich hierbei im Bereich der Paid & Earned Media befindet und es eine Abhängigkeit zu den jeweiligen Plattformbetreibern bzw. deren Richtlinien und Algorithmen gibt. Ein langfristiges Ziel sollte deshalb in jedem Fall sein, die Zielgruppe auch an die eigenen digitalen Kanäle zu binden (Newsletter, Webseite, App, etc.).

## WAS VERSTEHT MAN EIGENTLICH UNTER „SOCIAL MEDIA“?

Social Media (auch Soziale Medien) sind digitale Medien und Technologien, die es Nutzerinnen und Nutzern ermöglichen, sich untereinander auszutauschen und mediale Inhalte einzeln oder in Gemeinschaft zu erstellen oder zu teilen. Folgt man der Definition von Wikipedia, so ist mittlerweile ein großer Teil des Internets sozial – auch Wikipedia. Obwohl also fast alles „Social Media“ ist, unterscheiden sich die Plattformen stark bezüglich Zielgruppen, Content Formaten, Algorithmen und Richtlinien. Die große Gemeinsamkeit ist aber, dass sie viel Aufmerksamkeit der Nutzerinnen und Nutzer bündeln. Aus diesem Grund kann man auf den Social-Media-Plattformen sehr spezifisch Zielgruppen (meist im privaten Umfeld) erreichen. Hier liegt auch die Chance für Unternehmen, (potentielle) Kundinnen und Kunden anzusprechen, zu konvertieren und an sich zu binden. Die größten Social-Media-Plattformen erreichen bis zu 4,5 Millionen Österreicherinnen und Österreicher (Facebook, WhatsApp, Instagram, YouTube, Snapchat, TikTok, Twitter, Xing, LinkedIn, Pinterest und Co.)

## GRUNDLEGENDE RANKINGFAKTOREN FÜR ORGANISCHE REICHWEITE

Die Algorithmen von Social-Media-Plattformen bewerten Postings anhand vieler Indikatoren, um den Nutzerinnen und Nutzern möglichst relevante Inhalte anzuzeigen (die Zielgruppenrelevanz ist eine der entscheidenden Faktoren für die Attraktivität von sozialen Netzwerken). Drei grundlegende Faktoren dabei sind Affinität, Interaktion und Timing.

**1. Affinität**
Hier geht es um die langfristige Beziehung zwischen dem Absender (Marke) und dem Empfänger (Zielgruppe). Wie lange folgt der User der Marke? Wie oft interagiert die Userin mit den Postings der Marke?

**2. Interaktion**
Dabei wird das einzelne Posting anhand der Interaktionen bewertet. Wie oft wird der Inhalt geliked, kommentiert, geklickt oder geteilt?

**3. Timing**
Entscheidend ist hier der Zeitabstand zwischen der Veröffentlichung und dem letzten Login des Nutzers. Je kürzer der Abstand, desto wahrscheinlicher ist die Ausspielung des Postings.

## DAS PERFEKTE SOCIAL MEDIA POSTING

Das perfekte Social Media Posting ist eines, das sich viral verbreitet. Leider gibt es für solche Inhalte keinen Bauplan. Dennoch gibt es Bausteine, die virale Postings gemein haben.

- Das Posting erweckt Emotionen (Humor, Bewunderung, Angst, etc.).
- Das Posting animiert zum Mit- oder Nachmachen.
- Das Posting ist leicht verständlich und schnell kommunizierbar.
- Das Posting bietet einen Mehrwert.
- Das Posting ist NICHT werblich.

Wer weniger auf „Moon Shots" setzen will, aber solide hohe Reichweiten und Conversion Rates erreichen will, sollte sich zumindest diese praxisnahe Erfolgsformel für Social Media Content zu Herzen nehmen:

homogene Zielgruppe
x
zielgruppenrelevanter Inhalt
x
kanaladäquates Contentformat
=
hohe organische Reichweite

**Abbildung 19:** Erfolgsformel für Social Media Content | Quelle: Roman Gaisböck

Wird ein Social Media Postings 1. an eine Zielgruppe ausgespielt, die ein starkes gemeinsames Merkmal vereint (etwa an Star-Wars-Fans) und 2. eine zielgruppenrelevante Botschaft beinhaltet (etwa ein neuer Star-Wars-Film kommt in die Kinos) und 3. in einem Contentformat erstellt wird, das dem jeweiligen Kanal entspricht (Trailer-Video auf YouTube), dann ist der Weg für eine hohe organische Reichweite mit starker Conversion Rate geebnet.

## WIE MAN EFFIZIENTE SOCIAL MEDIA ADS SCHALTET

Die großen Social-Media-Plattformen (Facebook, Instagram, Twitter, Pinterest, LinkedIn, Xing, TikTok, Snapchat) bieten Kampagnenmanagement-Systeme für Werbetreibende. Die Kombinationsmöglichkeiten sind dabei vielfältig, die kombinierbaren Grundelemente ähnlich: Kampagnenziel, Zielgruppen-Targeting und Content-Format. Dabei geht man im Idealfall wie folgt vor:

### Spezifisches Kampagnenziel definieren: Was soll mit der Kampagne erreicht werden?

Kampagnenziele sind Handlungen, die Personen ausführen sollen, wenn sie die Werbeanzeige sehen. Aufgrund vergangener Verhaltensdaten wird die Anzeige dann überproportional an Userinnen und User ausgespielt, die für das jeweilige Ziel am wahrscheinlichsten konvertieren.

- Interesse an Waren oder Dienstleistungen wecken (Ziele: Markenbekanntheit, Reichweite steigern)
- Nutzer anregen, sich mit Markeninhalten zu beschäftigen (Ziele: Traffic, Interaktionen, Videoaufrufe, Leads generieren)
- Interessenten anregen, Waren oder Dienstleistungen zu kaufen oder zu nutzen (Ziel: Conversion steigern)

### Datenbasiertes Zielgruppen-Targeting nutzen: Wer genau soll angesprochen werden?

Werbetreibende können sich die gesammelten Daten der Social Media User zunutze machen und sehr spezifische Zielgruppensegmente – im Ein- und Ausschlussverfahren – nach Standort, Demografie, Interessen und Verhaltensweisen erstellen.

Custom Audiences bieten darüber hinaus die Möglichkeit, eigene Kundendaten für Kampagnen auf den Social-Media Plattformen zu verwenden, etwa durch Kundenlisten, Lookalike-Audiences oder Webseitenbesucher. Dabei werden die Daten mit den Social-Media-Profilen abgeglichen, womit diese Personen auf der jeweiligen Plattform zielgerichtet bespielt werden können.

## Unterschiedliche Content Formate verwenden: Wie soll die Botschaft vermittelt werden?

Die Gestaltungsmöglichkeiten der Werbeanzeigen variieren von Plattform zu Plattform. Das Format sollte aber an die Erwartungshaltung der entsprechenden Social Media Communities angepasst sein und schränkt bei vorproduzierten Content-Formaten die Auswahl des Kanals ein (beispielsweise werden querformatige Hochglanz-Werbevideos auf TikTok eher bescheiden performen).

**Tipp:** Eine bewährte Taktik für effiziente Werbeschaltungen ist das Testen von organischen Postings. Erreicht ein solches Posting die gewünschten Ziele (etwa überdurchschnittliche Interaktionsraten, Klickraten, Reichweite), so kann man die Reichweite kosteneffizient steigern und durch die gezielte Bewerbung weiter skalieren oder sogar optimieren.

Umgekehrt sollte man keine Inhalte pushen, die schon in der organischen Ausspielung die definierten KPIs verfehlen, weil die Gesetzmäßigkeiten für organische auch für bezahlte Postings gelten.

# SUCHMASCHINEN MARKETING

Suchmaschinen Marketing ist ein Oberbegriff, unter dem sämtliche Aktivitäten gefasst werden, die zur Steigerung der Sichtbarkeit von Websites in den Ergebnisseiten der Suchmaschinen – insbesondere bei Google – abzielen. An der Basis sind das die Suchmaschinenoptimierung (Search Engine Optimization/SEO) und die Suchmaschinenwerbung (Search Engine Advertising/SEA). Da Google in Österreich rund 95 Prozent aller Suchanfragen für sich beanspruchen kann, werden die methodischen bzw. algorithmischen Voraussetzungen des Suchmaschinenprimus in aller Regel als Referenzwerte verstanden.

# WIE FUNKTIONIERT EIGENTLICH SEO?

Das Ziel einer Suchmaschine ist es, Userinnen und Usern die für sie relevantesten Ergebnisse als Antwort auf ihre Suche anzuzeigen. Um ein positives Nutzungserlebnis zu erzeugen, versucht die Suchmaschine die Suchintentionen der Userinnen und User anhand der eingegebenen Suchphrase zu verstehen und ein entsprechendes Resultat anzuzeigen.

**Folgende drei Parteien nehmen an dem Prozess teil:**

- Userinnen und User, die etwas suchen
- Content-Erstellerinnen und -Ersteller, die Inhalte anbieten
- Plattformen, die die Suche ermöglichen und Suchergebnisse anzeigen

In den frühen Zeiten des Internets war der Weg zum Erfolg für den Webseitenbetreiber, das Regelwerk der Suchmaschinen zu verstehen – man hat „für die Suchmaschine" optimiert (oder versucht, sie zu überlisten).

Algorithmen und Big Data haben sich seither allerdings stark weiterentwickelt. Man kann davon ausgehen, dass Suchmaschinen heute dazu fähig sind, die Suchintention der Userinnen und User sehr genau zu verstehen. Die Konsequenz ist, dass Content-Erstellerinnen und -Ersteller ihre Inhalte nicht mehr „für die Suchmaschine", sondern direkt für die jeweiligen Bedürfnisse der Userinnen und User optimieren können.

Folgt man dieser Logik, erzeugt die Suchmaschine dann zufriedene Userinnen und User, wenn sie nach dem Klick auf ein Suchergebnis nicht mehr auf die Suchergebnisseite (SERP) zurückkehren. Schafft das eine Webseite, ist der Inhalt perfekt für das jeweilige Suchergebnis optimiert.

Nachdem es aber unzählige Inhalte im Web gibt und diese von den Suchmaschinen für die jeweilige Suchanfrage priorisiert werden (in Form von Rankings), entsteht ein Wettbewerb in den Suchergebnisseiten. „Optimieren" heißt also, dass man seine Inhalte (inkl. der User Experience auf der Webseite) so gestaltet, dass sie einen höheren Mehrwert bieten, als die der konkurrierenden Webseiten in der Suchergebnisseite.

## WIE GOOGLE SUCHINTENTIONEN EINORDNET

Als Suchintention bezeichnet man die Absicht, weshalb eine Userin oder ein User einen Begriff in das Suchfeld eintippt. Für die Suchmaschinenoptimierung versucht man also, die Motivation hinter der Suchphrase zu verstehen. Googles Verständnis von „Intent" geht dabei aber viel weiter, als nur Ergebnisse anzuzeigen, die Informationen über einen bestimmten Begriff liefern. Google weiß zum Beispiel, dass Menschen, die nach „Paprikahendl" suchen, nach Rezepten suchen und nicht nach der kulinarischen Geschichte des Paprikahendls. Es versteht, dass die meisten Userinnern und User, die „Jaguar" eingeben, nach der Automarke und nicht nach dem Tier suchen. Google weiß sogar, dass es bei Suchphrasen, wie etwa „Wie binde ich eine Krawatte", praktisch ist, Videos und Bilder anzuzeigen.

### Google unterscheidet vier verschiedene „Search Intents":

**Informational Intent**
Die meisten Suchprozesse werden von Menschen durchgeführt, die nach Informationen suchen. Menschen mit Informationsabsichten haben eine bestimmte Frage oder wollen mehr über ein bestimmtes Thema wissen.

**Transactional Intent**
Userinnen und User kaufen Dinge im Internet und durchsuchen das Web, um das beste Angebot zu finden. Menschen suchen dabei mit transaktionaler Absicht, wenn es ihr Ziel ist, etwas zu kaufen.

**Navigational Intent**
Hinter einer navigationsbezogenen Anfrage steht die Absicht, eine bestimmte Webseite zu finden. Zum Beispiel sind Personen, die nach „facebook" suchen, normalerweise auf dem Weg zur Webseite von Facebook. Ein hohes Ranking für einen Navigationsbegriff ist jedoch nur für die Webseite vorteilhaft, nach der die Leute suchen.

**Commercional Intent**
Wenn man die Absicht hat, in der (nahen) Zukunft etwas zu kaufen, nutzt man das Web für die Recherche. Welcher Staubsaugerroboter wäre der beste für meine Wohnung? Welches Spielzeug für Zweijährige ist am wertvollsten? Solche Suchenden haben auch eine transaktionale Absicht, brauchen aber etwas mehr Zeit, um den Kauf abzuschließen. Diese Art von Suchintention wird als kommerzielle Suchintention bezeichnet.

## WELCHE RANKING-FAKTOREN SIND WIRKLICH ENTSCHEIDEND?

Es gibt wahrscheinlich mehrere hundert Ranking-Faktoren, die Google und andere Suchmaschinen zur Bewertung von Webseiten heranziehen. Nachdem die genauen Faktoren und deren Gewichtung ein streng gehütetes Unternehmensgeheimnis sind, versuchen SEO-Profis durch Tests und Messungen die Korrelationen zwischen einzelnen Maßnahmen und deren Effekte herauszufinden.

Und weil es eben keine konkrete Bedienungsanleitung zur Suchmaschinenoptimierung gibt, bleibt SEO eine Indizien-Wissenschaft. Trotzdem gibt es einige Faktoren, deren Bedeutung für das Ranking als gesichert gelten.

### Content-Qualität

Google achtet immer mehr auf die Qualität von Inhalten. Egal wie technisch optimiert eine Website ist, wenn der Content keinen Nutzen für die Suchenden bietet, werden Top-Rankings nicht möglich sein. Und was versteht Google unter Qualität? Beiträge, die die Fragen der Suchenden beantworten, einen Mehrwert bieten und originell sind. Man sollte also bei der Erstellung von Inhalten darauf achten, dass diese in allen Facetten hochwertiger sind als andere Websites, die für den jeweiligen Suchbegriff ranken. Content bleibt also King.

### Backlinks

Backlinks (eingehende Links) sind wie ein Vertrauensvotum für eine Webseite. Google addiert all diese Stimmen und prüft, ob eine Webseite es verdient, in den Top-Ergebnissen zu ranken. Die Relevanz von Backlinks erklärt sich damit, dass man durch den Erwerb dieser Links ein Signal an Google sendet, dass ein Inhalt vertrauenswürdig ist, da verschiedene Webseiten durch ihre Verlinkung dafür bürgen.

## Technik/UX

Hier geht es um eine Reihe von Faktoren, die Google als wichtig für die Nutzererfahrung auf einer Webseite erachtet. Dabei wird unter andem die Sicherheit (Safe Browsing und HTTPS-Verschlüsselung), die Servergeschwindigkeit, die Reaktionsfähigkeit und die Ladezeit einzelner Elemente einer Seite betrachtet. Zudem hat Google 2019 die Indizierung auf „Mobile-First" umgestellt. „Mobile-First" bedeutet, dass Google nun die mobile Version von Webseiten für die Indizierung und das Ranking verwendet.

Seit Juli 2021 fließen zudem die „Core Web Vitals" in das Google-Ranking ein. Dabei geht es um mehrere Faktoren, die die User Experience auf einer Webseite beeinflussen: Ladezeit, Interaktivität und die visuelle Stabilität einer Seite bei Interaktionen.

## Nutzersignale

Google versucht anhand von Nutzersignalen zu analysieren, wie zufrieden User mit der Website sind.

**Die drei wichtigsten Nutzersignale sind:**

- die Click-Through-Rate (CTR)
- die Verweildauer
- die Absprungrate (Bounce Rate)

Die Verbesserung von Metriken zum Nutzerverhalten hat viel mit der Erstellung von ansprechendem Content zu tun. Zum Beispiel hängt die Click-Through-Rate von einem attraktiven Snippet in den Suchergebnissen ab. Außerdem hängen Absprungrate, Sitzungsdauer und Sitzungstiefe auch davon ab, wie zielgruppenrelevant das weitere Angebot der Webseite ist.

# UND WIE MISST MAN ERFOLGREICHES SEO?

**Um den Erfolg der Suchmaschinenoptimierung zu beurteilen, sollte man zumindest diese sechs Bereiche monitoren:**

1. Wie entwickelt sich die Sichtbarkeit der Domain?
2. In welchem Maß nehmen die organischen Zugriffe der Webseite zu?
3. Wie verlaufen die Rankings im relevanten Keyword-Set der Marke?
4. Wieviel Umsatz wird über organischen Traffic generiert?
5. Wie entwickeln sich die wichtigsten Nutzersignale (Usetime, Absprungrate, Klickrate, Ladezeit, etc.)?
6. Wie entwickelt sich das Linkprofil (neue und verlorene Backlinks)?

## WAS IST SUCHMASCHINENWERBUNG (SEA)?

Search Engine Advertising, kurz SEA oder „Suchmaschinenwerbung", schließt sämtliche Maßnahmen ein, die im Kontext des Paid-Listings angestellt werden, um das Ranking einzelner Pages einer Website zu verbessern. Im Zentrum stehen bezahlte Anzeigen, die auf der Basis von zuvor definierten Keywords in zutreffenden Suchkontexten innerhalb der Suchergebnisseite vor dem organischen Ranking ausgespielt werden. Google stellt dafür mit „Google Ads" einen Marktplatz bereit, über den man auf relevante Keywords bieten und somit durch Bezahlung einen der vordersten Plätze belegen kann.

## AUF WELCHE KENNZAHLEN MAN IM SEA ACHTEN SOLLTE

### Typische und wichtige Kennzahlen für die SEA-Performance sind:

- Impressions
- Klicks
- Klickrate
- Conversion
- Conversionrate
- CPL, CPA, CPO, CPC

Die **Impressions** zeigen, wie oft die Werbung auf der Suchergebnisseite eingeblendet wurde.

Die Zahl der **Klicks** gibt darüber Auskunft, wie viele Nutzerinnen und Nutzer nach einer Impression auch auf die Anzeige geklickt haben und dadurch auf die Website gelangt sind.

Die **Klickrate** zeigt das Verhältnis zwischen Impressions und Klicks. Sie gibt Aufschluss darüber, wie viel Prozent der Nutzerinnen und Nutzer, denen eine Impression angezeigt wurde, auch geklickt haben. Eine hohe Klickrate ist eine Kennzahl für ein gutes Werbe-Snippet und die Relevanz einer Seite für ein Keyword.

Die Zahl der **Conversions** gibt darüber Auskunft, wie viele Nutzer auf der Website die vorher definierte Handlung tatsächlich durchgeführt haben – etwa die Anmeldung zum Newsletter, eine Bestellung, ein Download oder eine Kontaktaufnahme.

Die **Conversionrate** zeigt, wie viele Klicks zu Conversions werden. Dafür dividiert man die Zahl der Conversions durch die Zahl der Klicks. Je höher die Conversionrate, umso effizienter wird das Werbebudget eingesetzt. Die CPL-, CPA-, CPO- und CPC-Werte dienen der Kostenkontrolle und -steuerung der Werbekampagnen.

**CPL** bedeutet Cost-per-Lead und steht für die Kosten für eine Kontaktadresse.

**CPA** bedeutet Cost-per-Acquisition – es geht also um die Kosten, die eine Kundenakquise beträgt.

**CPO** bedeutet Cost-per-Order und gibt Auskunft über die Kosten für eine Bestellung.

**CPC** steht für Cost-per-Click und verrät die realen Kosten dafür, dass ein Kunde auf eine Werbeanzeige in der Suchmaschine klickt.

## UNTERSCHIED UND ZUSAMMENSPIEL VON SEA UND SEO

Der grundlegende Unterschied zwischen SEO und SEA wurde bereits beschrieben:

**SEO** bezieht sich auf das organische Listing und SEA auf das Paid-Listing. In ihrer Funktion bestehen zwischen SEO und SEA jedoch noch weitere für die zweckdienliche Anwendung der Disziplinen sehr wichtige Abstufungen. So sind **SEO-Maßnahmen recht komplex und benötigen einige Zeit, bis sie Effekte zeigen**. Dafür wirken sie jedoch langfristig.

**SEA** ist dagegen **schnell umzusetzen und wirkt prompt** - werden die Aktivitäten jedoch eingestellt, verlieren sie umgehend ihre Kraft.

**Idealerweise arbeiten SEO und SEA eng zusammen bzw. ergänzen sich.**

Grundsätzlich werden die Top-Platzierungen in den Suchergebnisseiten überproportional geklickt. Schafft man im relevanten Keyword-Set organisch kein Ranking auf den vorderen Plätzen, ist es ratsam, diese über SEA-Maßnahmen zu besetzen.

Zudem kann man aus SEO- und SEA-Erfolgen, die man durch das Monitoring festgestellt hat, jeweils wichtige Erkenntnisse für beide Disziplinen erlangen - zum Beispiel in punkto relevanter Keywords, Informationsschwerpunkte oder Strukturen.

# KEY TAKEAWAYS dieses Kapitels auf einen Blick:

1. Am Beginn steht die Content Strategie: Welche Zielgruppe will ich auf welchen digitalen Kanälen mit welchen Botschaften und in welchen Content Formaten erreichen?

2. Die Verbreitung der Inhalte sollte dann in einem ausgewogenen Mix aus Paid, Earned und Owned Media erfolgen.

3. Der User-Intent, also die Motivation des Nutzers oder der Nutzerin zum Zeitpunkt, an dem er/sie den Inhalt konsumiert, ist entscheidend für Push- oder Pull-Content.

4. Social Media funktioniert am besten als Push-Kanal, Search als nachfrageorientierter Pull-Kanal.

5. Die Erfolgsformel für Social Media Content lautet: homogene Zielgruppe x zielgruppenrelevanter Inhalt x kanaladäquates Contentformat = hohe organische Reichweite.

6. Mit Social-Media-Kampagnen kann man effizientes Zielgruppen-Targeting nach Standort, Demografie, Interessen und Verhaltensweisen nutzen.

7. Der Inhalt und das Content-Format entscheiden letztlich über den Erfolg der Kampagne.

8. Suchmaschinen bewerten Webseiten-Inhalte nach Suchintention, Content-Qualität und Relevanz für die jeweilige Suchanfrage.

9. SEO bedeutet, dass man Inhalte (inkl. der User Experience auf der Webseite) so gestaltet, dass sie einen höheren Mehrwert bieten als die konkurrierenden Webseiten auf der Suchergebnisseite.

10. Die Auswahl aussagekräftiger KPIs, richtiges Messen und entsprechende Optimierungen sorgen für einen nachhaltigen Erfolg digitaler Marketingmaßnahmen in einem volatilen Umfeld (Continuous Improvement).

E-COMMERCE

# Der Online-Handel kompakt zusammengefasst

*In diesem Kapitel lernen Sie, wie einer der aktuell größten Wachstumsbereiche, der E-Commerce, eigentlich funktioniert. Welche Strukturen müssen dafür geschaffen werden? Welche Shopsysteme gibt es und stehen zur Auswahl? Und wie müssen die wirtschaftlichen Ziele gesetzt werden?*

MILLAD SHAHINI

E-Commerce bzw. **„Electronic-Commerce"** ist ein Teil des E-Business und definiert den digitalen Handel mit Waren und Dienstleistungen im Internet.

**Im Wesentlichen versteht man unter E-Commerce die Digitalisierung von Prozessen, um automatisierte Geschäftsprozesse abzubilden, die auf Informations- und Kommunikations-Technologien basieren.**

Unternehmen stehen oft vor der Entscheidungsfindung, ob sie E-Commerce betreiben sollen oder nicht. Nicht unwesentlich ist dabei, in welcher Branche man tätig ist und welche Geschäftsziele man verfolgt. **Und: Nicht immer ist die Einführung von E-Commerce die richtige Entscheidung in einem Unternehen.**

Erste Schritte in Richtung E-Commerce können Unternehmen mit Crosschannel-Vertrieb, der sowohl den Offline-, als auch den Online-Kanal bedient, setzen. Ein gutes Beispiel dafür sind die Automobil- oder die Möbelbranche, wo sich die Konsumentinnen und Konsumenten oftmals online informieren und den Kauf dann stationär abschließen.

Ein **großer Vorteil** von E-Commerce ist auch die **Skalierbarkeit** – so lassen sich sowohl der B2B-, als auch der B2C-Vertrieb über E-Commerce abwickeln.

Darüber hinaus sind die Distanz zum Kunden oder Öffnungszeiten oftmals Hürden, die durch den digitalen Vertrieb wegfallen. Apropos Wegfallen: Auch viele der im Zuge der Customer-Journey entstehenden Transaktionskosten fallen beim E-Commerce weg: etwa teure Mietkosten, Versicherungen, Personal und andere Fixkosten. Benefits sind auch die **Kundenähe durch Social Media oder Newsletter**, die durch personalisierte Angebote zu einer **höheren Kundenzufriedenheit** führen können.

Aber es gibt auch **Nachteile**, wie **Implementierungs- und Wartungskosten**, die es zu Beginn unattraktiv erscheinen lassen, ins E-Commerce-Abenteuer einzusteigen. Die **Vergleichbarkeit von Angeboten** und der damit einhergehende Preisdruck sind weitere Nachteile, auf die man sich einstellen und auf die man reagieren muss und sollte.

**Eine große Challenge des digitalen Handels ist die Individualisierung in Richtung des Kunden und das ist deshalb so wichtig, weil das Angebot derzeit stärker wächst, als die Nachfrage.**

Und genau deshalb sind Analyse-Tools als wesentlicher Bestandteil von E-Commerce unabdingbar.

# E-COMMERCE ALS EIGENEN BEREICH FÜHREN ODER NICHT?

Wie sollte man nun das Projekt „E-Commerce" angehen? Jedes „normale" Unternehmen braucht eine leitende und verantwortliche Person, gleiches gilt für einen Online-Shop. Das Inventar, die Preispolitik dahinter sowie Marketing und Sales-Maßnahmen erfordern eine regelmäßige Wartung und Kontrolle. Daher ist es wichtig, einen Verantwortlichen zu definieren, der sich um genau diese Dinge kümmert. Für kleinere Unternehmen muss dies keine vollständige Abteilung oder gar ein Vollzeitmitarbeiter sein. Jedenfalls aber ist die Verantwortung für die Sparte „E-Commerce" einer bestimmten Person zuzuweisen. Sollte man sich für die Variante mit einer eigenen E-Commerce-Abteilung entscheiden, so gibt es hier auch verschiedene Möglichkeiten. Eine davon ist exemplarisch skizziert:

**Abbildung 20:** Exemplarische Darstellung einer E-Commerce-Abteilung
Quelle: Millad Shahihi

# DAS RICHTIGE SHOPSYSTEM UND DIE RICHTIGE INFRASTRUKTUR

Hat man sich dazu entschieden, einen Online-Shop zu betreiben, so taucht sofort die nächste Frage auf, nämlich die, welches Shopsystem man sich zu Nutze macht und welche weiteren Bausteine es benötigt. So braucht man etwa eine Produkt-Datenbank mit allen relevanten Produktionsinformationen, die es gleichzeitig ermöglicht, kundenrelevante Informationen wie Preise und Rabatte abzubilden. Das ideale Shopsystem zeichnet sich dadurch aus, dass man seine Produkte und Dienstleistungen optimal präsentieren kann. Des Weiteren sind Schnittstellen zu Lager- und Bezahlsystemen, sowie Webanalyse-Tools die Grundlage für jeden erfolgreichen Online-Shop. Im Grunde lässt sich ein E-Commerce-Angebot mit einem entsprechenden Wissen und ausreichenden Ressourcen selbst gestalten, dies wird aber in den seltensten Fällen so gemacht. Der Grund dafür sind die vorhandenen Lösungen, die man entweder in kompletten Paketen erwerben kann oder die als Open-Source Lösung, in deren Rahmen man individuelle Anpassungen vornehmen kann, angeboten werden. Wichtig bei einem Online-Shop ist es, diesen so aufzubauen, dass er in der Wartung langfristig einfach zu bedienen ist und man dafür nicht unbedingt immer externe Unterstützung benötigt. Dennoch sollte bei der Auswahl nicht auf die User-Experience vergessen werden, denn Kundinnen und Kunden sind nur dann wertvoll, wenn sie wiederkommen.

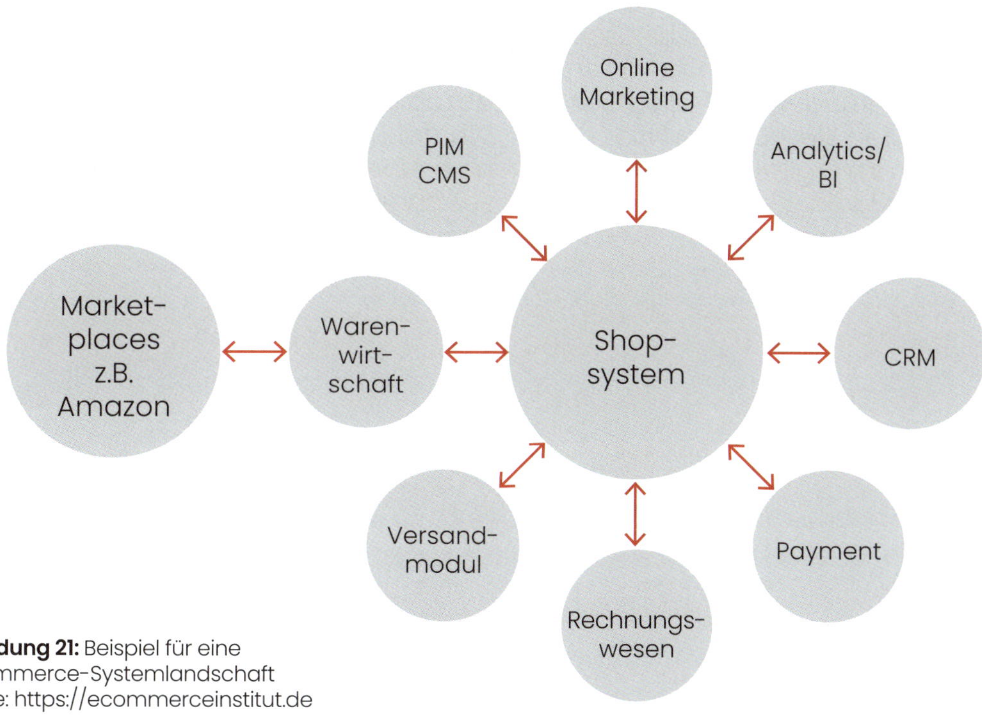


**Abbildung 21:** Beispiel für eine E-Commerce-Systemlandschaft
Quelle: https://ecommerceinstitut.de

# ZIELE IM E-COMMERCE

Die richtige Strategie führt – wie so oft im Leben – auch im E-Commerce zum Ziel, nämlich zu Profitabilität. Deswegen ist es wichtig zu planen und sich Ziele zu setzen.

**Die zentrale Zielsetzung im E-Commerce ist es, die Verkäufe und somit den Umsatz zu steigern.**

Oftmals ist ein Erstkontakt im Online-Shop aber nicht gleichbedeutend ein zahlender Kunde. Entsprechend wichtig ist es, Angebote und Reize zu schaffen, um den Erstkontakt zu einer Kundin oder einem Kunden werden zu lassen.

Einen Neukunden zu gewinnen, belastet das Marketingbudget oftmals mehr, als einen bestehenden Kunden zum Wiederkaufen zu bewegen. Um langfristig bestehen zu können, ist es wichtig, seine Kundenbeziehungen zu stärken, deshalb ist es essentiell, die Kundenbindungsquote als Ziel nicht aus den Augen zu verlieren. Nur zufriedene Kunden sind auch gewillt, wieder zu kaufen, deshalb sind hier die Möglichkeiten im Digital Marketing wie E-Mail, Social Media und Retargeting von großer Relevanz.

So wie im klassischen Handel ist es auch im Online-Handel wichtig, den Kaufprozess anhand eines Stufenmodells zu betrachten.

Von der **Awareness-Phase** beginnend, wo es um das Bekanntmachen eines Produktes, einer Dienstleistung oder eines Angebotes geht, sollte es in der **Consideration-Phase** primär darum gehen, das Kundenbedürfnis und die Erwartung der Kundinnen und Kunden bestmöglich zu erfüllen. Im finalen Schritt nähert man sich der **Sales-Phase**, wo die Kaufbereitschaft bereits sehr ausgeprägt ist.

Durch die Betrachtung dieses Stufenmodells – dem Sales-Funnel – können auch Neukunden ganz klar von Bestandskunden unterschieden werden. Dadurch ist es möglich, seine Ziele klar auszurichten, sich pro Phase bestimmte Ziele zu setzen und diese messbar abzubilden und laufend zu optimieren. Die dafür notwendigen Phasen innerhalb eines möglichen Verkaufsprozesses sehen wie folgt aus – inklusive der dazugehörigen Kanäle:

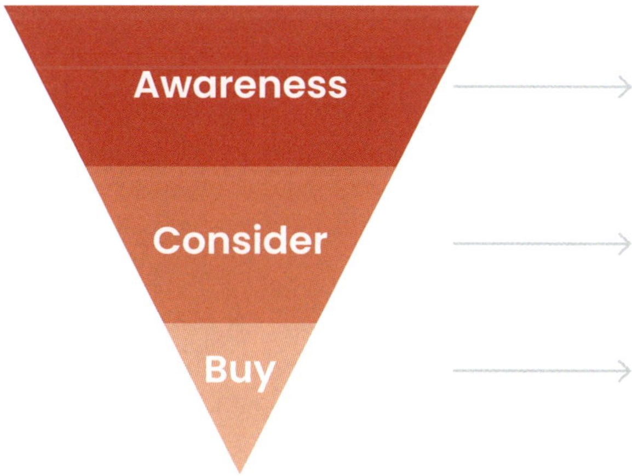


- Display/Video
- Social Media
- Special Interest
- Content

- Display/Video inkl. Retargeting
- Social Media inkl. Retargeting
- Search Engine Advertising
- Content

- Dynamische Anzeigen
- Gezieltes Search Engine Advertising
- Social Media Conversions

**Abbildung 22:**
Der Sales-Funnel im E-Commerce
Quelle: Millad Shahini

## DIE RICHTIGEN FRAGEN STELLEN

Bevor man ein E-Commerce-Projekt startet, sollte man gut vorbereitet sein. Will man über den digitalen Kanal verkaufen, so sind viele kleine, aber wesentliche Schritte zu berücksichtigen:

- Fragen Sie sich, ob ihr Geschäftsmodell und vor allem auch Sie selbst fachlich dafür geeignet sind, ein solches Business zu starten!

- Lassen sich Ihre Produkte/Dienstleistungen auch digital gut verkaufen oder sind Ihre Produkte/Dienstleistungen sehr erklärungsbedürftig?

- Muss es gleich ein eigener Online-Shop sein oder reicht es auch, über Partner-Netzwerke zu verkaufen und dafür eine gewissen Gebühr abzutreten?

- Brauchen Sie für das Betreiben Ihres Online-Shops ein eigenes Gewerbe und welche rechtlichen Rahmenbedingungen müssen dafür geschaffen werden?

- Mit welchen Investments muss ich rechnen und will ich mir diese leisten?

- Wie baue ich mir die richtige Systemlandschaft – von der Logistik, über Bezahlsysteme und Datenbanken bis hin zu Kundenbindungsprogrammen – rund um meinen Online-Shop auf?

- Was sind die die Vorteile und was sind die Nachteile für den Einstieg ins E-Commerce?

# KEY TAKEAWAYS
## dieses Kapitels auf einen Blick:

1. Zielgruppe bestimmen und Markt analysieren
2. Potentialmärkte definieren und festlegen
3. Anzahl an Online-Shop-Besucherinnen und -Besuchern und Leads/Conversions festlegen
4. Kundenbindung aufbauen, halten und stärken
5. Nah am Kunden sein und Individualität verstärken
6. Customer-Journey optimal aufbauen
7. Möglichst wenige „Steps" vom Erstkontakt bis hin zur Bestellung
8. Nutzerverhalten durch Webanalyse-Tools messen
9. Upselling-Maßnahmen integrieren und nutzen
10. Differenzieren Sie sich vom Wettbewerb, denn der Markt ist groß, das Angebot auch

PROGRAMMATIC ADVERTISING

# Datenbasierte Werbung für die individuelle Kundenansprache

*In diesem Kapitel lernen Sie, wie Sie mit Hilfe von Programmatic Advertising den datenbasierten Einkauf und Verkauf von digitalen Werbeflächen in Echtzeit abwickeln können. Das ermöglicht Ihnen, den richtigen Kunden zum richtigen Zeitpunkt mit einem individuellen Werbemittel perfekt zu erreichen.*

**HANNES WURZWALLNER**

Programmatic Advertising, zu Deutsch programmatische Werbung, ist seit Jahren in aller Munde. Längst ist klar, dass es dabei nicht um einen Digitalhype geht, sondern um den nächsten großen Schritt, Digitalmarketing effizienter und effektiver zu machen. Aber worum geht's beim **„Next Big Thing"** des Digital Marketings, das offensichtlich gekommen ist, um zu bleiben?

**Programmatic Advertising ist eine softwarebasierte Methode, um Marketing- und Werbeinhalte beziehungsweise Werbemittel nicht nur automatisch auszuspielen, sondern auch zu buchen und zu optimieren. Kampagnen sollen möglichst effektiv ausgespielt werden, wobei der Aufwand für Werbetreibende (Advertiser) und Trägermedium (Publisher) so gering wie nötig sein soll.**

Beim Programmatic Advertising gibt es wesentliche Player, die zusammenspielen:

Die **Supply Side Platform (SSP)**, den Anbieter der Werbeflächen (Publisher), die **Demand Side Platform (DSP)** den Anbieter der Kampagne (Advertiser).

Statt eines herkömmlichen, aufwendigen analogen Deals zwischen Advertiser und Publisher erledigt die Künstliche Intelligenz (KI) diesen Vertragsabschluss. Und zwar in Bruchteilen von Sekunden zwischen mehreren tausend Advertisern und Publishern. Die dahinterliegende Technologie heißt **Real Time Bidding**. Sie führt Angebot und Nachfrage zusammen und erledigt den Vertragsabschluss automatisch. Der Schwerpunkt einer Kampagne wird vorher festgelegt und dann sozusagen vom „Autopiloten" bestmöglich angesteuert.

Damit das alles funktionieren kann, braucht es **gezieltes Targeting** und **Cookie-Platzierungen** auf den Websites, um die relevanten Daten zu Kunden- und Kaufverhalten sowie Interessen zu erfassen und zu analysieren. Diese Auswertung dient dazu, das **Kauferlebnis der Zielgruppe zu verstehen** und sie durch **gezielte Marketingmaßnahmen** und **relevante Botschaften** zu erreichen.

Sind all diese Daten im programmatischen System hinterlegt, wird ein spezifisches Kundenprofil erstellt. Noch mehr: Es lassen sich auch verwandte Zielgruppen mit einem ähnlichen Profil herausfiltern und über die Kampagne ansprechen.

In Echtzeit sieht das Marketingteam, welche Aktionen die Zielgruppe auf welchen Plattformen ausführt. Mit dieser Erkenntnis kann die Kampagne laufend optimiert werden. Beispielsweise lässt sich auch festlegen, welche Botschaft an welchen User zu welcher Uhrzeit ausgespielt wird. Fällt auf, dass die Kampagne etwa am Abend bessere Resultate als in der Früh liefert, kann sofort eingegriffen und das Beste aus dem definierten Budget herausgeholt werden.

Mit Automatisierung und einer soliden Datenbasis hilft Programmatic Advertising, Marketingbudgets gezielter einzusetzen und die Zielgruppe besser anzusprechen. Im alten Marketing-Sprech ermöglicht es eine Reduzierung des Streuverlusts.

7.

## WIE ALLES BEGANN

Bis zur Einführung von Programmatic Advertising mussten Werbetreibende Digitalwerbung kaufen oder eine Agentur damit beauftragen. Beim Publisher wurden Werbeflächen in einem klassischen Prozess aus Verhandlung, Angebotslegung und Beauftragung gekauft, um in Folge die Kampagne auszuspielen. Alternativ sind Publisher aktiv an Advertiser herangetreten, um ihre Leistungen aktiv anzubieten. Stand der Deal, mussten Werbemittel im benötigten Format produziert und an den Publisher übermittelt werden. Dieser wiederum musste sie auf einen Adserver hochladen, um die Werbung auf der Website anzuzeigen. Dann startete die Kampagne nach vorher definierten Parametern, wie Laufzeit und Targeting. Am Ende gab es dann einen abschließenden Report über den Kampagnenerfolg.

Um ein und dieselbe Person mehrfach mit einer Botschaft zu erreichen und zahlreiche Touchpoints zu schaffen, muss die Werbung auf mehreren Websites und Plattformen sichtbar sein. Dazu musste der am Beginn dieses Kapitels dargelegte Prozess zwischen Advertiser und mehreren Publishern entsprechend oft wiederholt werden. Der Advertiser wurde mit einer Vielzahl unterschiedlicher Reports über vergleichsweise starr ablaufende Kampagnen „belohnt", die zeitaufwendig zusammengeführt werden mussten.

Programmatic Advertising automatisiert diese Vertragsverhandlungen und macht die Umsetzung einer Digitalkampagne sehr einfach, da eine Vielzahl an manuellen Schritten automatisiert wird.

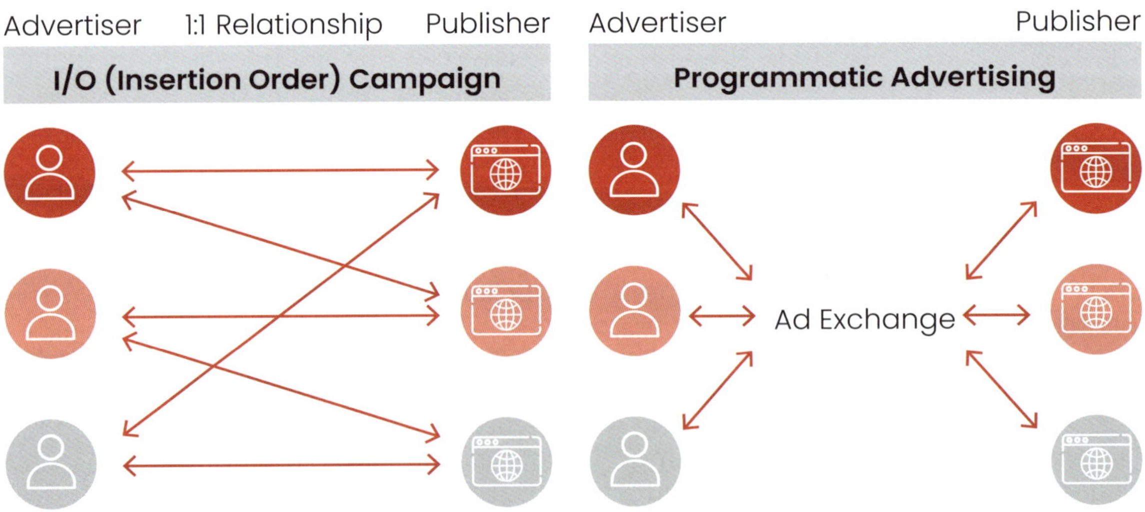


**Abbildung 23:**
Der Unterschied zwischen herkömmlichen Insertion Order und Programmatic Advertising
Quelle: Hannes Wurzwallner

# DAS BIDDING-SYSTEM

Durch Real-Time-Bidding wird die Aussteuerung und Zahlung der Kampagne in Echtzeit vollkommen automatisiert. Haben Advertiser freie Werbeflächen (das sogenannte Inventar) werden sie automatisch im Programmatic-System angeboten. Advertiser sind eingeladen, für diese Werbeflächen zu bieten, wobei sie – wie bei einer klassischen Versteigerung im Auktionshaus – selbst entscheiden, wie viel zu zahlen sie bereit sind. Zum Zug kommt der Bestbieter. Für die Abrechnung gibt es zwei Modelle:

**First Price**
Der Advertiser zahlt den von ihm gebotenen Betrag.

**Second Price**
Der Advertiser zahlt den Betrag des zweithöchsten Gebots – plus einen Cent.

Der gesamte Prozess von Anbot der Werbefläche über Bieterverfahren bis hin zur Abrechnung ist in Sekundenbruchteilen erledigt.

Das ganze System ist mit der Wall Street vergleichbar: Der **Plattformbetreiber (Publisher)** bietet über die **Supply Side Platform (SSP)** einen Mindestpreis für seine Werbefläche an, der **„Floorprice"** genannt wird. Auf der anderen Seite steht der **Werber (Advertiser)** mit seinem digitalen Agenten, der **Demand Side Platform (DSP)**, um ein Angebot zu machen. Diese automatisierte Verhandlung ist das **Real Time Bidding**. Damit die Werbung gezielt ausgespielt wird und alle Datenschätze gehoben werden, braucht es noch die Data Management Platform (DMP).

Damit alles reibungslos und blitzschnell klappt, muss die Werbung vollautomatisch einblend- und abrechenbar sein.

## EIN BEISPIEL GEFÄLLIG?

Eine Kampagne soll nur Frauen im Alter zwischen 20 und 30 Jahren erreichen, die sich im Umkreis von Wien bewegen. Der Banner soll ausschließlich auf Dating-Seiten zu sehen sein. Erfüllt nun eine Userin auf einer bestimmten Dating-Seite die Kriterien, wird der Deal abgeschlossen, das Werbemittel wird exakt dort ausgespielt und der Userin angezeigt und die Dating-Seite erhält den ausverhandelten Preis.

## PERFEKTES TEAMPLAY

Demand Side Platform und Supply Side Platform sind voneinander abhängig – sie sind quasi die „Dealmaker". Die DSP prüft in Bruchteilen von Sekunden Millionen möglicher Werbeeinblendungen und bewertet sie entsprechend ihrer Bedeutung. Sie wählt aus dem großen Angebot der SSP den richtigen Werbeplatz für die Kampagne und bezieht die richtige Zielgruppe in ihre Entscheidung ein.

Die Effizienz der Demand Side Platform lässt sich anhand von Einkaufspreisen und vorher definierten Erfolgsmetriken wie Sale, Lead und Klick analysieren.

Ein wesentlicher Player in diesem Team ist die Data Management Platform. Sie gleicht einer riesigen Datenbank, die Userdaten erfasst und auswertet. Um eine Digitalkampagne zu optimieren, werden Faktoren wie Steuerung, Optimierung und Kontrolle miteinbezogen.

Durch die Erfassung von Cookie-IDs aus unterschiedlichen Systemen für das Zielgruppen-Targeting werden die Systeme miteinander verknüpft. Im Gegensatz zu einem herkömmlichen Data Warehouse, kann die DMP die Daten in Millisekunden verarbeiten.

## DIE ZIELGRUPPE IM VISIER: TARGETINGMÖGLICHKEITEN

Eine Kampagne soll im Idealfall nur potenzielle Käufer oder Kunden erreichen, die tatsächlich Interesse an dem beworbenen Produkt und eine mögliche Kaufabsicht haben. Um die gewünschte Zielgruppe möglichst exakt anzusprechen, gibt es unterschiedliche Targeting-Möglichkeiten, die alle miteinander kombinierbar sind.

Technisches Targeting baut auf den technischen Informationen auf, die am Adserver zur Verfügung stehen. Ihre Anzahl variiert je nach Server. Zu den bekanntesten Möglichkeiten zählen:

**Geotargeting**
In welchem geografischen Umfeld befindet sich der User?

**Device Targeting**
Welches Device (etwa Smartphone, Tablet, Notebook, Smart TV, PC) nutzt der User?

**Browser-Targeting**
Mit welchem Browser (Google Chrome, Firefox, Safari etc.) ist der User auf der Seite unterwegs?

**Targeting nach Alter**
Wie alt ist der User?

**Targeting nach Zeit**
Zu welcher Uhrzeit soll der User erreicht werden – beispielsweise nur nachmittags oder abends?

**Wetter-Targeting**
Scheint die Sonne oder regnet es – bei welchem Wetter soll der User die Werbung sehen?

**Keyword- und Contextual Targeting** zielt auf bestimmte Keywords ab, die im Vorfeld vom Advertiser definiert werden. Erscheinen sie beispielsweise im Fließtext eines (Nachrichten-) Artikels, wird auf diese Fläche geboten und die Werbung ausgespielt. Das Gegenteil ist das **Negative-Keyword-Targeting**, das erst gar keinen Bieterprozess auslöst, wenn ein bestimmtes Wort im Text vorkommt. So kann eine Automarke etwa ausschließen, dass ihre Werbung in einem Artikel ausgespielt wird, der von einem Verkehrsunfall handelt.

**Contextual Targeting** geht noch einen Schritt weiter und berücksichtigt nicht nur einzelne Worte, sondern analysiert gleich den Artikel in seiner Gesamheit. Hier geht es nicht um spezifische, sondern um semantische Keywords. So kann ein Reisebüro beispielsweise Werbung in einem Artikel schalten, der über Griechenlands schönste Strände handelt und nicht in jenem über das griechische Wirtschaftssystem, das seine Kunden wohl weniger interessieren wird.

**Retargeting** setzt eine bestimmte Aktion eines Users voraus, wie beispielsweise den Klick auf ein Werbemittel oder den Abbruch einer Onlinebestellung. Dadurch soll der Kontakt mit der Zielgruppe erhalten werden respektive interessierte User sollen an ein Produkt, ein Angebot oder eine Dienstleistung erinnert werden. Retargeting ist besonders gut geeignet, um eine sehr hohe Relevanz für eine spezielle Zielgruppe zu erzeugen. Klickt ein User, der sich gerade einen neuen Fernseher kaufen will, auf das Werbemittel eines Fernsehers, weiß der Advertiser bereits, dass schon Interesse für das Produkt besteht. In Folge kann er den User auf unterschiedlichen Portalen und Websites mit dem gleichen oder einem ähnlichen Werbesujet erinnern und zum Kaufprozess begleiten.

**Behavioral Targeting** setzt bei nutzerorientierten Daten an, die Werbung auszuliefern. Insbesondere Vermarkter und Websitebetreiber setzen auf dieses Targeting, um regelmäßig wiederkehrende User-IDs nach Interessen zu klassifizieren. Dadurch können Advertiser gezielt Interessensgruppen buchen und nach Aktualität (Recency) und Häufigkeit (Frequency) unterscheiden.

Mit **Predictive Bahavioral Targeting** lassen sich statistische Zwillinge, sogenannte „Lookalikes“ erreichen. Dazu werden anonymisierten, nutzerorientierten Bewegungsdaten noch nicht vorhandene Attribute auf Basis von Hochrechnungen, Befragungen etc. hinzugefügt. Somit kann das Verhalten bestimmter User auf sehr ähnliche User übertragen werden.

**Data Driven Targeting basiert auf drei unterschiedlichen Arten von Daten:**

**1st Party Data**
1st Party Data sind Daten, die beispielsweise im eigenen CRM selbst gesammelt wurden und im eigenen Eigentum stehen.

**2nd Party Data**
2nd Party Data entstammen aus einem fremden CRM und werden im Rahmen einer Partnerschaft in der Regel 1:1 zur Verfügung gestellt.

**3rd Party Data**
3rd Party Data sind Daten eines Dritten, deren Herkunft nicht genauer bestimmt werden kann.

Je höher der Rang der Daten, desto präziser sind sie im Normalfall. Und je mehr Daten verfügbar sind, umso genauer ist die Verarbeitung für Marketingzwecke. Durch größere Datenmengen lassen sich wesentliche Schlüsse ziehen, wie etwa

- Wo kann welches Budget sinnvoll platziert werden?
- Welche Werbeplätze sind relevant?
- Welche Anzeige ist für welchen künftigen Kunden umsatzsteigernd?

Frequency Capping limitiert, wie oft ein Werbemittel einem bestimmten User binnen eines definierten Zeitraums angezeigt wird. So wird dem User nicht laufend das gleiche Werbemittel eingeblendet, wobei es keine allgemein gültige Zahl gibt, sondern der Frequency Cap an die jeweilige Kampagne angepasst werden sollte.

## MANAGEMENTENTSCHEIDUNGEN

Vor dem Sprung ins Digital Marketing und Programmatic Advertising sollten sich Advertiser einige Fragen stellen, um den gewünschten Kommunikationseffekt zu erzielen. Im Vorfeld sollte geklärt werden, ob die Zielgruppe online punktgenau erreicht werden kann. In weiterer Folge muss klar sein, ob es ausreichend Informationen über die Daten gibt, die von den Usern selbst generiert werden und ob auf diese jederzeit zugegriffen werden kann. Dabei ist auch zu beachten, ob es sich um isolierte Datensilos handelt oder die Daten regelmäßig abgeglichen werden.

Um programmatisch durchzustarten, ist noch zu klären, ob Digitalkampagnen flexibel gestartet bzw. beendet und Werbemittel laufend ausgetauscht werden können. Letztlich stellt sich noch die Frage, ob Conversions transparent nachvollzogen werden und Budgets entsprechend gesteuert werden können.

Ist soweit alles startklar, gibt es einige Punkte, auf die beim Programmatic Advertising ebenso wie bei allen (Digital-) Kampagnen zu achten ist. **Besonders wichtig ist es, zu jedem Zeitpunkt Kontrolle und transparente Informationen über die Kampagne zu haben sowie die Datenhoheit zu klären.** Es empfiehlt sich, bereits vorhandenen Daten besonderes Augenmerk zu widmen, um sie intelligent zu nutzen. Bereits vor Kampagnenstart gilt es, individuelle Bidding-Strategien anhand der Kampagnenziele festzulegen. Steht das strategische Set-up, geht es an die Erstellung dynamischer Anzeigen, die hinterlegt werden und jeder Zielgruppe die richtige Botschaft im richtigen Format präsentieren. Sobald die Kampagne startet, muss sie überwacht werden, um sie kontinuierlich zu optimieren und allfällig neue Schwerpunkte in der bestehenden Budgetverteilung zu setzen.

Programmatic Advertising macht Digitalwerbung extrem schnell, effektiv und einfach, ist aber eine sehr komplexe Technologie, die viel Expertenwissen verlangt. Möglichst frühzeitig sollte überlegt werden, ob man das Know-how in einem eigenen Programmatic-Team inhouse aufbauen oder gleich zu einem externen Partner auslagern möchte. Für beides gibt es Für und Wider, die wohlüberlegt sein wollen.

Entscheidet man sich für einen **externen Dienstleister**, kann man auf bestehende Expertise und wachsendes Know-how durch ähnliche Kampagnen vertrauen. Bei Deals mit Publishern haben Programmatic-Advertising-Experten einen deutlichen Vorteil, weil sie für mehrere Auftraggeber tätig sind und mit größeren Budgets hantieren. Durch ihre Erfahrung bei ähnlich gelagerten Projekten bringen sie schon ein großes Verständnis für Zielgruppe und Umfeld mit, können aber auch Nischenpositionen leichter bedienen. Nicht zuletzt lohnen sich externe Partner immer auch als neutraler Sparringpartner, der nicht von Betriebsblindheit gefährdet ist.

Wer sein **eigenes Programmatic-Team** aufbaut und schon auf eine gute, vorhandene Datenbasis zurückgreifen kann, profitiert sicherlich von kürzeren Wegen und schnelleren Entscheidungen. Im direkten Dialog mit Kollegen lässt es sich auch leichter bei der Auswahl der Zielgruppen und Umfelder mitentscheiden und diskutieren. Insourcing mag für viele Unternehmen, vor allem größere, eine sinnvolle Alternative sein. Klar muss sein, dass Programmatic Advertsing durch seine enorme Komplexität und rasche technische Entwicklung sehr viel Wissen erfordert und laufende Investitionen in die Aus- und Weiterbildung des Teams erforderlich sein werden. Das gilt vor allem dann, wenn Mitarbeiter das Unternehmen verlassen und die Kompetenzen neu aufgebaut werden müssen. Stellt Digital Marketing den Schwerpunkt der Kommunikationsstrategie dar, lohnt sich die Überlegung in jedem Fall.

# KEY TAKEAWAYS
## dieses Kapitels auf einen Blick:

1. Programmatic Advertising ermöglicht den Zugang zu einer im Voraus exakt definierten Zielgruppe ohne Streuverluste – es wird nur an die User ausgeliefert, die auch erreicht werden sollen.

2. Während Streuverluste minimiert werden, steigen die Reichweiten bei sinkenden Budgets.

3. Automatisierung bedeutet eine enorme Zeit- und Kostenersparnis und entlastet die eigenen Ressourcen massiv.

4. Algorithmen übernehmen die Kampagnenoptimierung und sorgen für bessere Ergebnisse. Sie werden durch die selbstlernende Künstliche Intelligenz mit jeder Kampagne besser.

5. Daten können sinnvoll genutzt werden, um die Relevanz zu steigern: Personalisierte Botschaften können für ein und dasselbe Produkt an unterschiedliche Zielgruppen ausgespielt werden. Die Targeting-Möglichkeiten lassen sehr genau entscheiden, wann, unter welchen Umständen und mit welcher Botschaft welcher spezifische User angesprochen wird.

6. Die gesamte Abrechnung erfolgt vollautomatisiert und transparent. Zu jedem Zeitpunkt der Kampagne ist die volle Kontrolle gegeben.

7. Die Fairness am Markt nimmt zu, weil Deals automatisiert und zu vorher definierten Konditionen abgewickelt werden. Computer machen keinen Unterschied und behandeln alle Kunden gleich.

8. Advertiser müssen sich nicht mehr für einzelne Anbieter und Vermarkter entscheiden, wodurch Cross-Channel-Kampagnen ohne Aufwand und sehr effizient ihre Zielgruppe erreichen.

9. Dank Programmatic Advertising steigt die Effizienz in der Kampagnenplanung und -abwicklung. Ein kleineres Partnernetzwerk ist durch den vollautomatisierten Prozess notwendig, um bessere Erfolg zu erzielen.

MOBILE MARKETING & APPS

# Wie 2020 unser mobiles Nutzerverhalten für immer verändert hat

*In diesem Kapitel erhalten Sie einen Einblick in den aktuellen Status quo des Mobile Marketings und wie sich die Nutzung des Internets im Jahr 2020 durch die Corona-Pandemie nochmals deutlich in Richtung Mobile verändert hat. Weiters wird auf das App-Ökosystem eingegangen und Licht ins Dunkel der unterschiedlichen App-Begrifflichkeiten gebracht. So gesehen ist dieses Kapitel auch ein kleiner Leitfaden für all jene, die überlegen, eine App im Markt zu lancieren – gespickt mit einigen Best Practices aus der Welt des Mobile Marketing, die zeigen wie sich Werbung in diesem Kanal interaktiv, spielerisch und „out of the box" gestalten lässt.*

GERHARD GÜNTHER

# Mobile: unendliche Möglichkeiten. Wir schreiben das Jahr 2020. Dies sind die Abenteuer...

Mit diesen Worten lässt sich in Analogie zur Einleitung jeder Folge einer der legendärsten Fernsehserien aller Zeiten – „Raumschiff Enterprise" – der Umbruch in der digitalen Welt durch die Corona-Pandemie beschreiben.

Mit unendlicher Wucht hat uns die Pandemie getroffen und Bewährtes, gewohnte oder liebgewonnene Abläufe und viele Bequemlichkeiten in allen Bereichen unseres Lebens aus den Angeln gehoben. Angebot und Nachfrage müssen sich in noch nie dagewesener Art und Weise neu orientieren, neu aufstellen und konsolidieren. Prozesse müssen umgestellt, Arbeitsweisen komplett angepasst werden.

**Die sogenannte Digitale Transformation wurde zum Schlagwort des Jahres 2020.**

Marketing-Aktivitäten müssen sich durch Lockdowns verstärkt in den digitalen Raum verlagern. Digitales Marketing – und speziell Mobile Marketing – erfährt gerade einen unfassbaren Schub. Nutzungszahlen und Verweildauer in Apps und mobilen Umfeldern schnellen nach oben. Digitale und speziell mobile Verkäufe gehen durch die Decke.

**Wie sieht nun der mobile Markt generell aus? Was hat sich speziell in den vergangenen Monaten verändert?**
Vom Shopping hin zu kontaktlosen Zahlungen, vom Gaming hin zu Video-Konferenzen, Mobile ist der zentrale Dreh- und Angelpunkt in unserem Leben geworden — mit tief verwurzelten App-Gewohnheiten und dauerhaften Veränderungen der Nutzerlandschaft hin zu einem Mobile-first Universum.

**Was sind und können Apps, was ist der Unterschied zu mobilen Webseiten? Was muss ich beachten, wenn ich als Unternehmen in die Welt der Apps einsteigen möchte? Wie muss ich meine App bewerben? Und was versteht man eigentlich unter Mobile Marketing, Interaktivität, Engagement und Gamification?**
All diesen Fragen gehen wir auf den nächsten Seiten auf den Grund.

6.

# DER MOBILE MARKT

Bereits seit 2015 gibt es mehr mobile Telefonanschlüsse als Menschen auf diesem Planeten. Aktuell liegen wir in Österreich mit knapp 9 Millionen Einwohnern bei einer Mobilfunkdurchdringung von 151 Prozent. Das heißt, ein Großteil der Bevölkerung nutzt zwei oder sogar mehr mobile Endgeräte. Schaut man ins Detail, so sieht man, dass mehr als zwei Drittel Vertragshandys nutzen, der Rest hat Wertkartentelefone in Verwendung. Dies ist ein Spezifikum in Österreich – mit seiner langjährigen sehr kompetitiven Historie, Mobilfunkanbieter und Tarifangebote betreffend. Auch die Durchdringung im Markt mit Smartphones, also internetfähigen Geräten, liegt mit fast 100 Prozent im internationalen Spitzenfeld.

**Abbildung 24:** Arten der Mobilfunkverbindungen, Zahlen basierend auf der Anzahl der Mobileverbindungen
Quelle: wearesocial

Ein weiterer sehr interessanter Aspekt ist die Aufteilung der Betriebssysteme. Über die vergangenen paar Jahre sind im Grunde nur mehr 2 große Player übrig geblieben, nämlich Apple mit seinem iOS-Betriebssystem und Google mit Android. Obwohl in Agentur- und Kreativkreisen der Glaube vorherrscht, ‚Apple rules the world', sieht es in der Realität ganz anders aus. Rund 80 Prozent der mobilen Endgeräte im Markt, weltweit als auch in Österreich, laufen auf Android und nur 20 Prozent sind Apple-Geräte auf iOS.

# COVID-19 UND DER MOBILE BOOST

Das Covid-19-Virus hat das Leben, wie wir es kennen, komplett auf den Kopf gestellt. Die mobile Nutzungsdauer ist während der ersten Lockdowns im Zuge der weltweiten Pandemie nach oben geschnellt, App-Downloads sind massiv gestiegen, mobile Umsätze verzeichneten neue Rekorde und der mobile Datenverbrauch ist durch Video-Konferenzen und Streaming durch die Decke gegangen. Letzterer lag bereits Anfang 2020 im Durchschnitt bei über 7GB pro Smartphone-Nutzer – Amerika, Europa und China gemeinsam betrachtet.

## HANDY-NUTZUNG UND APPS

Die durchschnittliche tägliche Handy-Nutzungsdauer ist im April 2020 bereits auf knapp viereinhalb Stunden gestiegen. Ein großer Teil dieser Nutzung entfällt auf sogenannte Applikationen, kurz Apps genannt. Im selben Monat sind App-Downloads und Umsätze in den beiden großen App-Stores – Apple iTunes und Google Play – um über 25 Prozent gestiegen im Vergleich zum monatlichen Durchschnitt im 2. Halbjahr 2019.

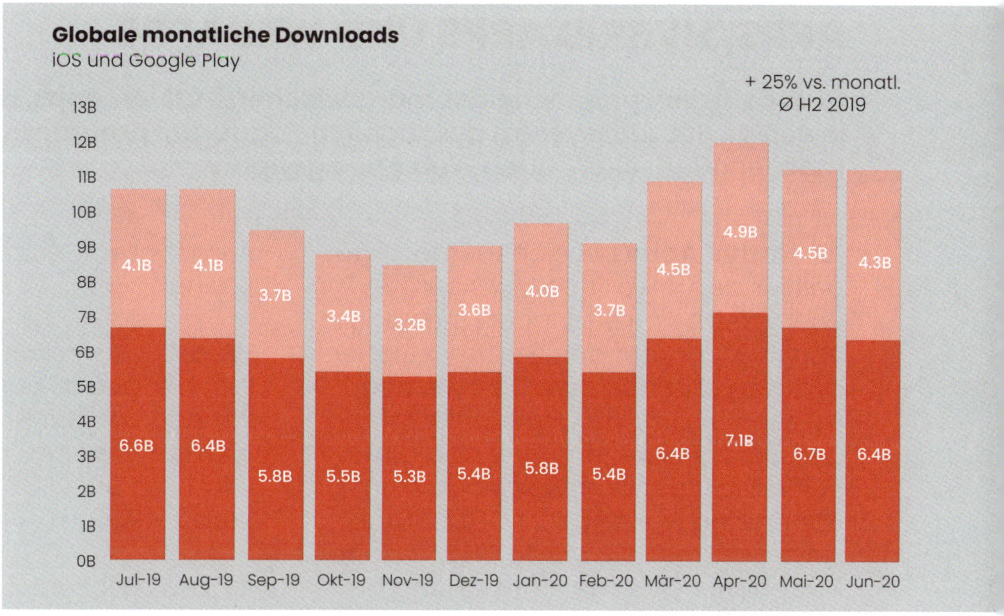


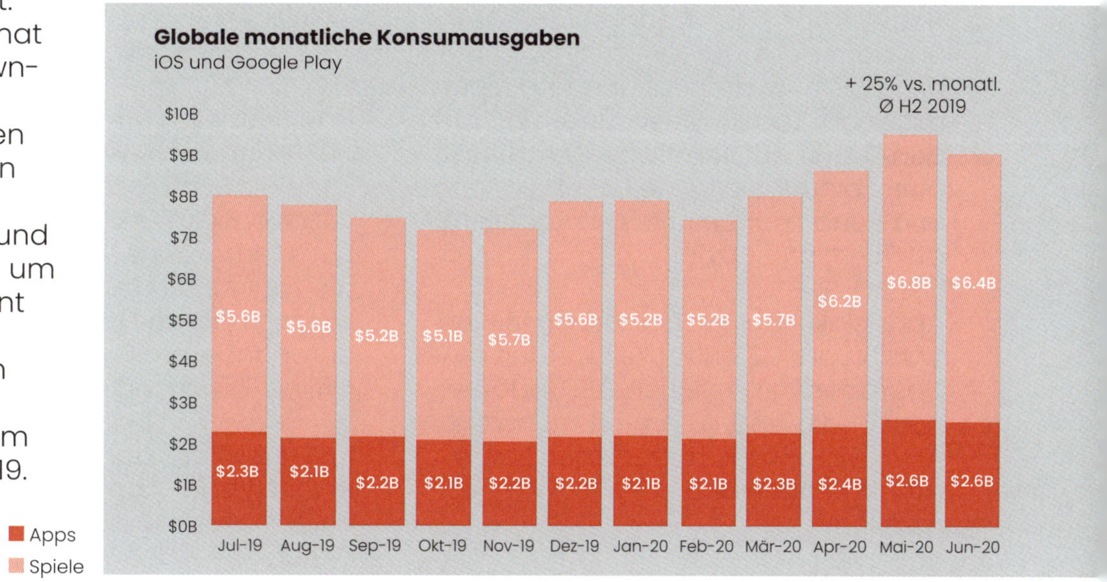


**Abbildung 25:** Globale monatliche Downlowads und Konsumausgaben
Quelle: App Annie

# Wie sieht nun das App- Universum aus & welche Apps gibt es überhaupt?

# APPS, HYBRID APPS UND WEBAPPS

**Grundsätzlich unterscheidet man zwischen nativen Apps, also speziell für das jeweilige Betriebssystem des mobilen Endgeräts programmierte Apps und mobilen Webseiten, auch Web Apps genannt.**

Als **Native Apps** bezeichnet man speziell für den jeweiligen Mobilgeräte-Typ entwickelte Anwendungen, die vor der Verwendung auf den Gerätespeicher geladen und dort installiert werden müssen und so den Funktionsumfang des Geräts erweitern. Eine App funktioniert nur auf dem Betriebssystem (Operating System, kurz OS), für das sie programmiert wurde und ist daher kostenintensiv in der Entwicklung.

Native Apps haben dank ihrer Präsenz auf dem Homescreen (mittels Icons) die größte Awareness und sind einfach mit einem Tap zu öffnen. Sie ermöglichen den Zugriff auf sämtliche Gerätefunktionen, bieten die beste User Experience und Performance und sind vor allem auch offline nutzbar.

Apps sind aber kostspielig, da je eine Version pro OS entwickelt werden muss, Upgrades bei jeglichen OS-Updates notwendig sind, einem oft mühsamen Approval-Prozess unterliegen sowie runtergeladen und installiert werden müssen.

**Web Apps** sind meist in HTML 5 programmierte Websites mit App-ähnlichem Erscheinungsbild und Funktionalitäten. Sie geben den Inhalt einer Webseite in einem grafisch reduzierten Erscheinungsbild wieder und werden wie eine gewöhnliche Webseite über den Browser aus dem Internet geladen, über welchen sie auf allen Geräten aufgerufen werden können.

Web Apps sind plattformunabhängig, benötigen keine Installation und können von Suchmaschinen indexiert werden. Sie sind günstiger in der Entwicklung und Aktualisierungen sind sofort wirksam.

Mobile Webseiten, die sich automatisch an die Bildschirmgröße des jeweiligen Endgerätes anpassen, werden Responsive Websites genannt.

Eine spezielle Form von Web Apps ist die **Progressive Web App (PWA)**, sie kann als Symbiose aus einer responsiven Webseite und einer App beschrieben werden. Eine PWA ist eine Webseite, die zahlreiche Merkmale besitzt, die bislang nativen Apps vorbehalten waren, unter anderem Push Notifications und Offline-Funktionalitäten.

Im Gegensatz dazu versteht man unter einer **Hybrid-App** eine Kombination einer nativen App und einer Web App, bei der – für den Nutzer nicht sichtbar – innerhalb des nativen „App-Rahmens" Inhalte der mobilen WebApp angezeigt werden. Hybrid-Apps können mittels gewisser Programmier-Frameworks cross-platform entwickelt werden, was zu erheblichen Kosteneinsparungen führt.

**Abbildung 26:**

Best Case:
WU Executive Academy

Responsive Mobile
First Konzept:
Kompassnavigation

Quelle:
Digitalsunray Media

# Wir brauchen eine App …

Folgende Überlegungen sollten vorab getroffen werden:

**1. Strategische Überlegungen**

**2. Wettbewerbsanalyse**
Welche Apps gibt es schon am Markt?

**3. Zielgruppenanalyse**
Nutzen für die Zielgruppe muss klar sein. Welche Wünsche hat die Zielgruppe?

**4. Funktionalitäten**
Welche werden benötigt? Templates vs. Neuprogrammierung (Entwicklungszeit!).

**5. Rahmenbedingungen**
Technische Grundlagen und Vorlaufzeiten der App Stores im Zuge der Freigaben.

**6. Weiterentwicklung**
Die permanente technische und inhaltliche Weiterentwicklung der App.

# Muss ich für meine App Werbung machen?

Die klare Antwort lautet: **JA**

- Nutzung der Owned Channels zur Aktivierung (zum Beispiel Website oder Landing Page)
- Social-Media-Kanäle
- Google Ads
- Blogbeiträge inklusive Links auf App Store/Microsite
- Werbung im App Store, zum Beispiel Apple Search Ads
- Kommentare und Feedback in den App Stores beachten und darauf zeitnah reagieren!
- App-Store-Optimierung (ASO), das heißt die laufende Verbesserung der Auffindbarkeit einer mobilen App

## MOBILE MARKETING

Mobile Marketing bezeichnet eine spezielle Form des Marketings, bei der es darum geht, die Nutzer über mobile Endgeräte anzusprechen und zu gewissen Aktivitäten zu bewegen. Diese können kommunikativer oder geschäftlicher Natur sein, wie zum Beispiel Informationen (News, Alerts, Produktinformationen), Unterhaltung bzw. Media-Inhalte (Spiele, Musik, Videos usw.) oder transaktionsbezogene Leistungen (Mobile Shopping, Videostreaming, Zahlungsabwicklungen, usw.) sein. Die Wahrnehmung von Werbung kann unterschiedlicher nicht sein und hängt von verschiedenen Einflussfaktoren ab, speziell auf mobilen Endgeräten – den „persönlichsten" Geräten überhaupt mit darüber hinaus auch noch sehr kleinen Screens. Die Art des Werbeformates hat daher einen sehr starken Einfluss auf Aspekte, wie generelle Wahrnehmung, Werbeerinnerung oder Kaufwahrscheinlichkeit.

# STANDARD-DISPLAY- UND SONDERWERBEFORMATE

Mobile Standardformate umfassen einfache Banner oder Bild + Text-Kombinationen. Rich Media ist ein Begriff aus der Onlinewerbung und bezeichnet erweiterte Funktionen wie Video, Audio oder andere Elemente, die Zielgruppe anzusprechen und Nutzer dazu zu bewegen, mit dem Content zu interagieren. Mobile-Rich-Media-Anzeigen können dank HTML5-Technologie mehrere Content Ebenen in einem Werbemittel enthalten, zum Beispiel Videos, Spiele, Social Media Elemente oder Tweets und Nutzer über die Sensorik der mobilen Endgeräte interagieren lassen (unter anderem Touch, Swipe, Shake, Wipe, etc).

Die folgende Aufstellung zeigt die Unterschiede zwischen Standard-Creatives und Sonderwerbeformaten, auch Rich Media Creatives genannt:

### Standard Creatives

- Nur ein Bild im GIF-, JPG-, PNG- oder HTML-Dateiformat, maximale Größe 100 - 200 KB
- Keine Videos
- Keine dynamisch expandierenden Anzeigen
- Tracking in der Regel nur für maximal einen Link verfügbar

### Rich Media Creatives

- Verwendung mehrerer Dateien möglich
- Normalerweise größer als 200 KB
- Interaktiv, auf Sensorik der mobilen Endgeräte zugreifend
- Oft mit Videoinhalten
- Expansion auf eine größere Fläche möglich
- Tracking für mehrere Links möglich
- Detaillierte Tracking-Messwerte zur Interaktivität der Nutzer verfügbar
- Sonderfunktionen nutzbar, wie Social Media Sharing, Umfragen, Galerien, etc.

Rich Media Creatives sind im Vergleich zu Standardformaten besonders effektiv, werden als innovativ wahrgenommen, häufiger sofort entdeckt und haben einen höheren Recall. Die ansprechende Nutzererfahrung führt zu einer höheren Interaktionsrate und somit zu mehr Conversions und Klicks sowie höheren Aufrufraten.

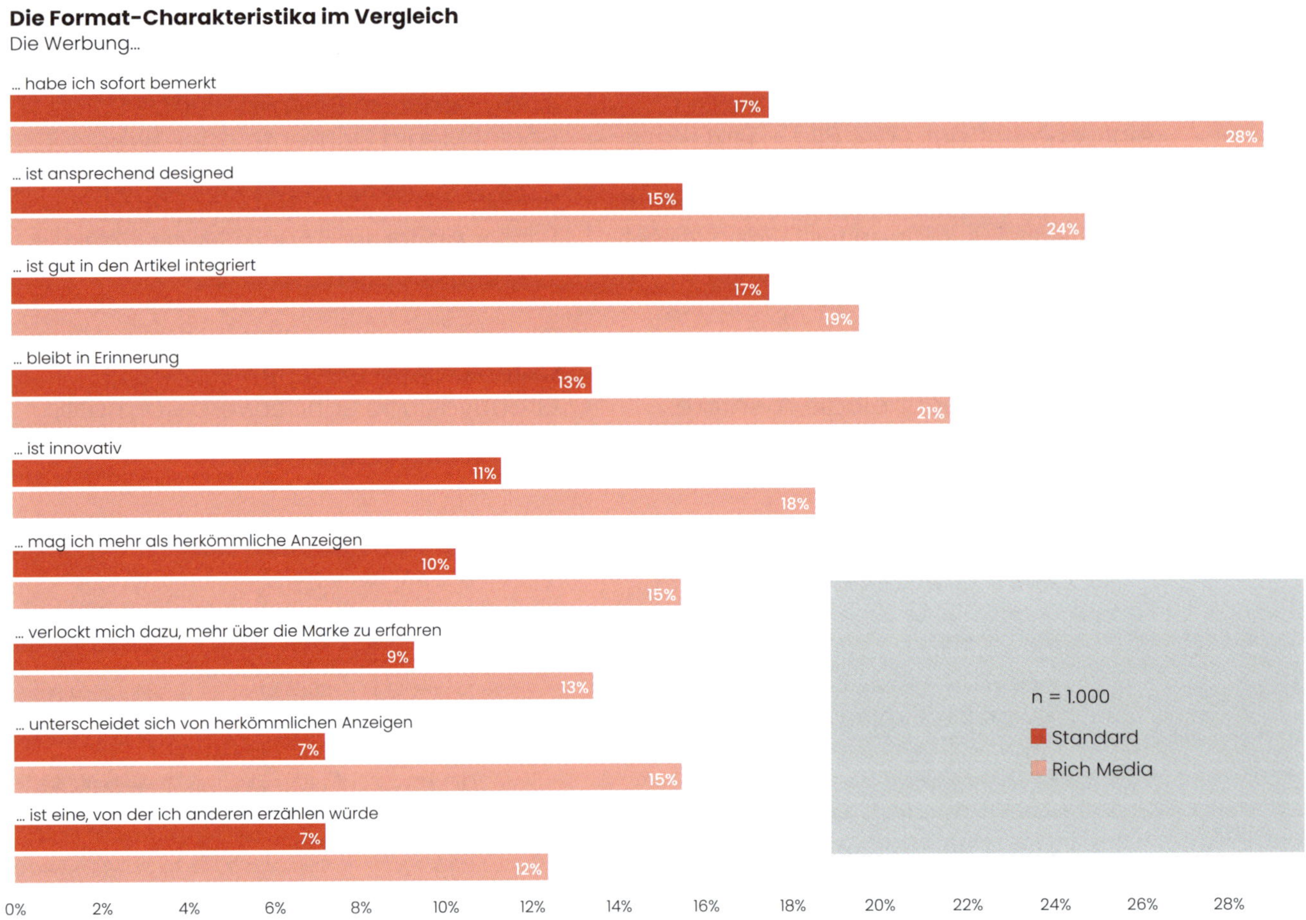


**Abbildung 27:** Wahrnehmung von Standard- und Rich-Media-Werbeformdaten aus Nutzersicht
Quelle: The Nielsen Company

## INTERAKTIVITÄT

Interaktivität ist das Schlüsselwort der neuen Informations- und Kommunikationstechnologien und im Speziellen des mobilen Kommunikationskanals. Interaktivität kennzeichnet den Unterschied zu einkanaligen Sendemedien in der Form der Rückkanalfähigkeit. Dabei handelt es sich um eine technische Eigenschaft, die einen einfachen und kontinuierlichen Aus- bzw. Rollentausch zwischen Sendern und Empfängern ermöglicht. In der Regel werden interaktive Elemente im mobilen Marketing dazu eingesetzt, den Benutzer zum Handeln aufzufordern.
Meist erfolgt dies über die Vielzahl der Sensoren, die in den mobilen Endgeräten verbaut sind.
Interaktive Werbemittel verwenden unter anderem Touch-Gesten, Swipes, Wipes, Schütteln, Drehbewegungen und vieles mehr.

# ENGAGEMENT

Beim **Customer Engagement** geht es um den Einsatz, den Kunden oder Besucher einer Marke oder einem Unternehmen gegenüber zeigen. Je mehr Engagement an den Tag gelegt wird, desto tiefer ist ihre Bindung zu und Identifikation mit der Marke oder dem Produkt.

**User Engagement** im Mobile-Marketing-Kontext kann mit **Mobile Engagement** gleichgesetzt werden. Das Smartphone ist zu unserer primären Informationsquelle für Entscheidungsprozesse avanciert. Durch die Interaktivität mittels Rich Media Creatives können der USP einer Marke, die Besonderheiten eines Produkts oder einzelne Features spielerisch erlebbar gemacht werden.

**Mobile Engagement lebt „im und vom Moment“: Motivation trifft Möglichkeit.**

Sogenannte „Micro Moments“ beschreiben den Schnittpunkt zwischen User Experience, Customer Journey und Mobile Usage. Genau diese Momente bieten ein enormes Potenzial.
Ein wichtiges Element ist in diesem Zusammenhang die permanente Datenanalyse. Ziel muss es sein, aus Big Data Einblicke zu bekommen, welche Kampagnen und Kanäle stark engagierte Besucher generieren, und langfristig somit Smart Data daraus zu machen, um mobile Kampagnen gezielter zu steuern und Marketing-Budgets effektiver auf die mobilen Marketingkanäle wie Display-Werbung, Newsletter, Suchmaschinenmarketing oder Suchmaschinenoptimierung zu verteilen. Durch den Einblick in das Verhalten und die Präferenzen der „engagierten Besucher“ kann das „mobile Erlebnis“ der Nutzer signifikant verbessert werden.

# GAMIFICATION

Gamification ist die Übertragung von spieltypischen Elementen und Vorgängen in spielfremdem Kontext mit dem Ziel, Nutzer zu bestimmten Verhaltensänderung zu animieren sowie deren Motivation zu steigern.

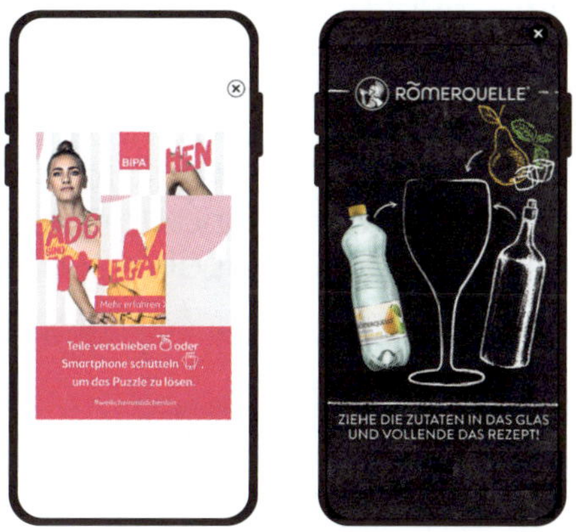


**Abbildung 28+ 29:** Beispiele für Gamification in Mobile Ads von Römerquelle und BIPA
Quelle: Digitalsunray Media

**Spielerische Grundelemente umfassen unter anderem:**

| | |
|---|---|
| Eindeutige Ziele | Zufall und Glück |
| Direkter Vergleich | Gewinn |
| Jäger und Sammler | In neuer Zeit auch:<br>Social Status & Sharing |

# CONCLUSIO

Wer im mobilen Markt, im App-Universum sowie im Mobile Marketing Erfolg haben will, sollte die Besonderheiten des Kanals, wie etwa Personalisierung, Interaktivität, Engagement, Gamification und auch die Möglichkeiten zur Lokalisierung nutzen, um dadurch die Effizienz seiner Owned-Channel-Präsenzen als auch Mobile-Marketing-Kampagne zu steigern.

Mobile First ist kein Buzzword mehr, sondern gelebte Realität! Mobile im Allgemeinen ist nicht mehr nur Teil des digitalen Marketings, den man als Marketer ebenso mal mitnimmt, sondern zum treibenden Element avanciert. 2020 und die Corona-Pandemie haben dies nochmals untermauert.

Interne und externe Unternehmens- und Konzeptionsprozesse müssen definitiv dieser geänderten Lage entsprechend angepasst werden, bei vielen Unternehmen mit langjährigen Gewohnheiten gebrochen werden. Der Schritt zur digitalen bzw. mobilen Transformation ist essentiell für den weiteren Erfolg im Markt. Big Data zu Smart Data verwandeln, die Performance über alle Kanäle integrativ zu messen, analysieren und optimieren, wird zur Voraussetzung für erfolgreiches Marketing.

Die Beschränkung auf klassische Standard-Bannerformate in der mobilen Kommunikation wird in der Regel nicht ausreichen. Dynamisch, datengetrieben, personalisiert, relevant, interaktiv mit klarem Fokus auf Kreativität im gesamten Gestaltungs- und Umsetzungsprozess, wird die Pflicht als auch die Kür in einem.

# KEY TAKEAWAYS
## dieses Kapitels auf einen Blick:

1. 2020 und Covid-19 haben unser Nutzerverhalten nachhaltig in Richtung Mobile verändert und Mobile First manifestiert.

2. Die Digitale Transformation beschleunigt die Optimierung der Owned-Channels (vor allem Websites & Apps) sowie Digital Marketing, im Speziellen Mobile Marketing.

3. Nutzungszahlen und Verweildauer in mobilen Umfeldern und Apps schnellen nach oben, digitale und speziell mobile Verkäufe gehen durch die Decke.

4. Apps können für interne als auch für externe Zwecke im Unternehmen genutzt werden, um Prozesse oder die Kommunikation zu vereinfachen.

5. Apps müssen der Zielgruppe einen klaren Mehrwert bieten, sonst gehen sie im App-Store-Universum unter.

6. Essenziell ist die Vorab-Definition der optimalen technischen Umsetzung für die Nutzung und die gewünschten technischen Funktionalitäten.

7. Apps müssen beworben werden und KPIs sowie das Feedback der Nutzerinnen und Nutzer, zum Beispiel im App Store oder auf sozialen Netzwerken, regelmäßig kontrolliert werden, um zu sehen, wie die App angenommen wird, und ob es zum Beispiel technische Probleme gibt, die vorab nicht erkannt wurden.

8. Big Data zu Smart Data verwandeln, das heißt, immer und überall messen, analysieren und optimieren.

9. Einsatz von Rich Media Creatives anstelle von Standardformaten für Effizienzsteigerung, höhere Interaktionsraten, Conversions, Werbewirkung und Recall.

10. Ganzheitliche Kommunikation, datenbasiert, personalisiert, relevant, dynamisch ausgesteuert, interaktiv mit klarem Fokus auf Kreativität im gesamten Gestaltungs- und Umsetzungsprozess.

MARKETING AUTOMATION

# Welche Tools gibt es, was können sie und wie wähle ich das richtige Tool aus?

*In diesem Kapitel lernen Sie, wie Sie ein erfolgreiches Marketing-Automation-Projekt in Ihrem Unternehmen aufsetzen können und welche Fragen Sie sich vorab stellen sollten. Auf den kommenden Seiten nehme ich eine Evaluierung der unterschiedlichen Marketing Automation Tools vor und ich schaue mir an, welches die populärsten Marketing Automation Tools sind, was sie können und wie Sie das richtige Tool für Ihr Unternehmen finden.*

**WAJDEN BYLOFF**

Die meisten Marketingentscheider wissen, dass man heutzutage nicht mehr um Marketing Automation herumkommt. Ihnen ist bewusst, welche Potenziale sich einem Unternehmen eröffnen können, wenn man automatisiert potenzielle Kunden mit hoch personalisierten Messages anspricht. Marketing Automation verfolgt einen Omnichannel-Ansatz, integriert alle Marketingdaten und berücksichtigt alle sich überschneidenden Marketingkampagnen. Der erste Schritt in Sachen Marketing Automation besteht immer darin, die eigenen Marketingbedürfnisse zu evaluieren und sich darüber klar zu werden, was man benötigt. Bevor Sie damit beginnen, sich die Funktionen der unterschiedlichen Anbieter von Marketing Automation Tools anzuschauen, sollten Sie die folgenden Fragen für Ihr Unternehmen beantworten.

8

## ACHT FRAGEN, MIT DENEN SIE SICH VORAB BESCHÄFTIGEN SOLLTEN

Unabhängig von der Größe des Unternehmens, für das Sie arbeiten, müssen Sie Entscheidungen treffen – oder zumindest diskutieren –, bevor Sie mit der Bewertung von Marketing Automation Tools beginnen. Verlassen Sie sich nicht darauf, dass die einzelnen Anbieter von Marketing Automation Tools die alleinigen Experten für Ihre Geschäftsprozesse, Mitarbeiter, Systeme und Daten sind, denn die Expertin oder der Experte für Ihr Unternehmen sind immer Sie! Sobald Sie grünes Licht für die Anschaffung eines Marketing Automation Tools erhalten haben, beginnen Sie mit dem Evaluierungsprozess. Die Beantwortung der folgenden acht Fragen soll Ihnen dabei helfen herauszufinden, welcher Anbieter der Richtige für Ihr Unternehmen ist.

## 1. Gibt es ein internes Team, das sich um die Bewertung und eventuelle Implementierung kümmert?

Es ist eine spannende Zeit, wenn Sie endlich die Freigabe erhalten haben, die Anbieter von Marketing Automation Tools zu recherchieren, und es ist leicht, White Papers herunterzuladen und Kontaktnummern anzurufen. Aber haben Sie wirklich alle wichtigen Personen in Ihrem Unternehmen in das Gespräch miteinbezogen? Es ist nicht selten der Fall, dass fast abgeschlossene Implementierungen von Marketing Automation Tools plötzlich gestoppt werden, weil interne Prozesse nicht mehr funktionieren oder weil Personen, die bei der ursprünglichen Diskussion nicht berücksichtigt wurden, nun eine Änderung vorschlagen wollen. Der Schlüssel zu einer reibungslosen und erfolgreichen Implementierung ist die frühzeitige Einbindung der richtigen Personen.

**So könnte ein Evaluationsteam aussehen:**

- Marketing- und Vertriebsleitung
- Erfahrene Vertriebsmitarbeiterinnen und -mitarbeiter
- CRM-Administratorin oder -Administrator
- Mitarbeiterinnen und Mitarbeiter aus Event-, Kundenservice- und IT-Teams

Es ist wichtig, dass Sie alle Abteilungen, die potenziell betroffen sein könnten, berücksichtigen und ihnen einen Platz am Tisch einräumen, damit sie während des gesamten Evaluierungs- und Implementierungsprozesses eingebunden sind.

**Hier finden Sie eine Aufschlüsselung, wie Sie vorgehen können:**

- Wählen Sie Abteilungen aus, die von einer neuen Systemimplementierung profitieren oder betroffen sein könnten
- Richten Sie erste Meetings zur Prozessfreigabe mit den Abteilungen ein und identifizieren Sie die wichtigsten Stakeholder
- Erstellen Sie neue und/oder sammeln Sie bestehende Prozessdokumentationen
- Informieren und begeistern Sie Ihre Stakeholder über die allgemeinen Vorteile der Marketingautomatisierung
- Stellen Sie Ihr Implementierungsteam zusammen und planen Sie wiederkehrende Meetings ein

## 2. Welche internen und externen Tools verwendet Ihr Unternehmen? Welche muss es auch weiterhin geben? Auf welche können Sie verzichten? Welche würden Sie gerne hinzufügen?

Genauso wie Sie die Prozesse kennenlernen sollten, die durch ein neues Marketing Automation Tool beeinträchtigt werden könnten, sollten Sie auch eine Bestandsaufnahme Ihrer internen und externen Anwendungen vornehmen. Diese Systeme können bei der Datenspeicherung, der Event- und Webinar-Registrierung, dem Anhängen/Bereinigen von Daten oder dem Social-Media-Verhalten und dem analytischen Reporting helfen. Machen Sie eine Bestandsaufnahme der internen und externen Anwendungen, bevor Sie mit Anbietern von Marketing Automation sprechen. Sicherzustellen, dass Sie wissen, was Sie haben und wie es verwendet wird, ist hilfreich, bevor Sie Ihre Recherchen oder Gespräche mit Anbietern beginnen, da viele der Anbieter eine Vielzahl von Drittanbieter-Tools haben, die in die Plattform integriert werden können, um Ihre bestehenden Prozesse zu optimieren.

**Lernen Sie die Administratorinnen und Administratoren dieser internen und Drittanbieter-Tools kennen und fragen Sie diese:**

- Welche Funktionen erfüllt es, und welche Abteilungen/Mitarbeiterinnen und Mitarbeiter profitieren von der Verwendung?
- Handelt es sich um ein intern entwickeltes oder ein von Dritten erworbenes Tool?
- Wenn es sich um ein Drittanbieter-Tool handelt: Wie ist der aktuelle Vertragsstatus?
- Wie lange verwendet das Unternehmen dieses Tool bereits? Ist es aktiv im Einsatz?
- Was macht dieses Tool erfolgreich? Welche Features würden Sie gerne ändern oder verbessern?
- Wenn ein anderes Tool besser geeignet wäre, könnten wir dieses Tool ersetzen?
- Wenn es nicht ersetzt werden kann, aus welchem Grund?

Erstellen Sie auf der Grundlage aller gesammelten Informationen eine Liste der internen Tools und priorisieren Sie diese.

## 3. Wie groß ist Ihre Kontaktdatenbank über alle internen Systeme hinweg?

Ihr erster Gedanke mag sein, nur Ihre Marketing- oder Newsletter-Datenbank in Betracht zu ziehen. Allerdings sollten Sie auch alle anderen Datenbanken innerhalb Ihrer Organisation, die Kundendaten speichern, berücksichtigen. Bei Marketing Automation geht es auch und vor allem darum, Kundendaten miteinander zu verknüpfen und Datensilos zusammenzuführen. Außerdem ist die Datenbankgröße ein Faktor, der bestimmt, wie viel Sie für ein Marketing Automation Tool bezahlen. Verwendet Ihr Vertriebsteam ein CRM, das nicht mit Ihren aktuellen Marketingsystemen verbunden ist oder verwendet es immer noch Excel, um neue und alte Kundendaten zu verwalten? Wenn eines Ihrer Marketing-Automatisierungsziele darin besteht, Ihre Kundenansprache zu automatisieren (und das sollte es), dann stellen Sie sicher, dass diese Vertriebsdaten berücksichtigt werden. Ist das Marketing die einzige Abteilung, die Lead-Generation-Daten sammelt oder haben andere Abteilungen Sammelformulare (etwa Kontakt, Download, Anmeldung)?

## 4. Wie sauber ist Ihre interne Datenbank?

Nachdem Sie nun alle Orte an denen innerhalb Ihres Unternehmens Kundendaten gespeichert werden, eindeutig identifiziert haben, ist es wichtig, die Qualität dieser Daten zu bewerten. Große Datenmengen zur Verfügung zu haben, kann eine großartige Sache sein, aber wenn sie ungenau und unzuverlässig sind, können sie mehr Schaden anrichten als Nutzen bringen, denn auch für Marketing Automation gilt das bekannte IT-Sprichwort: „Shit in, shit out".

## 5. Haben Sie einen Standardsatz von Feldern und Werten, für die Sie Daten sammeln?

Wenn Sie mehrere Abteilungen haben, die die durch das neue Marketing Automation Tool gesammelten Daten nutzen und davon profitieren, dann wäre es ratsam, einen Satz von standardisierten Feldern und Werten sowohl für die Segmentierung als auch für das Reporting zu haben. Wenn Sie zum Beispiel zwei Abteilungen haben die „Branchen"-Daten sammeln, sind die Bezeichnungen und Eingabewerte beider Gruppen gleich? Wenn Sie unterschiedliche Systeme zur Verwaltung der Daten verwenden, sind die API-Namen für diese Felder gleich? Erstellen Sie eine Liste der Felder und Werte, die im gesamten Unternehmen zum Sammeln und Verwalten von Daten verwendet werden und ordnen Sie sie dann nach ihrer Einzigartigkeit untereinander sowie nach ihrer Nützlichkeit für die Ziele des Unternehmens.

## 6. Ist die Größe wichtig?

Ja, auf die Größe kommt es leider an, denn Sie wollen eine Marketing Automation-Plattform, die die Anzahl Ihrer Leads unterstützen und das Gewicht Ihrer Datenbank tragen kann, ohne dass Sie für überflüssige Funktionen bezahlen müssen. Außerdem wollen Sie genügend Benutzerkonten. Vielleicht sind Sie der oder die Einzige, der/die das Marketing Automation Tool verwaltet. Wahrscheinlicher ist es aber, dass Sie eine Plattform benötigen, die mehrere Berechtigungsstufen und viele separate Benutzerkonten erlaubt.

## 7. Wie hoch ist Ihr Budget für dieses Projekt? Und bietet die Plattform Flexibilität?

Die Festlegung eines Budgets wird Ihnen sicherlich helfen, die Tool-Anbieter, die Sie sich ansehen, zunächst einzugrenzen. Aber vergessen Sie nicht, Wachstum einzuplanen. Wählen Sie eine Plattform, die zumindest für die nächsten Schritte mit Ihnen skalieren kann. Informieren Sie sich über alle Implementierungsgebühren und erkundigen Sie sich nach den Kosten für laufende Schulungen und Kunden-Support. Erkundigen Sie sich auch nach den Gebühren, die anfallen, wenn Sie die Ihnen zugeteilte Anzahl von Kontakten überschreiten. Idealerweise sollte die Preisstruktur klar und umfassend sein, ohne dass irgendwelche Extras weggelassen werden.

## 8. Wissen Sie, welche Fragen Sie dem Anbieter stellen müssen?

Während des gesamten Prozesses der Anbieterbewertung organisiert zu bleiben, ist entscheidend für eine reibungslose und erfolgreiche Implementierung. Dies kann sich jedoch als schwierig erweisen, wenn Ihr Posteingang von zahlreichen Vertriebsmitarbeitern überschwemmt wird, die um Ihre Aufmerksamkeit wetteifern und Ihnen wichtige Informationen darüber liefern, warum ihr Tool das Beste ist.

Aus diesem Grund ist das Erstellen eines eigenen Q&A-Dokuments (mit Antworten der Anbieter) sehr wertvoll. Es gibt Ihnen eine konsistente Möglichkeit, Antworten auf Ihre Standardfragen zur Marketing Automation und geschäftskritische Fragen zu erhalten, die Sie jedem Anbieter auf die gleiche Weise stellen. Dies ermöglicht einen einfachen Vergleich der Antworten. Ordnen Sie Ihre Fragen nach einer Kategorie, etwa E-Mail, Segmentierung, Integration oder Schulung. Dies hilft Ihnen dabei, den Überblick zu behalten, den Anbietern dabei Ihre Fragen schneller zu beantworten und stellt sicher, dass die richtigen Abteilungen die richtigen Antworten erhalten.

## WAS SIND DIE WICHTIGSTEN MARKETING-AUTOMATION-FUNKTIONEN?

Sobald Sie nun wissen, welche Attribute für Ihr Unternehmen am wichtigsten sind, können Sie anhand folgender Faktoren beurteilen, wie gut eine Marketing-Automatisierungsplattform funktioniert.

### 1. Funktionen

Nicht alle Tools bieten die gleichen Funktionen oder stellen sie auf dem gleichen Niveau zur Verfügung. Einige Elemente jedoch sind in Marketing Automation Tools fast universell, wie etwa E-Mail-Marketing-Automatisierung, Registrierungsformulare, Lead Nurturing und Online Behaviour Tracking. Andere Plattformkomponenten, wie integrierte A/B-Tests, Social-Media-Tracking und Multi-Touch-Umsatzattribution werden hingegen nur von ausgewählten Tools angeboten. Eine Funktion, auf die Sie achten sollten, ist die Möglichkeit, nativ responsive Web-to-Lead-Formulare zu erstellen, die entweder auf Ihrer Website oder im Tool selber gehostet werden können. Hier nun einige Funktionen, die Sie berücksichtigen sollten:

| | | |
|---|---|---|
| Massen-E-Mail-Marketing | Formulare – im Idealfall mit Progressive Profiling | Erstellung von Landing Pages |

| | | | |
|---|---|---|---|
| Social-Media-Kampagnen | Event-Marketing | Trigger-Based-Kampagnen | Lead Nurturing |

| | | |
|---|---|---|
| Multichannel Lead Management | Lead Aggregation | Lead-Anreicherung und -Deduplizierung |

| | | |
|---|---|---|
| Lead Scoring und Lead-Qualifizierung | Lead-Prozess-Management | Mikro-Segmentierung |

## 2. Ihre ganz spezifischen Anforderungen

Ich kann Ihnen garantiert sagen, dass kein Marketing Automation Tool alle möglichen Funktionen in der höchstmöglichen Ausprägung bieten kann, also müssen Sie sich auf die konzentrieren, die Sie am meisten benötigen. Ein häufiges Anliegen für Marketer ist die E-Mail-Marketing-Automatisierung. Dazu gehören Mikro-Segmentierungs-Tools, die Möglichkeit, Inhalte massenweise zu personalisieren, High-Level-Analysen und A/B-Split-Tests. Wenn Sie sich auf Content-Marketing-Funktionen konzentrieren, sollten Sie evaluieren, ob Sie Inhalte innerhalb erstellen, Inhalte personalisieren und kundenorientierte Inhalte generieren können.

## 3. Metriken und Analysen

Bietet die Marketing Automation Platform robuste, einheitliche Reporting- und Analysetools? Das Sammeln von Lead-Daten aus verschiedenen Kanälen, deren Vereinheitlichung und Analyse ist der Schlüssel zu einer erfolgreichen Marketing-Automatisierung. Idealerweise sollten Sie in der Lage sein, Daten von all Ihren Kampagnen-Touchpoints zu sammeln – Social Media, E-Mail, Webanalyse, Landing Pages, etc. – und bis auf eine granulare Ebene herunter zu graben. Da es keine einzelne Marketing Automation Platform gibt, die alles kann, müssen Sie sich fragen, wie einfach Sie die Lücken in der Datenverfolgung und -analyse füllen können.

## 4. Benutzerfreundlichkeit

Das beste Marketing Automation Tool der Welt wird Ihnen nicht viel helfen, wenn Sie oder Ihre Mitarbeiterinnen und Mitarbeiter sie nicht effektiv nutzen können. Marketing-Automatisierung kann sehr komplex sein, vor allem, da sie die Koordination von Daten aus vielen Touchpoints und die Zusammenarbeit über verschiedene Kanäle hinweg beinhaltet. Daher brauchen Sie eine Plattform, die einfach zu bedienen ist. Achten Sie auf eine Oberfläche, die intuitiv, übersichtlich und leicht zu scannen ist.

# WELCHE MARKETING AUTOMATION TOOLS GIBT ES AM MARKT?

Alle Lösungen genau zu analysieren und zu beschreiben, würde den Rahmen dieses Kapitels sprengen. Der Vollständigkeit halber möchte ich dennoch einen kurzen Überblick über die populärsten Marketing-Automation-Lösungen am Markt geben – ohne den Anspruch auf Vollständigkeit.

## Salesforce Pardot

Salesforce Pardot, das 2013 von Salesforce übernommen wurde, ist eine Marketing Automation Software, die sich vor allem an B2B-Unternehmen richtet. Mit Salesforce als Muttergesellschaft zeichnet sich Pardot durch Customer Relationship Management (CRM) aus, und die beiden Teams arbeiten gemeinsam an der Entwicklung neuer Funktionen. Einige Online-Rezensionen deuten darauf hin, dass die Marketing-Abteilung noch einiges an Arbeit vor sich hat, um über das Einrichten und Automatisieren von E-Mail-Kampagnen zur Lead-Pflege hinauszugehen. Denn es wird als „einfaches, geradliniges E-Mail-Automatisierungstool" beschrieben.

| Unmenge an Funktionen | Salesforce-Integration | Engagement Studio |
| --- | --- | --- |
| Vom Besucher-Tracking bis hin zur Lead-Bewertung und -Einstufung ermöglicht Pardot den Benutzern, Top-Leads zu erfassen | Es überrascht nicht, dass Pardot sehr gut mit dem CRM von Salesforce zusammenarbeitet | Dieses Nurturing-Tool hilft Anwendern bei der Erstellung intelligenter, automatisierter Programme, um das Lead Engagement zu erhöhen |

## Marketo

Marketo wurde 2006 gegründet und im Jahr 2018 wurde die Plattform von Adobe übernommen. Marketo wird sehr gelobt, da es sich um eine intuitive Marketing-Plattform handelt, mit der je nach Geschäftsanforderungen einfache und komplexe Nurturing-Kampagnen durchgeführt werden können.

| Viele Integrationen | Schnell & einfach einzurichten | Engagement-Programme |
| --- | --- | --- |
| Integriert mit mehreren Branchenführern, einschließlich Salesforce | Im Vergleich zu einigen Mitbewerbern ist die Implementierung relativ schmerzlos | Sind in erster Linie für das Lead Nurturing gedacht und sollen zu den besten ihrer Klasse gehören. Marketo vereinfacht komplexe Nurturing-Pfade enorm |

## Oracle Eloqua

Auch bekannt als Oracle Marketing Cloud, war Oracle Eloqua eines der ersten Unternehmen, das Marketing Automation angeboten hat. Eloqua wurde 1999 gegründet, Jahre bevor Marketing Automation von Organisationen auf der ganzen Welt aufgegriffen wurde und 2012 von Oracle übernommen. Oracle Eloqua gilt als eines der besten Marketing Automation Tools, unter anderem wegen der vorangeschrittenen Fähigkeiten in Lead Scoring (etwa multiple Scoring Modelle) und der Eloqua Sales Tools:

| Viele Integrationen | Gut gestalteter visueller Kampagnen-Builder | Einblicke |
|---|---|---|
| Hat über 100 Integrationen mit Plattformen von Drittanbietern | Der visuelle Kampagnen-Builder von Oracle gilt als intuitiv und leistungsstark in der Anwendung | Das Insight-Tool ist laut verschiedenen Bewertungen „eines der Besten", da es „uns Details über den Erfolg unserer Kampagne liefert und auch praktische Ratschläge zur Verbesserung unserer zukünftigen Kampagnen gibt". |

## Hubspot

Das 2006 gegründete Unternehmen HubSpot stellt seinen Kunden ein komplettes Toolset für Marketing, Vertrieb und Service zur Verfügung. HubSpot ist Marktführer, wenn es um Marketing Automation für kleine und mittlere Unternehmen geht.
Die Marketingautomatisierungsfunktionalität von HubSpot umfasst ein benutzerfreundliches visuelles Board, auf dem Sie einfache oder komplexe automatisierte Workflows erstellen können.

| Einfach zu bedienen | CRM | Ein Platz für alle Tools |
|---|---|---|
| HubSpot ist intuitiv, die Plattform ist einfach zu navigieren, selbst für Kleinunternehmer mit wenig oder gar keinen Kenntnissen über Marketing-Tools | Hubspot enthält ein kostenloses CRM, mit dem Benutzer ihre Pipeline verwalten können und Vertriebsaktivitäten automatisch verfolgt werden | Als skalierbare Wachstumsplattform können Sie jede Interaktion – vom unbekannten Besucher bis hin zu Kundenverträgen – innerhalb einer Plattform verwalten, um eine abteilungsübergreifende Ausrichtung und Transparenz in Ihrer gesamten Organisation zu gewährleisten. |

# CONCLUSIO

Marketing-Automatisierung verbessert die Kundenerfahrung sowohl im B2B- als auch im B2C-Bereich. Marketing Automatisierung erhöht die Effizienz des Marketing- und Vertriebsteams, sorgt für Konsistenz, da gleiche Aktivitäten die gleichen Ergebnisse erzeugen und führt zur Optimierung der Marketing-Strategie. Mit koordinierten Multi-Channel-Kampagnen wird es Unternehmen ermöglicht, den richtigen Kunden, zur optimalen Zeit mit dem perfekt personalisierten Inhalt anzusprechen. Trotz der zahlreichen Vorteile, die zu einer Verbesserung der gesamten Unternehmensleistung führen, hat die Implementierung von Marketing-Automatisierung in Organisationen unterschiedlichen Herausforderungen zur Folge. Um dabei Probleme bestmöglich zu verhindern, müssen vor der Tool-Auswahl und dem Sprung ins kalte Automatisierungswasser zunächst einige Fragen beantworten werden. Sie sollten zuerst Ihre Geschäftsprozesse, Systeme und Ziele intern analysieren und verstehen, bevor Sie zu viel Zeit mit der Bewertung von Marketing-Automatisierungs-Anbietern verbringen. Nach der Vorbereitungsphase sollten Sie sich mit den wichtigsten Funktionen von Marketing Automation auseinandersetzen und bewerten, welche für ihr Unternehmen besonders wichtig sind. Leider habe ich es nur allzu oft erlebt, dass, sobald die Evaluierung von Anbietern im Gange ist, der interne Druck, jemanden auszuwählen, schnell zunimmt. Sie werden erstaunt sein, wie viel einfacher es ist, Anbieter zu evaluieren, wenn Sie in der Lage waren, eine klare Roadmap zu erstellen und einen Überblick über die wichtigsten Funktionen zu verschaffen.

## KEY TAKEAWAYS dieses Kapitels auf einen Blick:

1. Definieren Sie Unternehmensziele, die Sie mit Hilfe von Marketing Automation erreichen möchten.
2. Bilden Sie ein internes Team, das sich um die Bewertung und eventuelle Implementierung kümmert.
3. Verschaffen Sie sich einen Überblick über interne und externe Tools in Ihrem Unternehmen. Welche müssen bleiben? Auf welche können Sie verzichten? Welche würden Sie gerne hinzufügen?
4. Bringen Sie in Erfahrung, welche Datenbanken es in Ihrem Unternehmen gibt und wie groß diese sind. Für Marketing Automation ist das Aufbrechen/Verbinden von Datensilos enorm wichtig.
5. Evaluieren Sie die Qualität Ihrer bereits vorhandenen Daten.
6. Erstellen Sie ein internes Datenmodell mit einem Standardsatz von Feldern und Werten, für die Sie Daten sammeln wollen.
7. Verschaffen Sie sich einen Überblick über die wichtigsten Marketing-Automation-Funktionen.
8. Bewerten Sie die wichtigsten Marketing-Automation-Funktionen und stellen Sie sich die Frage, ob diese auch für Ihr Unternehmen, Ihren Marketing- und Verkaufsprozess wirklich von Bedeutung sind.
9. Verschaffen Sie sich einen Überblick über die Anbieter am Markt.
10. Bewerten Sie die Anbieter auf Basis Ihres zuvor erstellten, standardisierten Q&A-Dokuments.

MARKETING AUTOMATION

# Wie sich die User Experience automatisieren lässt

*YouTube, LinkedIn, Instagram, TV, Print, Newsletter: Modernes Marketing nützt eine Vielzahl an Kanälen. Um den Überblick zu behalten und vor allem, um eine optimale Performance zu gewährleisten, bietet es sich an, die diversen Aktionen und Aufgaben in Marketing und Sales zu automatisieren. In diesem Kapitel erfahren Sie, wie die softwareunterstützte, automatische Abwicklung der unterschiedlichsten Maßnahmen gelingt und worauf es zu achten gilt.*

**HANNES KIRCHBAUMER**

Marketing Automation ist ein Begriff, der zwar in aller Munde zu sein scheint, vor Unklarheiten ist er allerdings nicht gefeit. Was darf man sich also unter diesem Buzzword vorstellen? Marketing Automation, also Marketing-Automatisierung, ist eine softwaregestützte Methode, um Marketingprozesse zu automatisieren. Dabei werden Nutzerprofile basierend auf deren Nutzerverhalten mit Informationen angereichert, um automatisierte Kampagnenprozesse für individuelle Kommunikation einzurichten. Im Fokus steht dabei der einzelne Kunde/die einzelne Kundin. Genau deswegen ist Marketing Automation auch so interessant. Deckt sie doch eine Vielzahl an Herausforderungen ab, mit denen sich Marketing und Sales laufend konfrontiert sehen. Einem ungebremsten Siegeszug der Marketing Automation sollte also eigentlich nichts im Wege stehen. Doch tatsächlich wird Marketing Automation nicht in allen Abteilungen mit wehenden Fahnen willkommen geheißen. Der Grund: Marketing Automation erfordert ein Umdenken, Ressourcen und – sie schafft Transparenz. Wer sich auf die Reise begibt, sollte sich also nicht an alte Abläufe klammern. Dafür kann Marketing Automation bei einer ganzen Reihe von Herausforderungen helfen, mit denen Unternehmen häufig konfrontiert werden. Doch dafür gilt es einige Hürden zu überwinden.

## BAUSTELLEN BEI VERTRIEB UND MARKETING

**Alte Schule**

Die Marketingorganisation ist traditionell geprägt, aber vielfach überholt und fokussiert vorwiegend auf Reichweiten.

**Fehlende Prozesse**

Egal, welche Kanäle genutzt werden, es fehlen klar definierte Abläufe und auch die Dokumentation ist unzureichend.

**Kein Veränderungswille**

Die betroffenen Teams scheuen sich vor dem aufwändigen Change-Prozess.

**Fehlendes Know-how**

Bei der Vielzahl an Tools und Systemen fällt es schwer, sich für geeignete Technologien zu entscheiden.

**Angst vor Fehlern**

Ungeklärte Fragen rund um Datensicherheit schrecken viele Verantwortliche ab.

**Fachlicher Tunnelblick**

Die Einführung von Technologie löst oftmals nur Einzelaufgaben und schafft Silos.

**Hinderliches Silodenken**

Die Zusammenarbeit verschiedener Fachbereiche wie Marketing und IT ist durch schlechte Erfahrungen geprägt.

Die Liste der Gründe, warum man sich über Marketing Automation lieber nicht drüber trauen sollte, ist natürlich beliebig erweiterbar. Sind diese Herausforderungen aber ein guter Grund, um wirklich die Finger von dem Thema zu lassen? Keinesfalls. Allerdings ergibt es Sinn, strukturiert vorzugehen und zunächst zu verstehen, wie Marketing Automation funktioniert, welche Vorteile der Ansatz bietet und wie er korrekt aufgesetzt wird.

## IST MARKETING AUTOMATION EINE EIERLEGENDE WOLLMILCHSAU?

Fest steht, dass Unternehmen die Benefits von Marketing Automation nicht einfach in den Schoss fallen. Umso wichtiger ist es, sich von Anfang an vor Augen zu halten, worin die zentralen Vorteile liegen. Hervorzuheben ist auch, dass Marketing Automation eine Vielzahl von Prozessen sichtbarer macht und Informationen, die bislang in unterschiedlichen Systemen und Listen gehortet wurden, zusammenführt – wodurch sie in vielen Fällen überhaupt erst sinnvoll verglichen, ausgewertet und damit genutzt werden können. Das zentrale Stichwort lautet also Transparenz.

Wer den Blick von den inneren Strukturen nach außen lenkt, kommt zum zweiten zentralen Vorteil. Marketing Automation orientiert sich im Idealfall kompromisslos am Kunden/an der Kundin. Mit jeder Maßnahme, die gesetzt wird, versteht man ihn/sie besser, gewinnt ein genaueres Bild, verbreitert seine Datenbasis und kann so seine Zielgruppen immer besser einschätzen. Wer nun Vorteil 1 und 2 zusammenzählt, erhält als Resultat das, worauf Marketing und Sales wirklich aus sind: Zeitersparnis und eine Steigerung der Verkaufszahlen.

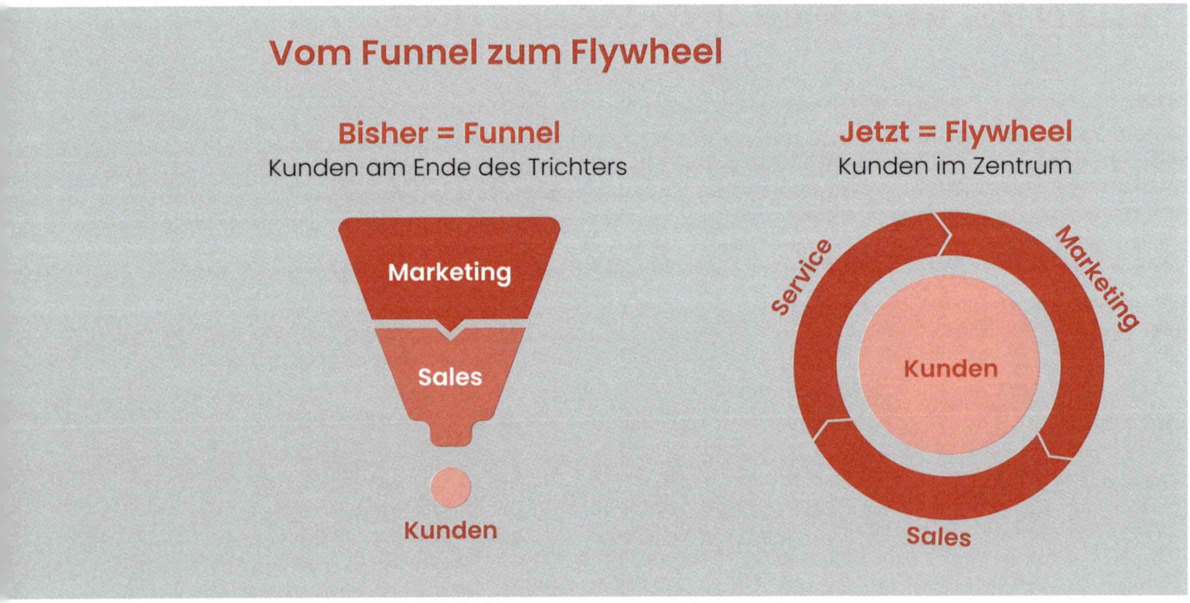


**Abbildung 30:** Vom Funnel zum Flywheel
Quelle:hubspot.com

Während früher die Marketingabteilung zum Beispiel Unterlagen und Tools für den Vertrieb erstellt hat, um auf die Kunden abzuzielen, schafft Marketing Automation einen kontinuierlichen Prozess, in dem Marketing, Sales und Service gemeinsam darauf fokussieren, den Kundennutzen zu verbessern. Die Abteilungen reichern dabei laufend die Datenbestände an und spielen einander in die Hände.

## TOLLER ANSATZ, HOHE KOSTEN?

Kaum ein Unternehmen wird gesteigerte Effizienz, Transparenz und höhere Umsätze scheuen. Doch zu welchem Preis erhalten Marketing und Sales Zugang zu den Möglichkeiten von Marketing Automation? Die Einstiegshürde im Bereich der Software ist denkbar niedrig. Die meisten Softwareanbieter stellen kostengünstige Varianten oder sogar kostenlose Systeme zur Verfügung. Natürlich hängt die Preisgestaltung stets vom Funktionsumfang, der Anzahl der User und Kunden sowie der Interaktionen ab. Kein Wunder also, dass vor allem die meisten Tech Startups von Anfang an konsequent auf die Automatisierung ihrer Marketingagenden setzen.
Viel wesentlicher als die Lizenzkosten ist es, den Aufwand für das technische und strategische Setup realistisch zu kalkulieren. Denn auch das beste, teuerste Softwaresystem wird keine Wirkung entfalten können, wenn die Basisarbeit nicht gründlich erledigt wurde. Dafür gilt es vorab ein klares Bild der Personas zu gewinnen, die Customer Journey zu analysieren und die Inhalte konsequent auf die verschiedenen Kanäle und Zielgruppen abzustimmen. Dann kann der Erfolg mittels Marketing Automation eingefahren werden. Wenig überraschend müssen dafür von Anfang an Personen aus mehreren Abteilungen an einem Strang ziehen. Federführend sind auf alle Fälle Marketing und Sales, aber auch Kommunikation, IT und Datenschutz. Dieser Aspekt ist auch deswegen wichtig, weil Marketing Automation nicht nur mehr Informationen über die Kunden sichtbar macht, sondern eben auch die internen Prozesse vor den Vorhang holt. So befürchten zum Beispiel nicht selten Mitarbeiter aus der Sales-Abteilung stärker kontrolliert zu werden. Weswegen es wichtig ist, von Anfang an klar die Vorteile der neuen Anwendungen zu kommunizieren. Das Tagesgeschäft selbst klappt nach dem Setup in der Regel kooperativ im dynamischen Zusammenspiel der verschiedenen Expertisen. Es empfiehlt sich allerdings, eine Person zu definieren, die alle Prozesse und Abläufe im Blick behält und auch darauf achtet, dass die Messages aus einem Guss sind. Egal, ob Standardantworten ausgesandt werden oder eine Kampagne auf Social Media läuft: Corporate Design und Corporate Identity sollten einen einheitlichen Auftritt gewährleisten.

## EIN SCHRITT NACH DEM ANDEREN

Und noch einen Fallstrick gilt es auszulassen: So reizvoll und gut Marketing Automation auch sein mag, um Kundinnen und Kunden zum Beispiel mit einem Whitepaper neugierig zu machen: Wer keinen echten Mehrwert bietet und zu schnell verkaufen will, vergrämt seine Zielgruppe rasch. Es gilt vielmehr Marketing Automation im Sinne eines langfristigen, nachhaltigen Prozesses zum Aufbau echter Kundenbeziehung zu nutzen. Sobald man wirklich weiß, wer empfänglich für welche Informationen und Angebote ist, steht der Weg zur Umsatzsteigerung frei.

## DIE QUAL DER WAHL

Soviel vorweg: Die meisten etablierten Softwarelösungen können bedenkenlos genützt werden. Doch für alle gilt, dass vorhergehende Beratung viel Zeit spart. Auch Opensource-Tools, die kostenlos genützt werden können, stehen zur Verfügung – für jene, die nicht vor Programmierkosten zurückschrecken. Im reichhaltigen Angebot gibt es Lösungen für jeden Geschmack. Allerdings ist es sinnvoller, ein simpleres Tool wirklich zu nützen und auszureizen, als ein extrem mächtiges Tool zu bezahlen und kaum auszulasten. Fazit: Von simpel bis mächtig: Die Auswahl an professionellen Marketing Automation Tools ist breit und die Entscheidung ist nicht selten Geschmackssache.

## ANWENDUNGSFELDER VON MARKETING AUTOMATION

Egal, für welches Software-Tool man sich entscheidet: Sie alle zielen auf die Kommunikation mit bestehenden und potenziellen Kunden und Stakeholdern ab.

**Im Zentrum stehen dabei folgende Anwendungen:**

- Social Media
- E-Mail-Marketing
- Messenger/SMS
- Landingpages
- Formulare
- Tracking & Reporting
- Personalisierung über alle Kanäle

## WELCHE FUNKTIONEN MARKETING AUTOMATION SOFTWARE BIETET:

**Abbildung 31:** Welche Funktionen Marketing Automation Software bietet
Quelle: Radiant PIG

Ob es darum geht die Wirkungsweise einzelner Werbemittel zu testen, oder darum hochgradig individualisierte E-Mail-Kampagnen zu erstellen: In den verschiedenen Software-Lösungen können die Aktionen geplant, ausgespielt, ausgewertet und mit dem eigenen CRM-System verknüpft werden.

## EIN TOOL, VIELE STAKEHOLDER

So wichtig und naheliegend die Nutzung der Automatisierung für Marketing und Sales auch ist, man sollte nicht übersehen, dass Marketing Automation auch in andere Unternehmensbereiche wirken kann. Sie kann etwa dazu dienen, eine Employer-Branding-Datenbank aufzubauen und laufend mit Mitarbeitern zu kommunizieren. Genauso können aber auch Partner-Unternehmen laufend informiert werden. Mittels Marketing Automation können Unternehmen verschiedenste Zielgruppen strategisch geplant ansprechen. Für viele Betriebe kein Neuland, allerdings lassen sich die Abläufe mit den entsprechenden Softwaretools wesentlich schneller und effizienter gestalten und auch dokumentieren.

## WENN, DANN – WIE MARKETING AUTOMATION-SOFTWARE REAGIERT

Wer sich dafür entschieden hat, Marketing Automation samt Software anzuwenden, kann Trigger-Punkte festlegen, bei deren Eintreten gewisse Aktionen einsetzen. Klickt etwa ein Kunde/eine Kundin auf ein Angebot in einem Newsletter, kann eine Abfolge von Maßnahmen ausgelöst werden – immer auf Basis und mit dem Ziel der Anreicherung von Datenbanken und vor dem Hintergrund der Kundensegmentierung.

**Mögliche Trigger sind etwa:**

- Neue Leads
- Inaktivität von Kunden
- Registrierung auf Homepage
- Kunde/Kundin verlässt Warenkorb ohne zu kaufen
- Neue Bewertung zu Produkten
- Aktivität nach Bestellung

Die Systematik ist dabei immer die Gleiche: Ein gewisser Impuls löst eine vordefinierte Reaktionskette aus. Welche Workflows dann greifen, muss vorab gründlich definiert werden.

## BEISPIELE FÜR KLASSISCHE WORKFLOWS

- **Hot Lead**
  Auf eine neue Anfrage folgt ein automatisiertes Mail.
- **Cold Lead**
  Ein inaktiver Kunde wird nach einer gewissen Zeit automatisch kontaktiert.
- **Abandoned Cart**
  Wird ein Einkauf nicht abgeschlossen, erfolgt eine Erinnerung, es zu tun.
- **Upsell**
  Wenn ein Kunde ein Produkt gekauft hat, bietet man ihm dazu passende weitere an.
- **Feedback after a Purchase**
  Nach einem Kauf erhält der Kunde ein Formular zur Zufriedenheit.

## MARKETING AUTOMATION IN DER PRAXIS

Grau, ist alle Theorie, heißt so schön. Umso schillernder ist dagegen das Bild, das Vedran Bijelac, Director of Sales & Marketing bei Longevity Labs+/spermidineLIFE® zeichnet. Für das 2016 als Spin-off der Universität Graz gegründete Unternehmen ist Marketing Automation nämlich ein fester Bestandteil der Strategie geworden. Um zu erkennen, warum die Methode bei dem Gesundheits-Unternehmen so wirkungsvoll ist, hilft es, das Produkt zu verstehen. Spermidin ist eine Substanz, die Zellerneuerung unterstützt. Ein Prozess, der ansonsten nur aktiv durch intensiven Sport oder Fasten gestartet werden kann. Fakt ist, dass in jeder Sekunde unzählige Zellen altern und sterben und sich mit der Zeit in ihnen auch unerwünschte Stoffe bilden können, die zu altersassoziierten Krankheiten führen können. Wer nun weder Sport treiben, noch Fasten möchte, kann mit der Einnahme von Spermidin diesem Prozess entgegenwirken. Obwohl sich Spermidin wie ein Wundermittel anhört, ist das Präparat nicht rezeptpflichtig, sondern als Nahrungsergänzungsmittel frei erhältlich, und laufend werden neue Studien veröffentlicht, die die gesundheitlichen von Spermidin wissenschaftlich bestätigen. Entsprechend breit ist die Zielgruppe, die das Unternehmen erreichen möchte. An genau dieser Stelle kommt Marketing Automation ins Spiel.

## MARKETING AUTOMATION: DER MIX MACHT'S AUS

Um die verschiedenen Zielgruppen optimal zu erreichen, setzt das Unternehmen auf einen Marketingmix aus Online-Kanälen, Newslettern, Social Media, Website, Online-Kampagnen mit Zeitungen, Werbung auf Gesundheitsportalen sowie auf Werbung in Printmedien und Hörfunk-Spots. Zudem wendet sich das Unternehmen auch noch an Apotheken, Ärzte und Gesundheitszentren. Diese B2B-Partner werden direkt über Newsletter und den Außendienst angesprochen.
Wie und warum kommt nun Marketing Automation ins Spiel? Für Vedran Bijelac sorgt die Marketing Automation nicht zuletzt dafür, die Professionalität in allen Abläufen stetig weiter zu steigern. Ein Muss für ein Unternehmen, dessen Wachstum nur als rasant beschrieben werden kann. Zudem hilft der Einsatz dabei Fehler zu vermeiden, Ressourcen zu sparen und Umsätze zu steigern. Was für Bijelac am Wichtigsten ist: Neue Zugänge und Messages in der Ansprache von Kunden ausprobieren zu können. So werden etwa mittels A/B-Testings optimale Werbemittel kreiert und die laufende Anreicherung der Datensätze aller Kundinnen und Kunden hilft dabei, die Strategie zu optimieren.

## DAS TOOL DER WAHL

Federführend im Einsatz ist dabei die Softwarelösung von HubSpot. Sie spielt ihre Stärken laut Vedran Bijelac vor allem im Sales-Bereich aus. Doch sie beinhaltet auch alle klassischen Marketing-Funktionen. Social-Media-Beiträge können im vorhinein geplant werden, Willkommens-Newsletter automatisiert ausgesandt, Reminder gesetzt werden und vieles mehr. Als besonders spannend hebt der Marketing-Experte allerdings die Einsatzmöglichkeiten für den Außendienst hervor – was zunächst ein wenig überraschen mag. Doch HubSpot ist auch ein mächtiges CRM-Tool. Ein Beispiel: Wenn ein Außendienstmitarbeiter eine Bestellung bekommt, kann er in einem Formular alle Details dazu eintragen. Diese gehen automatisch an die Logistik, der Versand wird veranlasst, die Rechnung wird erstellt und auch ein Reminder für einen nächsten Termin kann gesetzt werden. Auf diese Weise hilft das Marketing Automation Tool dem Außendienst im B2B-Bereich dabei, seine Effizienz zu steigern und die Beziehung gleichzeitig persönlicher zu gestalten – da auch Informationen zu den jeweiligen Ansprechpartnern hinterlegt werden können. Für Vedran Bijelac umfasst HubSpot also die Vorteile eines CRM-Tools verbunden mit den Benefits der Marketing Automation.

Der Effekt für sein Unternehmen: Sind die Abläufe erst einmal hinterlegt und definiert, laufen sie automatisiert ab, was die Außendienstmitarbeiter entlastet und ihnen die Möglichkeit bietet, sich intensiver auf ihre Kernaufgaben konzentrieren zu können.

## AUSREICHENDE ZEIT FÜR SETUP EINPLANEN

An diesen Punkt zu gelangen, ist die Herausforderung. Denn zunächst muss man verstehen, was das System kann und dann gilt es, die Prozesse so anzupassen, dass sie wirklich optimal laufen. Deswegen rät er dazu, am Anfang mehr Ressourcen einzuplanen. Auch externen Support zu holen, der das System kennt und die Prozesse challengen kann, ist aus Sicht von Bijelac ratsam.

Verantwortlich für das Thema Marketing Automation ist bei Longevity Labs+/spermidineLIFE® ein eigener Mitarbeiter, der die Schnittstelle zwischen IT, Marketing und E-Commerce bildet. Seine Aufgaben: Er ist dafür zuständig, dass Infrastruktur und Technik funktionieren und er stimmt etwa mit der Abteilung E-Commerce ab, wann neue Kampagnen starten. Er testet neue Landingpages, erarbeitet mit dem Marketing neue Kampagnen und stimmt auch Aktionen für B2B-Kunden ab. Auf diese Weise laufen alle Informationen an einem Ort zusammen, wo sie dann analysiert werden können.

## ZEIT BRINGT NEUE ERKENNTNISSE

So hat sich bei Longevity Labs+/spermidineLIFE® gezeigt, wie unterschiedlich die Reaktionen der Kunden auf verschiedene Inhalte ausfallen können. Aus dem Wissen, welcher Kunde sich für welche Inhalte interessiert, werden nun die Marketing-Infos passgenau und individuell abgestimmt – was wiederum den Response erheblich steigert.

## CONCLUSIO: WARUM MARKETING AUTOMATION VOM BUZZWORD ZUM MUST-HAVE WERDEN SOLLTE

Wenn es eine zentrale Message gibt, die Unternehmen verinnerlichen sollten, dann diese: Marketing Automation ist zum Herzstück des digitalen Marketings geworden. Denn egal, über welchen Kanal Unternehmen ihre Kunden erreichen möchten, um erfolgreich zu sein und keine Potenziale liegen zu lassen, sollten alle Informationen an einer Stelle zusammenlaufen. An genau dieser Stelle verschwimmt auch die Funktionsweise der Software mit jener einer klassischen CRM-Lösung – womit sich auch erklärt, warum Marketing Automation sowohl für den B2B-Bereich, als auch für die Kommunikation mit Endkunden ein Muss darstellt.

# KEY TAKEAWAYS
## dieses Kapitels auf einen Blick:

1. Marketing Automation ist eine softwaregestützte Methode, um Marketingprozesse zu automatisieren.
2. Marketing Automation analysiert das Nutzerverhalten und hilft dabei, Kundengruppen besser zu verstehen.
3. Marketing Automation arbeitet mit festgelegten Abläufen, die auf gewisse Trigger folgen.
4. Marketing Automation kann auf unterschiedliche Stakeholder, wie Mitarbeiter, Kunden und Partnerfirmen abzielen.
5. Marketing Automation sollte von Marketing, Sales und Kommunikation kooperativ angewandt werden.
6. Marketing Automation erfordert vor allem bei der Konzeption und dem Setup einen höheren Aufwand.
7. Marketing Automation spart dafür im laufenden Betrieb viel Zeit und erhöht die Effizienz von Maßnahmen.
8. Marketing Automation sollte als langfristiger Ansatz verstanden werden und nicht als kurzfristiges Verkaufstool.
9. Marketing Automation orientiert sich im Idealfall bedingungslos am Kunden.
10. Marketing Automation funktioniert nur dann, wenn auch wirklich relevante Inhalte ausgespielt werden.

E-MAIL-MARKETING

# Der ältesté digitale Kommunikations-kanal bleibt einer der wichtigsten

*Der E-Mail oder dem Newsletter wurde in der Vergangenheit schon oft der Tod prophezeit, doch die Nutzung beider steigt jedes Jahr konstant. In diesem Kapitel erfahren Sie alles Wissenswerte über die mannigfaltigen Möglichkeiten des E-Mail-Marketings.*

DOMINIK PAULNSTEINER

E-Mail-Marketing ist der älteste digitale Kommunikationskanal und gleichzeitig einer der wichtigsten Online-Marketing-Instrumente. Der E-Mail oder dem Newsletter wurde in der Vergangenheit der Tod prophezeit, doch die Nutzung beider steigt jedes Jahr konstant.

**Im Jahr 2018 wurden weltweit über 280 Milliarden E-Mails pro Tag versandt und laut Prognose soll dies bis 2022 auf 330 Milliarden steigen.**

Die meisten Unternehmen sammeln E-Mail-Adressen in ihrem Unternehmen über ihre CRM-Datenbank. Damit kann ein allgemeiner Überblick der Unternehmenskontakte behalten, Analysen zur Kundenwirtschaftlichkeit oder gezielte Vertriebs- und Marketingaktionen durchgeführt werden.

In Bezug auf Marketingaktionen nutzen viele Unternehmen einen einfachen monatlichen Newsletter an alle ihre Kundenkontakte, der die aktuellen Themen des Unternehmens umfasst.

E-Mail-Marketing verspricht jedoch deutlich mehr Potential und kann zu einem hervorragenden Marketinginstrument entwickelt werden.

Bei der Weiterentwicklung von simplen monatlichen Newslettern in Richtung einer One-to-One-Kommunikation gibt es jedoch viele Herausforderungen, um eine effiziente Kommunikation mit den Interessenten und Stakeholdern eines Unternehmens zu führen.

Ab einer gewissen Unternehmensgröße und dem damit verbundenen Datenbestand sind viele Aktionen nicht mehr für alle Rezipienten relevant. Dadurch verringern sich die Öffnungs- und Klickraten sowie mögliche neue Kundenanfragen auf Basis der Marketing-Aktion via Newsletter.

## DAS EVA-PRINZIP IM E-MAIL-MARKETING

Durch das EVA-Prinzip (Eingabe – Verarbeitung – Ausgabe) soll diesem Problem Abhilfe geschaffen werden. Es handelt sich hier um eine einfache Denkweise mit dem Ziel, den Rezipienten des Newsletters möglichst nur noch relevante Informationen zu schicken, und somit vermeidbare Kosten für den Versand und Abmeldungen vom Newsletter zu reduzieren, sowie die Conversion Rate zu steigern.

**E**ingabe

**V**erarbeitung

**A**usgabe

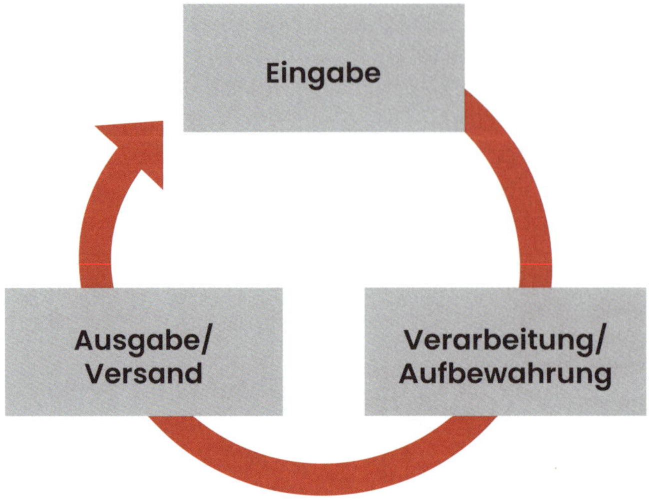


**Abbildung 32:** Das EVA-Prinzip | Quelle: Wikipedia

## Eingabe

Im Bereich der Eingabe definieren wir, wie und warum sich der Adressat in unserem Newsletter-Tool befindet. Wofür hat sich die Person angemeldet und was würde sich diese Person an weiteren Inhalten von uns wünschen. Mögliche Eingabequellen hierfür wären beispielsweise ein Kontaktformular (inklusive Häkchen zum Newsletter) oder eine klassische Newsletter-Anmeldung (ein Opt-In) zu weiteren Informationen nach einem Kauf.

Allein auf Basis der Eingabequelle können wir erste Segmentierungen durchführen. Einer Person, die ein bestimmtes Produkt gekauft hat, können wir Informationen rund um die gekaufte Produktkategorie, ähnliche Produkte oder einen Rabatt für den nächsten Einkauf passend zusenden. Durch eine erhöhte Relevanz der Inhalte wird die Information für den User eher als hilfreich empfunden und nicht wie viele andere Werbe-Newsletter als nervig und störend.

**Wichtig: Die Grundvoraussetzung ist ein Double-Opt-In bzw. eine rechtliche Basis, auf der wir die Daten unserer User verarbeiten und Newsletter zusenden. Ein einwandfreier Double-Opt-In Prozess ist unerlässlich. Dieser sieht wie folgt aus:**

**Formular**
Der User gibt seine Daten in einem Formular an und bestätigt aktiv (das heißt die Häkchen dürfen nicht vorgesetzt sein) die Datenschutzbestimmungen. Darin müssen alle Informationen zur Verarbeitung der personenbezogenen Daten angegeben sein.

**Single-Opt-In**
Der User bestätigt durch Absenden des Formulars die Bedingungen und wird darauf hingewiesen, sein Postfach zu öffnen und darin den Bestätigungslink zu aktivieren.

**Double-Opt-In**
Der User öffnet sein Postfach und klickt auf den Bestätigungslink. Dieses Verfahren dient dazu, sicherzustellen, jene Person, die die AGB und die Datenschutzbestimmungen bestätigt hat, auch eindeutig als Besitzer des E-Mail-Postfaches zu verifizieren. Generell sollte niemals auf das Double-Opt-In Verfahren verzichtet werden, da die Beweislast in Bezug auf die rechtliche Grundlage im E-Mail-Marketing immer beim Versender liegt.

## Verarbeitung

User können auf Basis des aufgesetzten Software- und Datenbankmodells zielgruppenspezifisch eingeordnet werden. Wichtig dabei ist es, die Datenbasis stets sauber zu halten und unvollständige Datensätze zu ergänzen.

Basierend auf dem Verhalten (Reaktionen auf versendete Newsletter) bestimmter User können wir weitere Segmentierungen vornehmen. Viele professionelle Newsletter-Anbieter ermöglichen es, auf Reaktionsbasis eigene Segmente zu erstellen. Beispielsweise öffnet etwa ein User tendenziell Informationen zu bestimmten Produktkategorien deutlich öfter als andere. Dahingehend können personalisierte Newsletter und Angebote für diesen User verfasst werden.

Des Weiteren sollten zu jeder Zeit Personalisierungsmöglichkeiten genutzt werden. Dazu zählen neben der persönlichen Ansprache auch bestimmte Ereignisse wie etwa der Geburtstag, die angegebene Postleitzahl oder der letzte registrierte Kontaktpunkt zum Unternehmen (beispielsweise der letzte Einkauf).

## Ausgabe

Anschließend wird der Newsletter basierend auf den nun vorhandenen Informationen aus der Eingabe und Verarbeitung der Daten verschickt. Dabei können verschiedenste Versandsequenzen oder Triggermailings zum Einsatz kommen.

Der Prozess **Eingabe – Verarbeitung – Ausgabe** ist ein nie endender. Denn sobald wir Informationen erhalten, verarbeiten und in einem Newsletter wieder ausgegeben haben, erhalten wir durch die Userinteraktion erneut Informationen, die wieder in die Eingabe fließen. Daraus erfolgt wieder eine Verarbeitung und im nächsten Schritt ein Newsletter-Versand. Selbstverständlich resultiert nicht aus allen Informationen, die wir erhalten, der Versand eines neuen Newsletters, jedoch wird damit unser Informationsstand und die Qualität unseres E-Mail-Marketings stetig erweitert.

## COLD – WARM – HOT TRAFFIC

Da wir nun die einzelnen Bereiche der strategischen Planung (von der Eingabe über die Verarbeitung bis zur Ausgabe von Newslettern) betrachtet haben, gilt es die Ausgabe, also den Versand von Newslettern, anhand der vorherigen Schritte auf Kurs zu bringen.

Dabei unterscheiden wir, inwieweit ein User bereits mit unserer Marke oder unseren Produkten interagiert hat. Personen, die wenig interagiert haben, klassifizieren wir als „Cold", Personen, die bereits Interaktion gezeigt haben, als „Warm" und Personen, die bereits sehr deutliche Signale gezeigt haben (regelmäßiges Interagieren mit unseren Inhalten, Kauf von Produkten, etc.), werden als „Hot" klassifiziert.

Ziel ist es, die User von „Cold" in Richtung „Hot" zu bewegen. Je aufgewärmter ein User ist, desto eher können wir kostenintensivere Produkte und Dienstleistungen anbieten, ohne den User zu verschrecken.

**Zum besseren Verständnis ein paar Beispiele:**

| Cold | Warm | Hot |
|---|---|---|
| Der User kommt erst in unsere Datenbank und wir schicken sofort eine Willkommens-Mail mit einer Übersicht der von uns gebotenen Inhalte. Ziel ist es, dass die Person sofort weitere Inhalte unseres Unternehmens konsumiert und dadurch vertrauter mit unseren Inhalten und Angeboten wird. | Personen haben bestimmte Produkte in einen Warenkorb gelegt, aber nicht gekauft. Daraus resultiert eine Warenkorbabbrecher Automatisierung mit „Hey, du hast was vergessen – schließe deinen Einkauf jetzt ab." | Wir wissen, dass der User bereits einen Customer Lifetime Value von über 100 Euro überschritten hat. Daraus resultierend bekommt die Person ein Angebot zu einem Jahresabo, das einen zusätzlichen Mehrwert für den User verspricht. Bei dessen Abschluss wird die Person für uns zu einem langfristigen loyalen Kunden. |

## SCHRITTE DER PERSONALISIERUNG UND DER AUTOMATISIERUNG

Im E-Mail-Marketing haben wir eine Vielzahl an Möglichkeiten der Personalisierung. Dabei bedienen wir uns jener Informationen, die wir in der Datenbank gespeichert haben und die im Rahmen der Verarbeitung entstehen.

**Beispiele für Personalisierung:**

- Persönliche Anrede
- Versandzeitpunkte
- Wann öffnen unsere User am häufigsten ein E-Mail?
- Geographie
- Informationen nur für bestimmte Regionen
- Letzter Touchpoint
- Personen, die auf unsere letzte Aktion reagiert und nicht reagiert haben
- Bilderkommunikation
- Personen aus unterschiedlichen Segmenten erhalten unterschiedliche Headerbilder

Gleichzeitig entstehen im Laufe unserer Aktivitäten viele Muster, die immer gleich behandelt werden können. Dabei hilft es uns enorm, diese Muster zu automatisieren. Durch den sukzessiven Aufbau von mehreren Automatisierungen wird unsere E-Mail-Kommunikation immer effizienter bei gleichzeitig weniger manuellem Arbeitsaufwand. Nicht außer Acht lassen dürfen wir dabei stets die Sinnhaftigkeit für jeden einzelnen User.

**Beispiele erster Automatisierungen:**

- **Willkommens-Mail/-sequenz**
  Personen, die sich zum Newsletter angemeldet haben, erhalten die ersten ein bis drei Mailings automatisiert und können auf Basis ihrer Reaktionen in weitere Kategorien eingeordnet werden.

- **Warenkorbabbrecher-Mail**
  Jede Person, die etwas in den Warenkorb legt, aber den Kauf nicht abschließt, erhält kurze Zeit später eine E-Mail mit dem Warenkorbinhalt und der Aufforderung, den Kauf abzuschließen.

- **Transaktions-Mailings**
  Rechnungen, Lieferankündigungen und ähnliches werden automatisch und nicht mehr manuell verschickt.

- **Angebote auf Basis des Customer Lifetime Values**
  Wenn eine Person einen bestimmten Kundenwert erreicht hat, wird als kleines Dankeschön ein 20-Prozent-Gutschein auf den nächsten Einkauf verschickt.

Bei der Automatisierung und Personalisierung sind der Kreativität kaum Grenzen gesetzt. Grundlage ist die darauf basierende Datenbank. Ziel ist jedoch immer, eine solide Kommunikation gegenüber seinen Kontakten zu führen.

# TECHNIK & TOOLS

Professionelles E-Mail-Marketing erfordert unterschiedliche Tools, die den Prozess entweder überhaupt erst ermöglichen oder nochmal deutlich verbessern. Als Basis dient eine Versandsoftware, die unseren Bedürfnissen gerecht wird und gleichzeitig ein solides Preisleistungsverhältnis hat. Diese Kaufentscheidung ist von hoher Bedeutung, denn die zugrundeliegende Versandsoftware hat einen massiven Einfluss auf die Qualität und Möglichkeiten.

Grundlegende Features, die auf jeden Fall empfehlenswert sind, sind die Adress- und Zielgruppenverwaltung, Import- und Export-Funktionen, Integration in CMS-Systeme, Möglichkeiten der Personalisierung und Automatisierung, Werbemittelverwaltung, sowie Versand und Reportings.

Jeder Softwareanbieter versucht natürlich, sein Produkt als das Beste am Markt darzustellen, jedoch haben die meisten Softwarelösungen Vor- und Nachteile. Je nach Bedarf des Unternehmens unterscheiden sich dessen Anforderungen. In den meisten Fällen ist es empfehlenswert, mehrere Anbieter zu testen und sich zusätzlich Meinungen von Personen einzuholen, die bereits mit dem jeweiligen Tool arbeiten.

Wenn einmal die Entscheidung getroffen und eine Struktur aufgebaut wird, ist der Wechsel zu einem anderen Anbieter oft mit hohen Transaktionskosten verbunden. Deswegen sollte diese Entscheidung nicht leichtfertig getroffen werden.
Wenn wir unseren Bedarf an Funktionalität geprüft haben, ist der Preis das nächste entscheidende Auswahlkriterium. Viele Anbieter werben mit Gratisnutzung bis zu einer gewissen Kontaktanzahl oder Anzahl an Versendungen. Darüber hinaus sind diese scheinbar „kostengünstigen" Anbieter jedoch schnell teuer und manchmal umständlich in der Handhabung.

### Die Zusammensetzung des Pricings besteht in den meisten Fällen aus den folgenden Punkten:

- **Monatliche Gebühren**
  Monatliche Lizenzkosten, die unabhängig von der Bedienung der Software anfallen.

- **Versandmenge**
  Wie viele Newsletter möchten Sie monatlich versenden? In dieser Dimension gibt es bereits bei allen paar Tausend Versendungen schnell signifikante Unterschiede. Das ist beachtlich, wenn man bedenkt, dass der tatsächliche Versand für den Anbieter kaum Kosten verursacht und über Serverleistung entsteht. Wenn Sie an vielen Versendungen interessiert sind (etwa ab 6-stelligen monatlichen Versandvolumina), sollte man auf jeden Fall mit dem Unternehmen verhandeln und nicht einfach die Preisliste akzeptieren.

- **Module**
  Je nach Funktionalität können verschiedene Module monatliche Pauschalen verursachen. Hier gilt es, wie bereits bei der Versandmenge, genau zu recherchieren, was man benötigt und ob bei einem anderen Anbieter diese Funktionalität nicht bereits im Basispaket inbegriffen ist.

- **Sonstige Kosten**
  Manche E-Mail-Versandsoftware-Anbieter sind sehr kreativ in der Preisgestaltung und es können Kosten für alle möglichen Dienstleistungen anfallen.

Wichtig: Erstellen Sie sich eine Kalkulation mit den Anbietern, die Sie ins Auge fassen und summieren Sie in mehreren Szenarien (zum Beispiel je nach Bedarf an Versandmenge) alle anfallenden Kosten. Dabei können oftmals sehr hohe Unterschiede erkannt und damit Opportunitätskosten eingespart werden.
Eine konkrete Anbieter Empfehlung soll hier nicht abgeben werden, da es eine Vielzahl an guten Anbietern am Markt gibt. Erstellen Sie sich Checklisten nach Ihren Bedürfnissen und Ihrem Budget und sparen Sie nicht an der Zeit zur Recherche. Sie werden sich den zeitlichen Initialaufwand im Nachhinein danken.

## QUALITÄTSCHECK VOR DEM VERSAND

Vor dem eigentlichen Versand ist es ratsam, neu entwickelte E-Mail Templates zu testen. Die Schwierigkeit im E-Mail-Marketing ist, dass wir nur ein Newsletter Template für alle Clients (Outlook, gmail, gmx usw.) und Endgeräte zur Verfügung haben. Dabei entsteht eine sehr große Anzahl an Möglichkeiten, in welcher Form Ihr Newsletter tatsächlich dargestellt wird. So etwas, wie eine mobile Version, die beispielsweise bei Display Bannern möglich ist, gibt es im E-Mail-Bereich nicht. Allein der User selbst entscheidet, über welchen Client, welche Version davon und über welches Endgerät der Newsletter geöffnet werden soll.

Aus diesem Grund ist es sinnvoll, einen Versand zu simulieren oder testweise auf eigenen Adressen durchzuführen. Dabei erkennt man möglicherweise, welche Clients Probleme machen und auf welchen der Newsletter einwandfrei dargestellt wird.

Zusätzlich sollten diverse Spam-Mechanismen geprüft werden. Dafür gibt es zahlreiche Softwarelösungen. Eventuell ist auch ein Spamcheck bereits in Ihrer Versandsoftware eingebaut. Hier werden Informationen bereitgestellt, welche Clients die E-Mail mit welchen Spamkriterien einstufen, welche technischen Elemente beim Versand nicht vorhanden sind (DKIM, SPF-Eintrag, etc.) und vieles mehr. Daraus entsteht eine weitere Arbeitsliste, um einen qualitativen Versand zu gewährleisten.

Wir nutzen in unserer Agentur die Software von litmus.com oder emailonacid.com für den Qualitätscheck und die Prüfung von Spamkriterien.

# WEITERE RELEVANTE THEMEN IM E-MAIL MARKETING

## Videos in einem Newsletter

Generell ist es nicht möglich, ein Video in einen Newsletter zu integrieren und dieses direkt im Client vom User abspielen zu lassen. Ebenfalls ist es nicht empfehlenswert, ein Video in den Anhang einer E-Mail hinzuzufügen. Grund dafür ist vor allem die sehr große Bandbreite, die beim Versenden und Abspielen des Videos notwendig und somit nicht umsetzbar ist. Es gibt jedoch zwei Möglichkeiten, um den Wunsch nach Bewegtbild-Elementen in einer E-Mail näherzukommen:

**Animierte GIF Grafiken**
Es ist sehr wohl möglich, ein GIF in einen Newsletter zu implementieren. Damit kann dem User zumindest das Gefühl von Bewegtbildern vermittelt werden und man hebt sich von der Vielzahl anderer Newsletter deutlich ab, da nur die wenigsten Marketer auf diese Möglichkeit zurückgreifen.

**Darstellung eines Fake-Video-Players**
Durch die Nutzung einer simplen Grafik mit der Abbildung eines Playbuttons, ähnlich wie man es von YouTube oder anderen Videoplattformen kennt, weiß der User bereits, dass hinter dem Bild ein Video erscheint. Wenn diese Grafik schön implementiert ist, wird der User darauf klicken und direkt auf das Video innerhalb der Unternehmenswebseite weitergeleitet.

## E-Mail in Webanalysen integrieren

Integrieren Sie Ihr E-Mail-Marketing auch in Ihre Webanalyse. Oftmals wird dieser entscheidende Punkt gerne außer Acht gelassen, sodass keine einwandfreie Analyse in der Webseite möglich ist. Im einfachsten Fall können Sie UTM-Paramter bei jedem Link integrieren, so dass Sie in Google Analytics oder anderen Analysetool die Performance der jeweiligen E-Mail-Aktion erkennen können.

Bei der Generierung von neuen Adressdaten analysieren Sie genau das Verhältnis von jenen Personen, die bereits ein Single-Opt-In abgeben haben, jedoch kein Double-Opt-In. Das sind User, die wahrscheinlich nicht klar genug aufgefordert wurden, ihren Posteingang zu öffnen und den Bestätigungslink zu aktivieren.

## Trendthema AMP Mailings

AMP steht für Accelerated Mobile Pages. Dies erlaubt schnell ladende, dynamische Inhalte in E-Mails. Seit März 2019 sind diese in Gmail bereits aktiv und Yahoo!, Outlook, mail.ru haben bereits ihren Support angekündigt.
AMP Mailings sind ähnlich kleinen Landingpages, die innerhalb einer E-Mail geöffnet und somit schnell eine hohe Interaktion des Users produzieren können.
Das Web-Framework ermöglicht dabei die Umsetzung von Bild-Karussells oder Formularen, die sich direkt im Posteingang ausfüllen lassen.
Damit entwickelt sich ein weiteres Format in der E-Mail. Im ersten Schritt war es nur Text, dann HTML und jetzt beginnt sich AMP zu etablieren.

## E-Mail-Marketing in Zusammenarbeit mit externen Datenbanken und Adressvermarktern

E-Mail-Marketing-Kampagnen kann man, ähnlich wie Banner-Kampagnen, auch bei externen Vermarktern oder Adressverlagen durchführen. Hierfür gibt es ein breitgefächertes Angebot an Durchführungsmöglichkeiten und Zielgruppenselektionen.

Woher kommen die Daten? Adressverlage sind darauf spezialisiert, auf legale Art und Weise Daten zu generieren, um Newsletter-Kampagnen durchzuführen. Als Grundlage dient erneut der Double-Opt-In-Prozess, bei dem sich User registrieren News, Angebote und weitere Informationen von bestimmten Produkt- bzw. Geschäftsbereichen zu erhalten.

## Targetingmöglichkeiten

In den meisten Fällen verfügt ein Adressverlag über recht umfassende Datensätze von Usern und somit über ein meist komplettes Profil für soziodemographisches Targeting. Diese können dann bei Kampagnen beispielsweise nach Geschlecht, Alter und/oder Wohnort segmentiert werden.

## Behavioural Targeting

Neben der Generierung der soziodemographischen Daten, werden auch Informationen auf Basis der bisherigen Öffnungen und Klicks von vergangenen Newslettern gesammelt. Wenn eine Person beispielsweise in letzter Zeit auf Kampagnen zu Neuwagen geklickt hat, ist die Wahrscheinlichkeit nicht gering, dass diese Person gerade auf der Suche nach einem neuen Auto und somit gerade eine heiße Zielgruppe für einen Automobilhersteller ist. Diese Form der Zielgruppenaussteuerung kann über sehr viele Geschäftsbereiche bereitgestellt werden.

## Auf Basis von PLZ-Adressen

Eine weitere Möglichkeit der Zielgruppenansprache ist geographische Selektion über Postleitzahlen. Diese sind bis auf die 4. Stelle der PLZ möglich, jedoch sollte man auch stets aufpassen, dass die Zielgruppe nur so weit eingeschränkt wird, wie auch tatsächlich notwendig.

## B2B-Adressen

Des Weiteren sind eine Vielzahl an B2B-Adressen für erfolgreiche Newsletter-Kampagnen möglich. Diese sind bei den meisten Anbietern selektierbar nach den Kriterien Firmengröße, Funktion des angeschriebenen Ansprechpartners und der Branche des Unternehmens. Dabei ist zu beachten, dass die preisliche Komponente bei B2B-Adressen eine deutlich höhere ist, als bei B2C-Adressen.

## Werbemittelproduktion

Wie bereits in einem vorigen Abschnitt erläutert wurde, ist die Werbemittelproduktion eines Standalone-Newsletter das A und O einer erfolgreichen Kampagne. Nutzen Sie hierzu die Stärken von darauf spezialisierten Technikern, die alle Tipps und Tricks dazu beherrschen. Wichtig dabei ist eine ausführliche Anlieferung aller relevanter Kriterien.

Ein kleiner Kniff, den es bei jeder Produktion zu beachten gilt, ist die Größe des Werbemittels. Ein gutes Werbemittel ist vor allem leicht und wiegt nicht mehr als 100 kb inklusive der Bilder.

# CONCLUSIO

Zusammenfassend ist die E-Mail ein mächtiges Marketinginstrument und kann einen signifikanten Teil des Marketingerfolges ausmachen. Bei erfolgreichem E-Mail-Marketing gibt es auch einige Herausforderungen. Ziel jeder E-Mail-Kampagne ist es, den User persönlich anzusprechen und in eine One-to-One-Kommunikation einzutreten. Je relevanter die Botschaft für den User im entsprechenden Zeitpunkt ist, desto höher stehen die Chancen unser Publikum an unser Unternehmen zu binden und für unsere Produkte und Dienstleistungen zu begeistern.

# KEY TAKEAWAYS
## dieses Kapitels auf einen Blick:

1. Die E-Mail ist einer der ältesten digitalen Kommunikationskanäle. Die Anzahl der täglich versendeten E-Mails steigt jährlich um einige Milliarden.

2. Mit dem EVA-Prinzip (Eingabe – Verarbeitung – Ausgabe) gelingt es, so relevant und personalisiert wie möglich mit seinen Rezipienten zu kommunizieren.

3. Durch die klare Unterscheidung und angepasste Kommunikation zwischen Cold, Warm und Hot Traffic schaffen wir es, User Schritt für Schritt weiter in die Unternehmenswelt einzuführen und zu loyalen Kunden auszubauen.

4. Der Newsletter bietet eine Vielzahl an Personalisierungs- und Automatisierungsmöglichkeiten. Dadurch kann man bei gleichbleibender Relevanz für den User den laufenden Arbeitsaufwand reduzieren.

5. Bei der Wahl der Versand-Software sind die Funktionen Zielgruppenverwaltung, Versand, Werbemittelbearbeitung und Automatisierungsmöglichkeiten zu prüfen. Die Auswahl möchte wohl überlegt sein, denn ein späterer Wechsel kann zu hohen Transferkosten führen.

6. Das Pricing von Versand-Software setzt sich meist aus Versandmenge/Anzahl an Adressaten, Umfang der Funktionalität und sonstigen Kosten zusammen.

7. Ein technischer Qualitäts-Check vor dem Versand ist unabdingbar für professionelles E-Mail-Marketing. Nutzen Sie dafür die verfügbaren Tools.

8. Mit E-Mail-Marketing über externe Datenbanken und Adressvermarkter ist es möglich, bei effizienten Pricings hohe Reichweiten zu erzielen. Die Targeting-Möglichkeiten sind umfassend und inkludieren neben Soziodemographie auch Interessenscluster oder B2B-Faktoren.

9. Die Werbemittelproduktion ist bei hohen Versandvolumina einer der entscheidendsten Faktoren des Kampagnenerfolgs.

MEDIA EFFICIENCY

# Warum Sie Media Efficiency und das Cookie-Sterben als Marketer interessieren sollte

*Gerade im Digital Marketing ist es möglich, die Zielgruppe sehr genau einzuschränken, Budgets rasch anzupassen und flexibel zu halten, sowie Nachrichten an UserInnen und User individuell anzupassen. Dieses Kapitel liefert einen Überblick über den Ablauf innerhalb der Systeme, eine Erklärung, warum Personas im Digital Marketing nicht sinnvoll sind, bis hin zur Budget-Aussteuerung und den wichtigsten KPI-Sets.*

SIEGFRIED STEPKE

Wenn man Werbung auf Webseiten oder Nachrichtenportalen schalten will, muss man sich zuerst einen Überblick über die Tool-Landschaft verschaffen. Es gibt für jeden Bereich, von der Auslieferung von Rich Media und dem Zur-Verfügung-stellen von Werbemitteln bis hin zur Webseitenanalyse, eine Vielzahl an Anbietern. Einer der größten Anbieter ist hierbei der Suchmaschinenriese Google, welcher eine sogenannte Fullstack-Lösung anbietet. Dieses System vereint die Vielzahl an unterschiedlichen Lösungen und lässt sie miteinander kommunizieren, um den größten Nutzen aus den Tools zu erhalten. Man kann jedoch auch sein eigenes Onlinemarketing-Setup zusammenstellen. Wichtig dabei ist zu beachten, dass jedes Tool einen gewissen Bereich in der Systemlandschaft ausfüllen muss.

### Die Abfolge der notwendigen Schritte zur erfolgreichen Umsetzung einer Online Kampagne ist dabei immer dieselbe:

1. **Sammeln von Daten**
   mittels Analytics, Consent Management, diversen Pixel oder einer Customer Data Platform (CPD).

2. **Auswerten von Daten**
   mittels Analytics, Reportings, Insights und Consent Mangement.

3. **Audiences (Zielgruppen) erstellen**
   anhand von Analytics, diversen Pixel, einer Data Management Platform, Insights und Consent Management.

4. **Anreichern der Audiences mit zusätzlichen Informationen**
   aus CRM, POS Datensätzen oder einer Customer Data Platform.

5. **Execute - die Umsetzung der Kampagne**
   gesteuert über eine Demand Side Platform (RTB), Personalisierung auf der Website, E-Mail Tool oder Social Media etc.

Hierbei ist zu beachten, dass CRM-Daten sensible Daten sind, die als personenspezifisch betrachtet werden. Das bedeutet, man muss für den expliziten Use Case des Online Marketings über ein Consent Management Tool die Zustimmung zur Nutzung einholen. Bei Daten aus dem Digital Marketing handelt es sich um pseudonyme UserInnen bzw. pseudonyme Audiences und Segmente. Das bedeutet, dass kein direkter Bezug zur einzelnen Person herstellbar ist. Will man diese beiden Datensätze zusammenbringen und sogenannte 360-Grad-Kundenprofile erstellen, empfiehlt es sich, eine Customer Data Plattform aufzubauen. Diese ermöglicht das Vergleichen und Zuordnen von Informationen aus unterschiedlichen Datenquellen (etwa CRM und Website-Besucherinnnen und -Besucher) und somit, ein Kundenprofil zu erstellen. Diesen Schritt empfiehlt es sich möglichst früh konzeptionell mitzudenken und bei steigender Komplexität umzusetzen.

12.

## CUSTOMER JOURNEY OPTIMIERUNG

CRM-Daten können auch einer der größten Hebel bei der zielgruppengerechten Ansprache der Kundinnen und Kunden sein. So kann durch kluge Marketing Automation auf Kundendaten zugegriffen werden und sogenannte Trigger können bei Ereignissen gesetzt werden. Sobald Userinnen und User eine vorher definierte Interaktion tätigen, wird eine vorbereitete Marketingmaßnahme gestartet. Oftmals hängt dies mit Anrufen bei der Hotline, E-Mails mit dem Kundenservice oder Einkäufen im Onlineshop zusammen. Wenn alle Daten zusammengeführt sind, kann für den Kunden somit die optimale Customer Journey entstehen.

### Ein Beispiel gefällig?

Lisa findet über eine Suchanzeige mit den Suchbegriffen „Lebensversicherung unter 30 Jahren" unsere Website. Auf der Website erhält sie die ersten Informationen und wir können die ersten Informationen zu Lisa in unseren Tools speichern. Durch den Suchbegriff wissen wir, dass sie sich für eine Lebensversicherung interessiert und die demografischen Daten aus dem Google-Profil ermöglichen uns herauszufinden, dass Lisa weiblich, zwischen 18 und 24 Jahren alt ist und sich für Travel sowie Food & Dining interessiert. Diese Informationen kann man bereits für die erste Retargeting-Werbung nutzen.

Um Lisa in der aktuellen Informationsphase mit allen notwendigen Informationen zu versorgen, starten wir eine Retargeting-Kampagne auf unsere Website-Visitors für Lebensversicherungen zwischen 18 und 24 Jahren mit einem Button zur Newsletter-Registrierung. Sobald Lisa sich dann bei dem Newsletter mit ihrer E-Mail-Adresse angemeldet hat, speichern wir diese Informationen in unserem CRM-Tool. Hier haben wir nun einen Lead angelegt und Lisa als Interessentin für die Lebensversicherung abgespeichert.

Um sie rasch erneut auf die Webseite zu bekommen, schicken wir ihr eine E-Mail mit dem Betreff „Lebensversicherung - Wie können wir Ihnen helfen?". Diese E-Mail enthält sowohl den Link zu den FAQs der Website zur Versicherung als auch ein paar Informationen vorab. Klickt Lisa auf den Link, werden die Informationen in den Onlinemarketing-Tools aktualisiert und der Score der Kundin wird erhöht. Dadurch erhöhen wir automatisiert das eingesetzte Werbebudget nur für diese Kundin, da die Abschlusswahrscheinlichkeit sich erhöht hat.

Lisa besucht nun erneut die Webseite und findet einen Button zur Terminvereinbarung mit einem Versicherungsberater. Durch einen einfachen Klick und die Eingabe der Telefonnummer wird ein Termin für nächste Woche vereinbart. Diese Informationen werden sofort im CRM aktualisiert und die Onlinemarketing-Maßnahmen werden entsprechend reduziert. Denn es wurde bereits ein Micro-Ziel – die Terminvereinbarung – erreicht.

Nach dem Telefonat mit dem Versicherungsberater wurde ein Vertrag abgeschlossen. Hurra, das Ziel ist erreicht, und wir haben eine neue Kundin. Da wir nun diese Informationen im CRM eingetragen haben, können wir die Startseite und die kommende E-Mail-Kommunikation auf die Willkommensnachrichten umstellen. Dadurch heißen wir Lisa bei unserer Versicherung willkommen und starten den nächsten automatisierten Abschnitt – Kundenbindung und Cross-Selling.

| **Beispiel Trigger Versicherung** | **Informieren** | **Newsletter-Registrierung** | **Versicherung berechnen** | **Termin vereinbaren** | **Kunde** |
|---|---|---|---|---|---|
| **User** | Interessent | kein Kunde | Class A Lead | <Persona> z.B: Beratungskunde | Kunde high value Versicherung |
| **Analytics** | Seite enthält / Versicherung | Ziel 5: Newsletter-Registrierung | Versicherung Class A Lead | Beratungskunde | Ziel 1: Offline-Transaktion |
| **Google Ads** | Retargeting Versicherung | | Bidding erhöhen | Zurück zu normalem Bidding | Werbung abschalten |
| **Display & Video** | Retargeting Versicherung | | Bidding erhöhen | Werbung abschalten | Upselling |
| **Optimize** | - | - | Versicherung auf Startseite | Live-Chat anbieten und einblenden | Kundenvorteile auf Startseite zeigen |
| **CRM** | - | Newsletter-Anmeldung Typ: Interessent | Aktivierungsmail „Wie können wir Ihnen helfen?“ | Willkommens-E-Mail | Erste Rech-nungs-E-Mail/ Welcome Journey |

**Abbildung 33:** Beispiel für Customer Journey | Quelle: e-dialog

Dieser Ablauf zeigt die Vielzahl an möglichen Schritten schon in einer kurzen Customer Journey. Dabei werden sowohl CRM, Onlinemarketing-Tools, Vertriebsmitarbeiterinnen und -mitarbeiter als auch Analysetools genutzt, um die ideale Kommunikation mit potenziellen Kundinnen und Kunden zu ermöglichen. Das Beste an diesem Ablauf ist, dass dieser Prozess komplett automatisiert werden kann. So erhalten Vertriebsmitarbeiterinnen und -mitarbeiter bereits vor dem ersten Gespräch mit potenziellen Kundinnen und Kunden sehr viele Informationen und können die nächsten Schritte damit positiv beeinflussen. Würden Userinnen und User keinen Termin beim Vertrieb vereinbaren, könnte man die gesamte Journey über den Onlineshop weiter abdecken und somit neue Vertriebswege erschließen.

Es zeigt sich also, dass Onlinemarketing nicht zwingend nur auf die Online-Verkaufsziele einzahlen muss – mit einem klugen Automatisierungskonzept können alle Vertriebsziele im Unternehmen erreicht bzw. gehoben werden.

## PERSONAS REICHEN NICHT MEHR AUS?

Wie im Beispiel weiter oben sehr schnell deutlich geworden ist, kann man im Onlinemarketing auf eine Vielzahl von Informationen zugreifen, die eine sehr personalisierte und genaue Ansprache ermöglichen. Dies erlaubt uns, genau die Personen zu erreichen, die für ein Unternehmen relevant sind und eben auch, alle nicht relevanten Personen auszuschließen. Um das gewährleisten zu können, kann man daher nicht mehr von Zielgruppendefinitionen ausgehen, die am Reißbrett entstehen, sondern man kann sich auf die zur Verfügung stehenden Daten verlassen. Das folgende Beispiel soll dies etwas genauer veranschaulichen.

### Eine klassische Zielgruppendefinition könnte wie folgt aussehen:

- Zielgruppe „Junge erfolgreiche Musiker"
- Österreicher
- männlich
- ca. 30 Jahre alt
- lebt in der Großstadt
- überdurchschnittliches Einkommen

Das Ergebnis, das daraus resultieren könnte, wären die folgenden beiden Personen, die komplett gleich angesprochen werden würden, obwohl sie grundsätzlich verschieden sind, denn eine solche Zielgruppe kann sehr unterschiedliche Menschen umfassen: Conchita Wurst, Sänger & Travestiekünstler und Andreas Gabalier, selbsternannter Volks Rock ‚n' Roller.

Durch die Nutzung der verfügbaren Daten kann man User-Segmente anhand von Attributen erstellen. Diese enthalten eine Vielzahl von Informationen und basierend auf diesen, kann man sowohl die richtige Botschaft als auch die Auswahl der Ausspielung treffen. Somit kann man Userinnen und Usern auch unterschiedliche Werbemittel ausspielen, was die Basis für gutes Storytelling darstellt. Diese Unterschiede können sich einerseits in den Bildern oder Texten von Bannern finden, aber auch bis zur kompletten Anpassung einer Webseite reichen.

# „WIR HABEN DOCH BEREITS SO VIELE DATEN!"

Viele Unternehmen haben bereits eine Vielzahl an Daten und nutzen diese für einige Themen sehr spezifisch. Oftmals sieht man hier jedoch eine große Herausforderung vor sich liegen, wenn man übergreifend über die Datensilos einen Use Case ziehen will. Die unterschiedlichen Tools und Plattformen bis hin zu den „Walled Gardens" (geschlossene Plattformen, die strenge Restriktionen zur Datennutzung haben) machen es oftmals schwer, einen einheitlichen Sammelpunkt zu definieren.

Dieser Sammelpunkt soll das Kundenprofil anhand von nur einer ID nutzbar machen und bei Bedarf auf alle verfügbaren Informationen zugreifen können – so das Lehrbuch, jedoch ist die Realität oftmals sehr komplex, was diesen Punkt betrifft. Zuerst muss man die unterschiedlichen Typen von Daten verstehen, um zu wissen wie man diese nutzen darf und kann.

| **1st Party Daten** | **2nd Party Daten** | **3rd Party Daten** |
|---|---|---|
| Daten, die das Unternehmen selbst sammelt (etwa E-Mail, Marketing, Floodlights, etc.) | Daten, die von einem anderen Anbieter bezogen werden (etwa Publisher-Daten) | spezielle Datensätze, die von externen Anbietern gekauft werden |

Für diese drei Typen von Daten sollte ein zentraler Hub genutzt werden. Eine sogenannte Customer Data Platform (CDP) erfüllt genau diesen Zweck. Wenn man die Daten aus unterschiedlichen Quellen verknüpfen will, so ermöglicht die CDP das Konsolidieren dieser Daten. Diese Plattform kann bestehende Daten anreichern, neue Cluster berechnen, Recommendations ausspielen oder auch neue Audiences und Trigger zur Verfügung stellen. Dort sammeln sich die Daten aus CRM, Facebook, Google, Criteo, E-Mail, Apps, usw. Ein weiterer Vorteil ist, dass somit auch über Sessions und Devices hinweg Nutzerprofile zusammengeführt werden können. Das passiert, indem einzelne Parameter verglichen und aufgrund exakter Übereinstimmung zusammengeführt werden. Diese CDP ist aber nicht nur zum Sammeln von Daten sinnvoll, sondern kann die Informationen auch wieder in die vorhandenen Systeme zurückspielen. Dadurch ist es möglich, besser Audiences zu bilden, die Zielgruppe genauer zu targeten und kanalübergreifend Customer Journeys abzubilden. Somit bekommen Kundinnen und Kunden beispielsweise keine Angebots-E-Mail, wenn sie gerade in der Kündigungsabteilung angerufen haben.

## WO GEBE ICH MEIN BUDGET AM SINNVOLLSTEN AUS?

Nachdem die Daten anhand von Audiences sauber zusammengeführt, keine Personas mehr erstellt und die Werbebotschaften dynamisch an die Userinnen und User angepasst wurden, stellt sich die Frage, wo man sein Budget am besten investiert. Bevor wir diese Frage beantworten können, muss sichergestellt werden, dass Kundinnen und Kunden die Werbung auch sehen. Und so gut Onlinemarketing bei Abschlüssen messbar ist, genauso gut ist es damit auch nachvollziehbar, ob Kundinnen oder Kunden eine Werbekampagne überhaupt gesehen haben. Unter dem Namen Adserving versteht man die sichere Auslieferung der Werbung an Userinnen und User. Wenn Userinnen und User eine Webseite besuchen, die eine Werbefläche zum Verkauf zur Verfügung stellt, so wird die jeweilige Anzeige ausgewählt.

Das kann einerseits durch eine fixe Buchung (vergleichbar mit einer Anzeige in einer Zeitung) oder über eine digitale Versteigerung passieren. In beiden Fällen wird der gewünschte Werbebanner von einem Adserver des Werbetreibenden oder seiner Agentur geladen und an die Webseite zurückgesandt. In diesem Banner ist ein Pixel eingebaut, der Performance-Daten an den Adserver des Werbetreibenden schicken darf.

## DATA OWNERSHIP DURCH EIGENEN ADSTACK SICHERSTELLEN

Der Vorteil, einen eigenen Adserver im Rahmen seines eigenen AdStacks zu haben, ist einfach erklärt: Da alle Informationen, die von einem Banner zurückfließen, in den AdStack einfließen, ist dieser der zentrale Punkt, um Werbung zu messen. Wenn dieser AdStack in meinem Eigentum ist (eigene Lizenz), so gehören auch mir diese Daten und nicht der Agentur, die z.B. den AdServer zur Verfügung stellt. Dies ist für Data Ownership, Compliance und Zukunftssicherheit enorm wichtig. Denn man kann dann die gesamte Customer Journey messen und einen Pool historischer Daten aufbauen, der für zukünftige Kampagnen genutzt werden kann. Ein weiterer Vorteil ist, dass nicht nur über Bieterverfahren ausgespielte Kampagnen gemessen werden können, sondern auch die Informationen von klassischen Online-Kampagnen, wie beispielsweise Display-Kampagnen. Da alle Informationen für die Reportings im eigenen AdStack zusammenlaufen, kann auch ein zentraler Report erstellt werden. Ist diese Situation nicht gegeben, muss von jedem Publisher ein Report angefordert werden und dieser dann mühsam in einen zentralen Report vereint werden.

## VORTEILE EINES INHOUSE ADSTACKS

| | |
|---|---|
| **Zentralisierte Messung** | Hosting und Ausspielung zahlreicher Formate auf allen Kanälen |
| **Zugriff auf zusätzliche Tools** | Detaillierte Messungen, datengesteuerte Attribution und Reporting Tools |
| **Hosting und Ausspielung der Werbemittel** | Messung und Reporting aller Media-Kanäle auf einer zentralisierten Plattform |
| **Optimierung der Kampagnen** | Optimierung - auch der klassischen Kampagnen |
| **Steuerung der Customer Journey** | Steuerung und Messung der Customer Journey entlang des Sales Funnels |
| **Datenhoheit** | Die Daten gehören dem Unternehmen selbst, nicht einer Agentur |

**Abbildung 34:** Vorteile eines Adservers
Quelle: e-dialog

Mit diesen Informationen kann man nun den nächsten Schritt gehen. Die zentrale Aufbereitung von Kennzahlen ermöglicht den Aufbau eines Attributionsmodells und somit die effektivste Aussteuerung des eingesetzten Budgets. Dadurch werden Budgetentscheidungen nicht mehr auf Basis des Bauchgefühls getroffen, sondern die Daten liefern die Ausgangslage und können sogar die Entscheidungen voll automatisiert treffen.

## DOCH WAS IST EIN ATTRIBUTIONSMODELL?

Ein Attributionsmodell berechnet den Anteil, den einzelne Kontakte, Werbemittel, Kampagnen und Kanäle an den gewünschten Erfolgen haben. Dadurch kann jedem Kanal und jedem Medium der Beitrag zum Abschluss korrekt angerechnet werden. Es gibt zur Berechnung unterschiedliche Modelle, die derzeit auch bereits ohne Attributionsmodell bei den meisten Unternehmen angewendet werden. Hier handelt es sich meistens um ein Last-Click-Modell, das den vollen Kampagnenerfolg dem letzten Kanal bzw. Medium zurechnet. Hier wird jedoch immer nur ein Touchpoint in die Bewertung aufgenommen, wodurch ein stark verzerrtes Bild der Kampagnen-Performance je Kanal entsteht. Dasselbe passiert bei einem First-Click-Modell, wobei nur der erste Touchpoint als erfolgreich angesehen wird. Das transparenteste Modell ist das sogenannte Data-Driven-Attributionsmodell.

Hierbei werden via Machine Learning alle Kanäle kontinuierlich evaluiert und anhand der Customer Journey zugewiesen. Somit erhält man eine große Vielfalt an unterschiedlichen Kampagnenpfaden. Das bedeutet, dass Userinnen und User zum Beispiel anfangs eine Suchkampagne und später einen Banner auf einer Nachrichtenseite sehen. Andere Userinnen und User hingegen sehen zuerst den Banner auf der Nachrichtenseite und dann die Suchkampagne und wieder andere sind über Social Media direkt auf die Webseite gekommen. Diese Vielzahl an unterschiedlichen Pfaden wird hochgerechnet und mit der Abschlusswahrscheinlichkeit für das vorher definierte Ziel gegenübergestellt. Dadurch entsteht eine Wahrscheinlichkeitsrechnung für den besten Kampagnenpfad. So kann man dann entscheiden, welche Werbemittel, auf welchem Kanal, mit wie viel Werbedruck und Budget geschalten werden sollten, um die beste Performance zu erreichen. Da die Daten kontinuierlich in das Modell einfließen, werden regelmäßig Neuberechnungen gemacht und somit erhält man immer ein optimiertes Kampagnensetup.

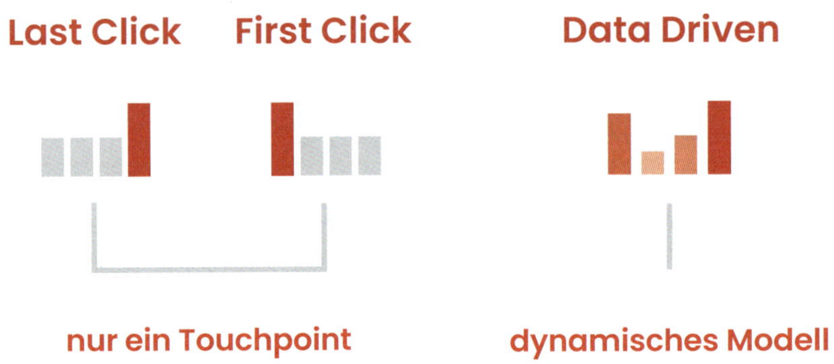


**Abbildung 35:** Unterschiedliche Attributionsmodelle im Vergleich
Quelle: e-dialog

# ICH HABE EIN KLARES ZIEL, ODER?

Für Attributionsmodelle und die Orchestrierung über mehrere Marketingkanäle hinweg braucht man einen guten Überblick und vor allem ein klares Ziel. Die Welt des Onlinemarketings überflutet uns regelrecht mit unterschiedlichen KPIs, die gemessen werden können. Oftmals ist der Unterschied sehr klein, aber die Entscheidung, welchen KPI wir als Ziel nehmen, ist umso wichtiger. Aus diesem Grund werden hier in kurzer Form die wichtigsten Kennzahlen erklärt, damit das richtige Ziel – auch Conversion genannt – ausgesucht werden kann. Wichtig zu wissen ist hierbei, dass es keine falsche Zielsetzung gibt, jedoch müssen die gemessenen Kennzahlen zum Ziel passen. Wir messen in der Offline-Welt auch nicht den Erfolg einer Branding-Kampagne im TV durch das Evaluieren der Leser der Zeitung, in der wir eine Printanzeige geschaltet haben.

# DIE WICHTIGSTEN KENNZAHLEN IM ÜBERBLICK

## Unique Clients > Nutzer

Unique Clients sind einzelne Geräte, die über Browser-Cookies identifiziert werden. Das passiert sowohl am Smartphone als auch am Desktop-Browser. Dadurch speichern Userinnen und User am Handy und am Desktop jeweils Cookies ab und werden daher als mehrere Nutzer gezählt. Pro Client wird auch eine sogenannte Client ID gespeichert, um beim Wiederkehren auf der Webseite nicht erneut als neuer User, sondern als zurückkehrender User gespeichert zu werden. Da die Nutzerinnen und Nutzer – wie oben erklärt – aufgrund von zwei unterschiedlichen Devices mehrfach gezählt werden, gibt es die Möglichkeit, eine User ID einzuführen. Diese kann dann zum Beispiel über ein Login verifiziert werden, wodurch Nutzerinnen und Nutzer sowohl in Apps, auf Websites am Smartphone als auch am Desktop als eine Person erkannt werden – vorausgesetzt, es wird ein ID-Management-Tool eingesetzt und diese Informationen werden an die Marketingtools weitergegeben. Somit werden die einzelnen Userinnen und User einheitlich auf allen Devices angesprochen.

## Seitenaufrufe

Seitenaufrufe werden oftmals für einzelne Seiten genutzt. Hier wird analysiert, wie oft eine Seite im Browser geladen wurde. Das ermöglicht ein rasches Erkennen, ob eine Seite Traffic erhält und welche Kanäle den Traffic erzeugen, sowie das Erkennen von Fehlern, wobei Seiten sehr oft aufgerufen werden. Da jeder Seitenaufruf einzeln gezählt wird, kann diese Kennzahl aber oft trügerische Ergebnisse zeigen. Nutzerinnen und Nutzer können durch mehrfaches Laden der Seite oder durch Vor- und Zurückspringen über die Navigation in kürzester Zeit viele Seitenaufrufe verursachen. Dadurch kann das Ergebnis um ein Vielfaches besser aussehen, als es in Wirklichkeit ist.

## Sitzungen

Eine Alternative zu den Seitenaufrufen können Sessions, auch Sitzungen genannt, darstellen. Sitzungen können eine Vielzahl von Seitenaufrufen von den selben Nutzerinnen und Nutzern enthalten. Es gibt vorher definierte Parameter, die eine Sitzung beenden. Das kann einerseits zeitbasiert sein, etwa nach dem Ablauf von 30 Minuten oder um Mitternacht, oder anhand eines Events wie etwa eines Kampagnenwechsels. Dadurch kann die Performance einer Seite realistischer eigeschätzt werden und man erhält eher den richtigen Blickwinkel für Kampagnen.

## Absprungrate vs. Ausstiegsrate

Ob Nutzerinnen und Nutzer auf der Seite die richtigen Inhalte gefunden haben oder die Seite sofort wieder verlassen haben, lässt sich anhand der Absprungrate und der Ausstiegsrate erkennen. Die Absprungrate gibt an, dass eine Userin oder ein User die Seite besucht hat, jedoch ohne auf eine weitere Unterseite der Webseite zu gehen, die Seite wieder verlassen hat.

**Daraus kann man zwei mögliche Szenarien ableiten:**

- Der User oder die Userin hat die richtigen Inhalte nicht gefunden oder die Inhalte waren nicht passend und er/sie ist deshalb sofort wieder weiter gegangen.
- Der User oder die Userin hat den richtigen Inhalt gefunden oder der Inhalt war passend, jedoch war keine weitere Interaktion notwendig. Das passiert oft bei Öffnungszeiten, Newsletter-Anmeldungen oder etwa auch bei klassischen Wetterseiten.

Die Ausstiegsrate gibt hingegen an, dass Userinnen oder User eine Seite besucht haben, mindestens eine weitere Seite auf der Webseite gesehen haben und die Webseite dann verlassen haben. Dadurch kann man erkennen, ob Userinnen oder User auf der Suche nach Inhalten waren oder etwa den nächsten Schritt zum Onlineshop gemacht haben. Sowohl bei der Absprungrate als auch bei der Ausstiegsrate muss man das Ziel der Seite kennen, um zu wissen, ob das Ergebnis als positiv oder negativ bewertet werden muss.

## Durchschnittliche Sitzungsdauer

Die durchschnittliche Sitzungsdauer gibt an, wie lange eine Sitzung gedauert hat (in Sekunden) dividiert durch die Anzahl der Sitzungen. Dadurch kann herausgefunden werden, ob Userinnen oder User den Inhalt auf einer Seite lesen oder rasch nach weiteren Inhalten suchen. Oftmals erkennt man über die Sitzungsdauer auch, ob die Seite richtig funktioniert und Inhalte richtig angezeigt werden. Auch bei der durchschnittlichen Sitzungsdauer muss man individuell je Seite bewerten, ob das Ergebnis positiv oder negativ ist. So ist eine lange Sitzungsdauer bei inhaltlichen Seiten gut und von Vorteil, jedoch bei Conversion-Pfaden oder Seiten zu den Öffnungszeiten als eher schlecht zu beurteilen.

## Conversions/Zielerreichungen

Conversions sind essenzielle KPIs im Onlinemarketing. Es sind Aktionen, die wichtig für den Unternehmenserfolg sind und können frei gewählt werden, solange sie messbar sind. Hierbei kann man zwischen Macro Conversions und Micro Conversions unterscheiden. Sogenannte Macro Conversions sind die Hauptziele und können als übergeordnet betrachtet werden. Sie werden von Micro Conversions erreicht, die kleinteiliger sind. Ein Beispiel für Macro Conversions sind die Onlineshop-Verkäufe (Transaktionen), die durch Micro Conversions, wie beispielsweise „zu Favoriten hinzufügen" oder „E-Mail Benachrichtigung bei erneuter Verfügbarkeit", erreicht werden. Es ist besonders wichtig, Micro Conversions zu definieren, da diese wichtige Informationen zur Erreichung der Macro Conversions liefern.

In der folgenden Grafik ist eine Vielzahl an unterschiedlichen Conversion-KPIs zu sehen. Es ist zu beachten, dass diese Metriken immer zu den Marketingzielen passen müssen. Außerdem sollten die erarbeiteten Erfolgsmetriken von den Unternehmenszielen und Targeting-Stufen abgeleitet sein. Sogenannte Targeting-Stufen sind im unteren Teil der Grafik als „see, think, do, care" zu erkennen. Diese beschreiben den aktuellen Status von Userinnen und Usern in der Customer Journey, weshalb sich die KPIs inhaltlich unterscheiden müssen.

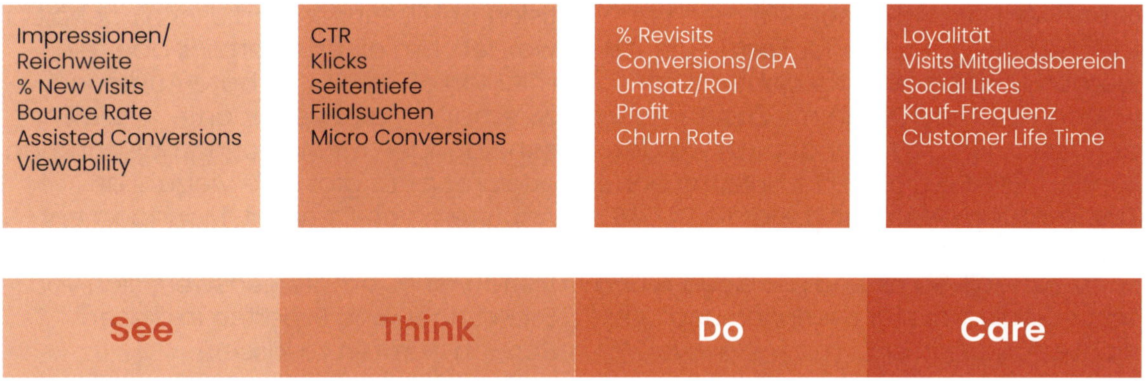


**Abbildung 36:** Beispiele für Conversion Ziele entlang einer Customer Journey | Quelle: e-dialog

## DARF MAN DAS?

Nun konnten wir anhand der oben erklärten Inhalte bereits unsere Ziele für Micro Conversions und Macro Conversions definieren, verstehen die wichtigsten Attributionsmodelle und können daher die Budgets ideal aussteuern und sind uns sicher, dass über unseren eigenen Adserver die richtigen Reportings der ausgelieferten Werbung von allen Publishern angezeigt werden. Der Unterschied zwischen Audiences und Personas ist eindeutig und automatisierbar umsetzbar durch die Nutzung von allen zur Verfügung stehenden Daten.

Bevor nun die Kampagne an Kundinnen und Kunden ausgespielt werden kann, ist noch ein wichtiger Schritt notwendig. Seit 25. Mai 2018 gibt die Europäische Union anhand der DSGVO (Datenschutz-Grundverordnung) einen Rahmen vor, welche Daten, in welcher Form, genutzt werden können. Wichtig dabei ist zu wissen, dass alle Daten mit Zustimmung der Userinnen und User genutzt werden können. Es ist lediglich die Nutzung ohne Zustimmung beschränkt, da die DSGVO Userinnen und User vor Missbrauch schützen soll. Somit sind alle Cookies und Technologien, die für Userinnen und User nicht erforderlich sind nur mit aktiver Einwilligung (Consent, Opt-In) nutzbar – oder in einigen wenigen Fällen mit berechtigtem Interesse. Erst nach der Einwilligung dürfen Cookies, Pixel, Technologien, usw. ausgespielt werden. Zudem muss jede einzelne Zustimmung der Userinnen und User vom Controller (Verantwortlichen) dokumentiert werden und nachvollziehbar sein. Darunter versteht man nicht nur das Speichern der Zustimmung, sondern auch die einzelne Verwaltung und Löschung dieser. Um diesen Prozess und die Umsetzung zu erleichtern, gibt es die sogenannten Consent-Management-Plattformen. Diese Plattformen bieten die Möglichkeit, Einwilligungen rechtssicher zu archivieren und dokumentieren. Darüber hinaus können Zustimmungen von neuen oder wegfallenden Technologien automatisiert bei Userinnen und User eingeholt werden. Um einen Überblick über die mit Marketing bespielbare Audience zu erhalten, gibt es Reportings, die Entscheidungen für Marketingmaßnahmen erleichtern. Es gibt eine Vielzahl an Anbietern von Consent-Management-Lösungen. Um die richtige Wahl zu treffen, ist es empfehlenswert, sich von Expertinnen und Experten in diesem Bereich beraten zu lassen.

Eine Übersicht der Systeme findet sich hier:
https://www.e-dialog.group/wissen/consent-management/

## WO KANN ICH JETZT STARTEN?

Digitales datengetriebenes Marketing ist die Zukunft. Die vorhandenen Daten und Informationen können sinnvoll und im richtigen Moment genutzt werden. Das bringt Effizienz und ermöglicht eine genaue Ansprache. Die Herausforderung, dass keine Werbung an unspezifische Menschen mit zu vielen unpassenden Botschaften gesendet wird und zu wenig Wissen über die Kanäle, Frequenzen und die Preise vorhanden ist, kann damit gemeistert werden.

# KEY TAKEAWAYS
## dieses Kapitels auf einen Blick:

1. Media-Spendings können noch deutlich optimiert werden.
2. Customer-Journey-Analysen und Attributionsmodellierung sind ein Schlüssel dazu.
3. Frequency-Cap-Optimierung via Datascience erhöhen Effizienz und User-Experience.
4. Spätestens mit dem Cookie-Aus 2023 muss eine solide 1st-Party-Datenstrategie aufgebaut werden.
5. Machine Learning für Aussteuerung, Personalisierung und Optimierung wird immer wichtiger.
6. Must-have: Data Ownership auf Rohdatenebene. Stellen Sie den Zugriff auf Ihre Daten sicher.
7. Das alles macht erfolgreich – und damit Freude!

# Warum das Verständnis von Location Based Marketing ein „must have“ für jeden Cross-Channel-Denker ist

*In diesem Kapitel lernen Sie, was Location Based Marketing ist und welchen Stellenwert es im vernetzten Marketing hat. Weiters wird die Rolle von Location Based Marketing als Schlüssel-Technologie für erfolgreiches Cross Channel Marketing beleuchtet.*

**ANDREAS LADICH**

**THOMAS HINTERLEITHNER**

Die Definition von Location Based Marketing laut der Location Based Marketing Association Global liest sich so: „Location Based Marketing ist die Schnittmenge von Kunden und Angeboten (Produkte/Services), dem Ort dieser und den Medien, die zur Kommunikation und Verbindung von Menschen und Angeboten sinnvoll sind."[16]

| **(1) Kunde stationär online** | **(2) Kunde mobile online** | **(3) Kunde physisch am POS / POI** |
|---|---|---|
| Zu Hause | In der Nähe eines meiner Angebote | In meinem Shop |
| In der Arbeit, im Urlaub oder gar an einem stationären Terminal am POS / POI | Kunde irgendwo, aber an einem Ort, an dem mein Angebot einen Nutzen für ihn bringen würde etwa auf einer bestimmten Einkaufsstraße, im Urlaub, im Theater | Bei einem „Mitbewerber" im Shop oder in der Nähe eines wettbewerbenden Angebots |

**Abbildung 37:** Nutzungsszenarien für Location Based Marketing | Quelle: The Location Based Marketing Association

Oft, aber nicht immer, hat der Kunde im Fall (3) auch sein aktiviertes Smartphone dabei, wodurch sich die besonders bedeutende Situation der Kombination von (2) und (3) ergibt.

## DIE CUSTOMER JOURNEY UMFASSEND ANALYSIEREN UND VERSTEHEN

Ein bestmögliches Verständnis der Customer Journey in Bezug auf die oben genannten Dimensionen (vergleiche Tabelle oben) des Location Based Marketing und der Bewegungen der Kunden zwischen diesen, ist einer der wichtigsten Schlüssel zum Erschließen von (Neu-)Kunden und Sales-Opportunities.

Location Based Marketing = Das „Missing-Link" zur Verbindung von Offline und Online-Vermarktung im echten Cross Channel Marketing.

Warum wird im Location Based Marketing oft eine Unterscheidung zwischen „echtem" Cross-Channel Marketing im Vergleich zum Omni Channel Marketing getroffen?

16 www.thelbm.org

Omni Channel Marketing stellt eine Weiterentwicklung des Multi-Channel-Vertriebs dar, bei der sämtliche Absatzkanäle gleichmäßig und gleichzeitig befüllt werden. Konsumentinnen und Konsumenten treten mit Marken und Produkten durch einen Besuch im Geschäft, die Website, App, einen Produktkatalog oder durch soziale Netzwerke in Kontakt.

Cross Channel Marketing beschreibt das übergreifende Zusammenspiel sämtlicher Marketingkanäle. Klassische Kanäle wie postalische Mailings oder TV-Werbung werden mit digitalen Kanälen wie E-Mail, Display oder Social Media ergänzt, um einen maximalen ROI zu erreichen.

**Die wichtige Erweiterung von Omni Channel Marketing zu Cross Channel Marketing ist das integrierte Denken, Analysieren und Handeln.**

**Die einzelnen Kanäle werden möglichst verzahnt miteinander vernetzt um den Kunden, mit wenig Medienbrüchen, ein einheitliches Kundenerlebnis zu ermöglichen.**

Für Kampagnen bedeutet das, dass Sie über die Kanal-Grenzen hinweg integriert umgesetzt werden sollten, wie die Zahnräder eines gut funktionierenden Uhrwerks.

Um echtes Cross Channel Marketing realisieren zu können, beinhalten idealerweise alle Medien sowie alle physischen Angebote am POS/POI, Interaktions-Möglichkeiten zu den passend vernetzten Online-Angeboten. Zusätzlich gibt es noch Sensorik und digitale Touchpoints, die ein ortsbezogenes Analysieren von Konsumenten-Interaktionen ermöglichen. Die zuvor genannten Interaktions-Tools sind im Online-Marketing etwa geklickte Angebote, aufgerufene Link-Pfade oder Cookies.

Für stationär verkaufte, physische Angebote sollte es so sein, dass die physisch beworbenen Angebote und auch jedes einzelne Produkt selbst durch 1:1-Links miteinander vernetzt werden, indem etwa ein Link auf eine Landingpage mit genau den passenden Informationen angeboten wird, oder ein Produkt-Scan vom Kunden mit einem Analyse-Cookie in Relation gesetzt wird.

Es wird bestmöglich versucht, genauso wie im E-Commerce auch im POS-Commerce ein Verständnis über die Handlungen des Kunden, und damit über die Wünsche des Kunden, zu erlangen.

# LOCATION BASED MARKETING UND DAS GESAMTBILD DER CUSTOMER JOURNEY

Zum besseren und umfassenden Verständnis muss an dieser Stelle noch eine weitere Verfeinerung der Definition von Location Based Marketing vorgenommen werden.

Location Based Marketing versucht die bewährten Methoden der Online-Welt bestmöglich auf die physische Offline-Welt zu übertragen und die aus beiden Welten gewonnenen Insights zu kombinieren, um durch die Verschmelzung beider Welten ein Gesamtbild der Customer Journey zu bekommen.

Jetzt ist es aber nicht nur so, dass Location Based Marketing nur für Händler und Marken sinnvoll ist, die sowohl E-Commerce als auch POS-Commerce betreiben.

Gerade für Marken, deren Hauptumsatzbringer der stationäre, physische Handel ist, hat Location Based Marketing die noch größere Bedeutung.

Stellen Sie sich vor, Sie sind ein Händler, der 80 Prozent seines Umsatzes im stationären Handel generiert und nur 20 Prozent im Online-Handel. Welch großer Hebel steckt in den 80 Prozent, wenn Sie diesen genau so professionell verstehen würden, wie Sie es in Ihrem Online-Handel tun?
Besonders dann, wenn Sie ein zu 100 Prozent stationärer Händler sind, ist es für Sie um so bedeutender, dass Sie „dem E-Commerce Parole bieten“ können, indem Sie mit den gleichen Tools Ihr Geschäft stärken und ausbauen. Ein umfassendes Verstehen und konsequentes Integrieren von Location Based Marketing ist dazu der Schlüssel. Nicht nur, dass Sie dann mit vergleichbaren „Waffen kämpfen“ und damit erst Chancen-Gleichheit hergestellt haben – nein, Sie haben es dann sogar besser, da Sie Ihre Kunden auch im stationären Handel, mit den gewohnten Services, die Kunden aus der Online-Welt kennen und sogar erwarten, auch am POS zufrieden stellen können.
Wenn Sie es dann noch schaffen, Ihre Verkäufer in den Prozess einzubinden, dann haben Sie gewonnen.

Nachdem wir nun die Basis für den verzahnten Cross-Channel-Commerce geschaffen haben, lassen Sie uns nochmals zum „Geheimnis“ der 1:1-Verlinkung von Offline und Online zurückkommen.

# DAS „MISSING-LINK“ DER 1:1-RELATION OFFLINE:ONLINE

Oft wird Location Based Marketing in der Literatur verkürzt und unvollständig dargestellt und auf den Bereich des ortsbezogenen Mobile Marketings reduziert. Location Based Marketing ist aber mehr:

## Location Based Marketing mit Smartphones (der Konsumenten)

- Abdrucken einer www.Brand-Name.com/LandingpageID

- Nutzung der Smartphone-Kamera zum Scan von IDs der Produkte oder Sender im Handel

    - Barcode-Scan (z.B. EAN-Strichcode im Lebensmittel-EH)
    - Scan einer Serien-Nummer plus Schrifterkennung (z.B. IKEA OCR Lösung)
    - QR-Code Scan eines eigens angebrachten 2-dimensionalen Codes, dieser kann dann z.B. auch genau die Web-Landingpage ID codieren

- BlueTooth Scan & Tracking von BlueTooth Low Energy Beacons (BLE Beacon)

    - An einem Regal montiert
    - In einem örtlich begrenzten Angebotsraum wirksam (z.B. Abteilung eines Shops)
    - Mit dem Produkt verbunden
    - Am/im Produkt selbst oder etwa in der Schachtel verbaut

- NFC Scan eines passiven NFC-Chips

    - Auf dem Produkt aufgeklebt (im Strichcode-Etikett eingebettet)
    - Separat zusätzlich aufgebracht
    - Im Electronic Self Label eingebettet

- Mobile Operator Netzwerkzuordnung des Smartphones zu einem bestimmten Ort = Funkzelle

- GPS des Smartphones mit GEO-Fences rund um Orte besonderen Interesses

- WLAN-Zuordnung eines Smartphones zum Ort eines bestimmten WLANs

Alle oben genannten Mechanismen nutzen das Smartphone des Kunden als Verlinkungs-Device und stellen das „Missing Link" für echtes Cross Channel Marketing in der heutigen Zeit dar.

## Location Based Marketing durch Hardware Tools (des Händlers) am POS

WLAN, Mobile Network Sendemasten, Beacons, Digital Signage Screens, Info- und Self-Service Terminals, Ticket- und Coupon-Automaten, Card Reader, Mitarbeiter Tablets, CodeIDs (EAN, QR, ...), RFID und NFC, interaktive Electronic Shelf Lables, Lichtschranken, Kameras, Drehkreuze, Visual Light Communication und eine Vielzahl weiterer Sensoren und Aktuatoren bis hin zur Robotik im Handel.

In der folgenden Übersicht finden Sie je 15 wichtige, ausgewählte Technologien und Business Solutions, die den aktuell vorherrschenden Implementierungen am Markt entsprechen.

| **Technologien und Hardware** | **Lösungen** |
|---|---|
| Cash Desk & Payment Solutions | Loyalty Bonus Program |
| Camera Systems | Mobile Payment |
| Instore WLAN Mobile | Self & No Checkout Solutions |
| Networks (3G ... 5G) | Click & Collect |
| Beacons | Digital Pricing |
| Code (QR, Barcode) | Endless Aisle |
| Digital Signage Screens | Extended Packaging Information |
| ESL Eletronic Shelf Label | Frequency Measurement |
| Infoterminals | Geofencing and Heatmapping |
| Internet (web, mobile) | Messenger Services (Chatbots, WhatsApp, SMS |
| Chip und/oder Magnetic card | Instore Navigation, Product, Wayfinding |
| NFC Near Field Chip | Price Comparison |
| Loyalty Card - Loyalty Terminal | Proximity Solutions - Special Placement Solution |
| Customer Frequency Hardware | Retail Security |
| VR / AR / Mixed Reality | Electronic Shopping Lists |

**Abbildung 38:** Verschiedene Retail und Location Based Marketing relevante Technologien und Lösungen
Quelle: The Location Based Marketing Association

Wie leicht zu erkennen ist, ist Location Based Marketing durch Hardware Tools (des Händlers) am POS ungleich größer und komplexer in der Umsetzung.

Unterschiede gibt es auch in Zusammenhang mit der Genauigkeit und Bedeutung der erfassten Location Based Marketing Insights.

1. Aktiv generierte Daten, die eine bewusste Aktion des Kunden als Auslöser haben.

2. Passiv generierte Daten, die sozusagen OHNE bewusste Handlung des Kunden generiert werden.

3. Personalisierte Daten, die einen Rückschluss auf das Individuum ermöglichen.

4. Anonyme, oft aggregierte Daten-Spuren (Ort & Aktion) des Kunden, die vollkommen transparent und automatisiert aufgezeichnet werden.

In der Grafik unten sind Technologien und Lösungen entlang der Sales-Funnel-Stufen angeordnet, wobei über den Stufen, die eher digital und unter den Stufen, die eher physisch orientierten Kategorien im Sinne von Netzwerken angeordnet sind. Dieses Netzwerk hat auch die klassische Trichterform, das heißt in der Stufe Awareness gibt es mehr Knotenpunkte als bei der Endstufe Loyalty.

Besonders zu beachten sind auch die Netzwerk-Verbindungen von oben nach unten bzw. umgekehrt. Genau diese Verbindungen stellen die Verbindung von der Offline- zur Online-Welt und umgekehrt dar.

Auch ergibt sich aus der Grafik, der Netzwerk-Ansatz des neuen Konsumenten-Verhaltens. Der Konsument/die Konsumentin steigt an „irgendeiner" Stelle ein und bewegt sich dann entlang der Customer Journey, oft „zwischen den Welten".

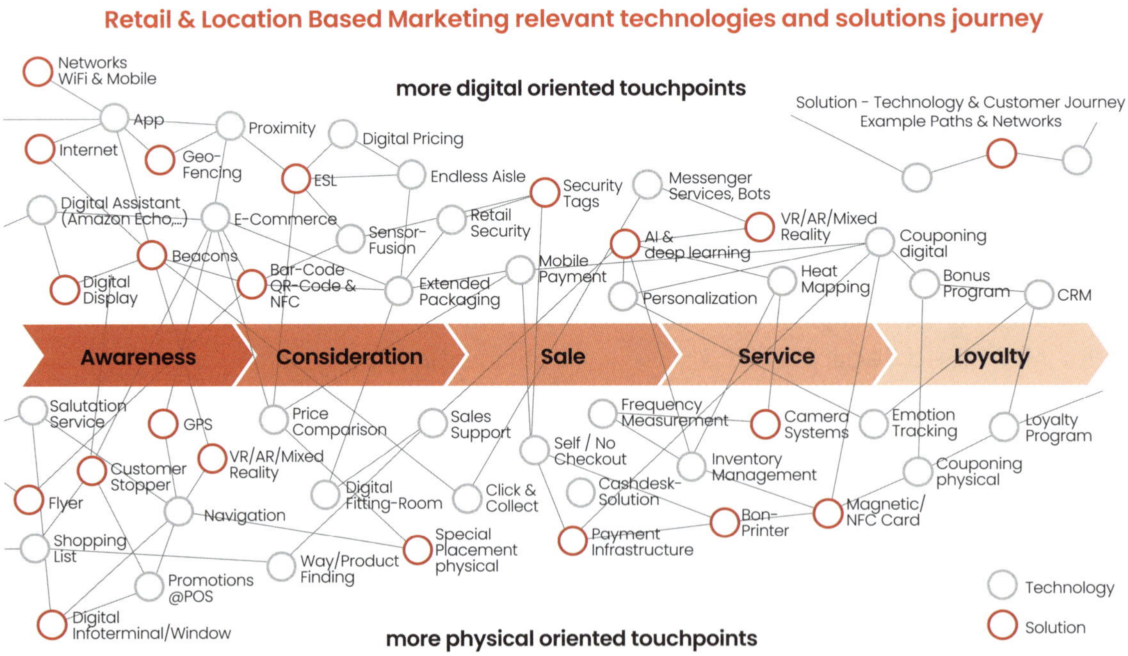


**Abbildung 39:** Technologien und Lösungen entlang der Sales-Funnel-Stufen | Quelle: The Location Based Marketing Association

## BEST PRACTICE MEDIA SATURN GRUPPE

Im Folgenden sehen Sie einige Anwendungsbeispiele der Media Saturn Gruppe. Diese wurden ausgewählt, da Media Saturn seit langer Zeit sehr intensiv viele Pilot-Projekte im Bereich Location Based Marketing evaluiert, mit dem Ziel, als ausnehmend große Handelsgruppe mit einem immer stärker werdenden Online-Wettbewerb, die Vorteile beider Welten zu vereinen und den Konsumentinnen und Konsumenten ein „Best of both worlds"-Einkaufserlebnis zu bieten. Übrigens: Es ist eher unüblich bis einzigartig, dass ein einzelner Händler so intensiv testet.

### Best Case: Store-Check-In am Eingang

Den Einstieg macht hier die Lösung des Store-Check-Ins und der Identifizierung von Club-Kunden beim Betreten des Stores und nicht wie üblich erst beim Check-Out an der Kasse.

**Abbildung 40:** Store-Check-In und die Identifizierung von Club-Kunden beim Betreten des Store | Quelle: Retail Place

### Beispiel Produkt QR-Code für unterschiedliche Zusatz-Nutzen

**Abbildung 41:** Produkt QR-Code – Online-Info-Link inklusive Mobile Payment | Quelle: MediaMarkt, Saturn

Weiterführende Produktinformationen, Reviews, Empfehlungs-Marketing, Mobile Payment im Store, No-Check-Out. App aufs Handy laden, QR-Code scannen, gewünschtes Zahlungsmittel auswählen, auf „Bezahlen" klicken und den Store mit dem Wunschprodukt verlassen, ganz ohne Anstehen an der Kasse – so lautet das Versprechen der neuen Zahlungslösung „Saturn Smartpay". Als erstes Unternehmen in Deutschland bietet die Fachmarktkette unter diesem Namen mobiles Bezahlen direkt am Produkt an.

## Beispiel Electronic Shelf Labels ESL mit Mehrwert

ESL können auch weitere Sensorik beinhalten, z.B. NFC Chip oder LEDs, die eine Produktsuche über eine in der APP gespeicherte Shopping-Liste ermöglichen. Die LED am gesuchten Produkt leuchtet bei Annäherung des Kunden auf. Damit unterschiedliche Kunden sich am selben Regal orientieren können, bekommt jeder Kunde eine andere Farbe zugeordnet.

## Beispiel kassenloser Store

Die Scan-, Pay- und Go-Technologie bei Saturn Express kommt völlig ohne Kassenbereich zum Check-Out aus.

**Abbildung 42:** Saturn Express, der kassenlose CE Store
Quelle: MediaMarkt Saturn

## Beispiel In-Store Navigation

Für Konsumentinnen und Konsumenten: In-Store-Navigation, Location Based Services, Angebote/ Produkte finden
Für Mitarbeiterinnen und Mitarbeiter: Inventur- und Picking-Listen für Click & Collect

**Abbildung 43:** In-Store Navigation: ein Hilfsmittel für Konsumenten und Mitarbeiter
Quelle: MediaMarkt Saturn

## Beispiel Produktinteraktion inklusive Diebstahlsicherung

Bluetooth Beacon: Weiterführende Produktinformationen, Entsicherung der Ware inklusive Payment und No-Check-Out. Die Ware wird vom Kunden mit dem Smartphone abgescannt, anschließend wird mobil, per App bezahlt und die Diebstahlsicherung (Security Tag) entfernt. Der Kunde kann dann einfach aus dem Laden spazieren, ohne an der Kasse anstehen zu müssen.

**Abbildung 44:** Produktinteraktion inklusive Diebstahlsicherung | Quelle: MediaMarkt Saturn

# DAS „TANTE-EMMA-PRINZIP" FÜR GROSSE HANDELSKETTEN

Die entscheidende Frage ist: Wie lässt sich das „Tante-Emma-Prinzip" auf große, oft anonyme Handelsstrukturen umlegen? Der Ansatz der Personalisierung basiert auf den guten alten Tante-Emma-Läden. Tante Emma (auch wenn sie nie so hieß) kannte jeden ihrer Kunden und wusste, was sie zum Leben so brauchten. So konnte Tante Emma immer die Produkte empfehlen, die gerade interessant waren – abgesehen von Brot, Butter und Milch.

Was kann man vom Media-Saturn Ansatz der umfassenden Evaluierung dutzender Cases lernen? Jeder Händler sollte für genau sein Business Lösungen finden, die sowohl von den Kunden als auch den Mitarbeitern angenommen werden. Die Rolle des Verkäufers, der von einem Experten-System im Verkaufsprozess unterstützt wird, kann einer der Erfolgsfaktoren für stationäres Verkaufen der Zukunft sein.

Die Notwendigkeit eines Loyalty-Programms versteht sich von selbst, um das „Tante-Emma-Prinzip" auch digital umsetzen zu können.

## DIE ROLLE DER MARKETING-AUTOMATISIERUNG IM KONTEXT DER KANALÜBERGREIFENDEN INDIVIDUALISIERUNG

Die Erfassung von Kunden-Interaktionen sowohl am POS als auch im E-Commerce liefern eine enorme Datenbasis. Diese Daten gilt es in Erkenntnisse umzuwandeln und dann auch intensiv zu nutzen. Hier gilt die alte goldene Regel des Direktmarketings: „Testen, Testen, Testen" und das vollautomatisiert. Im reinen E-Commerce ist es leicht diese Daten zu generieren. Für Händler die Ihren Umsatz überwiegend im stationären Handel erzielen ist das oft eine noch ungelöste Herausforderung. Die Methoden des klassischen Marketings reichen hier bei weitem nicht mehr aus und die Anschaffung einer über alle Kanalgrenzen hinweg integrierten Marketing-Automatisations-Plattform ist eine notwendige Basis-Voraussetzung.

Einfachstes Beispiel für Individualisierung auf Basis der Kunden-Insights ist eine dynamische Webseite und der E-Mail-Newsletter: Besucht der Kunde nach diversen Interaktionen am POS und Online die Webseite, wird diese personalisiert dargestellt und jene Produkte, für die er sich über die verschiedenen Kanäle, auch im stationären Handel, informiert hat, in den Vordergrund gestellt.

Gleiches ist für den E-Mail-Newsletter möglich. Dieser beinhaltet dann genau jene Angebote, für die der Kunde schon zuvor das Interesse am POS gezeigt hat, da er z.B. mit diesen Produkten über Smartphone LBS interagiert hat. Diese Beispiele scheinen trivial zu sein und sind im reinen E-Commerce natürlich Standard. Für Händler mit dem Fokus auf den stationären Handel sind aber bereits so „einfache" Aufgaben oft noch nicht einmal im Ansatz umgesetzt.

## BEST PRACTICE FLUGHAFEN WIEN

So wie die Media Saturn Gruppe ihre Tests in unterschiedlichen Filialen im Handelskontext durchführt, so zeigt uns unser nächster Fall die Anwendung auf unterschiedliche Orte und Zielgruppensituationen. Diese Unterschiedlichkeit findet sich am Flughafen Wien, der einem Kosmos gleich, Bürogebäude, Terminals, Hotels, Shops, Restaurants, Frachtlogistik, Werkstätten, Landebahnen, Straßen und Schienen an einem Ort vereint. Belebt wird dieser Kosmos mit 31 Millionen Passagieren (2019), zusätzlichen „Bringern" und „Abholern" sowie mehr als 20.000 Mitarbeitern am Standort. Während der Flughafen die Anzahl der Passagiere sowie die Zahl der gemeldeten Mitarbeiter sehr genau kennt, ist es beim Erfassen der anderen Zielgruppen schon schwieriger. Zufahrtszählsysteme und andere Quellen liefern Daten, für die Verbindung zwischen Online- und Offlinewelt. Zu einer kanalübergreifenden Individualisierung ist es notwendig, die dynamischen Nutzungs-Daten der unterschiedlichen Orte zur jeweiligen Zeit, im Detail zu erfassen und zu analysieren.

### Zielgruppen

Mitarbeiter, Mieter in der Airport City, Touristen, Business-Passagiere, Abholer/Bringer, CAT-Nutzer, ÖBB-Nutzer, PKW-Nutzer

### Eingesetzte Technik

Geofencing, WLAN, Video-Analytics, Beacons, digitale Touchpoints, QR-Codes, Nutzung VIE-App, Reichweiten Apps und Partner Apps, z.B. Airline Apps

### Zielsetzung

- Erkenntnisse über das Bewegungsverhalten der Kontakte am Standort
- Erkenntnisse über die Häufigkeit der Bewegungen am Standort
- Erkenntnisse über Einzugsgebiete
- Klare Trennung von Passagieren, Taxifahrern, Abholern/Bringern und Mitarbeitern
- Konzeption von kanalübergreifenden zielgruppenspezifischen Angeboten dieser einzelnen Individuen oder Zielgruppen auf Basis des individuellen Verhaltens vor Ort

## Best Case: Zielgruppe Parkkunden

Die Auslastung der terminalnahen Parkhausplätze liegt zum Zeitpunkt X unter dem Zielwert. Ein anfahrender Kunde wird über Geofence identifiziert und bekommt einen Ermäßigungscode fürs Parkhaus auf sein Smartphone. Das individualisierte Angebot setzt voraus, dass der Flughafen den Kunden kennt, bzw. seine Bewegungen kennt, und weiß, dass er normalerweise auf der entfernteren Freifläche parkt. Zielgruppenspezifisch gibt ihm das Flughafensystem als Kundentreuebonus ein Upgrade (deutlich ermäßigt) für das Parkhaus in Terminalnähe.

Effekt: Auslastung und Umsatz gesteigert, Anreiz für weitere Umsatzsteigerungen geschaffen, nachfolgende Individualisierung der Website bzw. Newsletters, Kunde fühlt sich individuell betreut („Tante Emma Laden"-Prinzip) und freut sich über den besseren Parkplatz.

## Best Case: Zielgruppe Airportcity-Mieter/Mitarbeiter

Hier ging es um Ermöglichen einer Individualisierung der Internetseiten hinsichtlich standortspezifischer Themen, die etwa die hier Arbeitenden interessiert. Solche Angebote wären etwa Timesharing Besprechungsräume, Dienstleisterangebote und -Aktionen, Mittagsmenüs, Ärztezentrum-, Fitnesscenter- und Hotelangebote (etwa für einfliegende Geschäftspartner der AirportCity-Mieter).

Effekt: Vernetzung der unterschiedlichen Mieter, Mitarbeiter und Angebote untereinander (Community-Gedanke); Möglichkeit dieselben Plattformen für unterschiedliche Angebote zu nutzen ohne die eine oder andere Zielgruppe (Mitarbeiter vs. Passagiere) mit unpassenden Angeboten zu adressieren; Personalisierte Website, optimierte Suchfunktionen, individualisierte Push-Benachrichtigungen.

## Best Case: Zielgruppe Vielflieger

Zuspätkommende oder, nach Verfügbarkeit jeder Vielflieger (Anmerkung: Vielflieger wird ermittelt durch die Häufigkeit seiner Anwesenheit am Flughafen und aktivem Flug in der VIE-APP), erhalten einen Gutschein für die Fast-Lane beim Security-Check.

Effekt: Kein Mehraufwand für den Flughafen, weniger Verzögerungen bei den Flugabfertigungs-Prozessen, Kunde fühlt sich individuell betreut („Tante Emma Laden-Prinzip") und freut sich über die individuelle Wertschätzung seiner Flughafentreue.

## Best Case: Zielgruppe City Airport Train

Individualisierte CAT-Werbung für alle Passagiere, von denen wir wissen, dass sie normalerweise öffentliche Verkehrsmittel oder Taxis, von und nach Wien, nutzen. Ausschließlich Passagiere, die kurz vor Abfahrt in der Gepäckhalle fertig sind und diese am zentralen Ausgang verlassen, bekommen das Angebot. Angeboten wird ein CAT-Ticket inklusive Info über die kurz bevorstehende Abfahrt, die kurze Fahrzeit und die Ankunftszeit in Wien.

Effekt: Zeitpunktgerechtes Angebot für den zu diesem Zeitpunkt garantiert schnellsten Weg nach Wien; durch die Individualisierung nur an die richtige Zielgruppe (Öffi- oder Taxi-Nutzer) zum richtigen Zeitpunkt (minimale Wartezeit bis Zugabfahrt) ausgespielt; bestmöglicher Service für den Passagier, zusätzlicher Anreiz von der Straße auf die Schiene umzusteigen; Umsatzsteigerung ohne Nachlass oder Incentivierung.

Zusätzlicher Gesamtnutzen aller Umsetzungen ist der Aufbau einer Location Based Marketing-Infrastruktur, die eine umfassende Verwendung bei Eigenangeboten sowie die Vermarktung dieser Kunden-Insights an Dritte wie etwa Transport, Airlines, Hotels oder Werbekunden ermöglicht.

## Umsetzung als Analyseprojekt

Die Umsetzung am Flughafen Wien startete als Analyseprojekt, da es naheliegend war, über welches Potential der Flughafen hier verfügt. Für alle weiterführenden Schritte war jedoch eine erste Auswertung und Potentialanalyse notwendig. Erst durch die genaue Analyse der Zielgruppen und Bewegungsmuster lassen sich dann die unterschiedlichen Business Cases aufsetzen und berechnen (Serviceerweiterungen, wirtschaftlich relevante ROIs, Umsatzsteigerungen).

Der relevanteste Teil davon war die Auswahl eines Location, Based Marketing-Backend-Systems das alle digitalen Touchpoints und Sensoren verwalten sowie die Daten zu Insights umwandeln kann.

Durch das Einbeziehen von RETAIL-Place wurde die Recherchephase für den Flughafen stark verkürzt. Dennoch wurde sichergestellt unter passenden Systemen auswählen zu können.

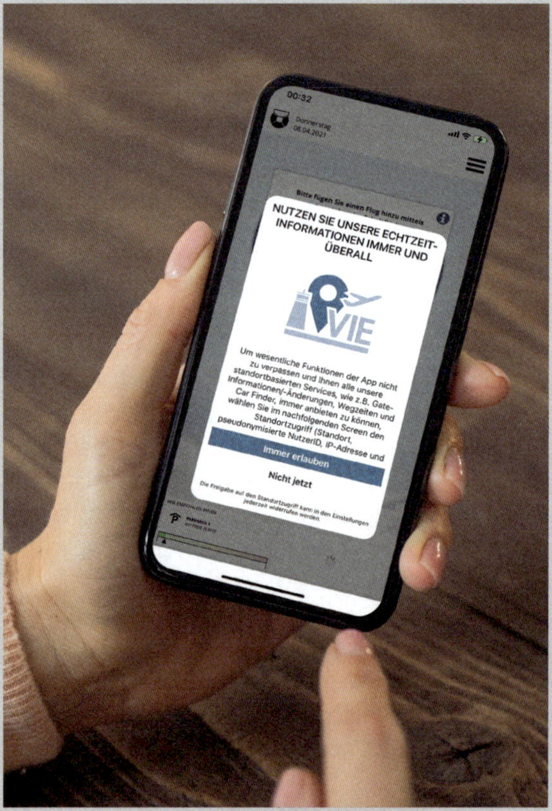


Einige Funktionalitäten wurden in der Flughafen App eingebaut, wie zum Beispiel die Zustimmung zum Tracking mit absolut DSGVO- und e-Privacy-konformen Opt-in-Mechanismen und Methoden. Mehr als 150 Beacons wurden gemeinsam mit RETAIL-Place an unterschiedlichen Orten am Flughafengelände verbaut und diverse Geofences am Flughafen sowie POIs in ganz Europa gesetzt. Die komplementäre Nutzung von Geofences und/oder Beacons als auslösende Events, wurde durch die Nähe/Enge des Ortes und die Überschneidung in Bezug auf die Signal-Präzision getroffen. Beacons werden sowohl Indoor als auch Outdoor genutzt, um eine exakte Zuordnung von Personen zu Orten in den unterschiedlichsten Szenarien gewährleisten zu können.

**Abbildung 45:** Flughafen Wien App
Quelle: Flughafen Wien

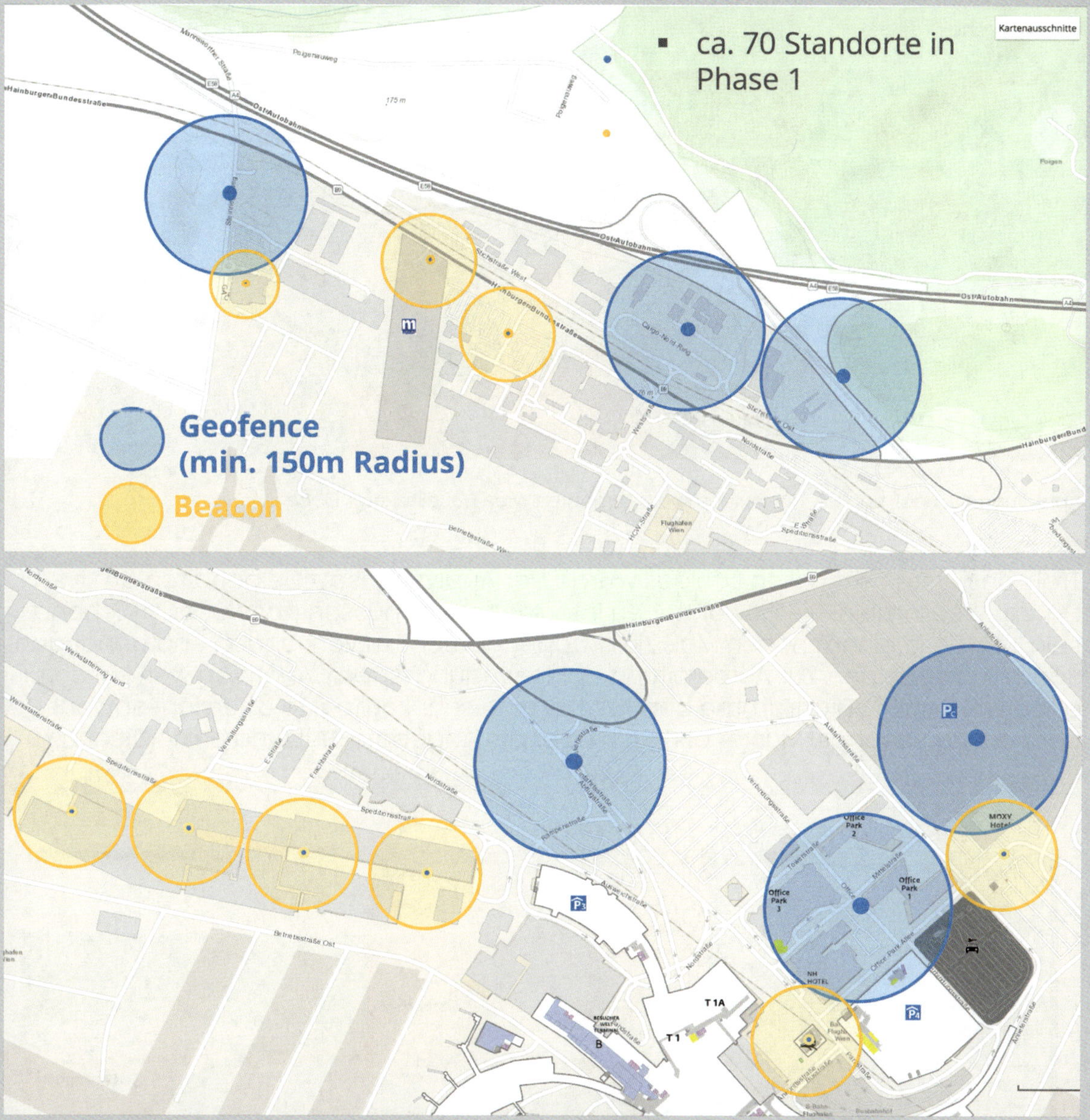


**Abbildung 46+47:** Geofences und Beacons am Flughafen Wien | Quelle: Flughafen Wien/Retail Place

Dank der hohen Passagierfrequenz wurden bereits kurz nach dem Start erste spannende Ergebnisse sichtbar. 31.000 User wurden im ersten Monat analysiert. Mittels Heatmap-Darstellung konnten erste Häufungen/Hotspots am Flughafen sichtbar gemacht werden. Auch die POIs abseits des Flughafens zeigten sofort Hotspots bzw. auch Unterschiede zwischen den Ausganspunkten zum Flughafen.

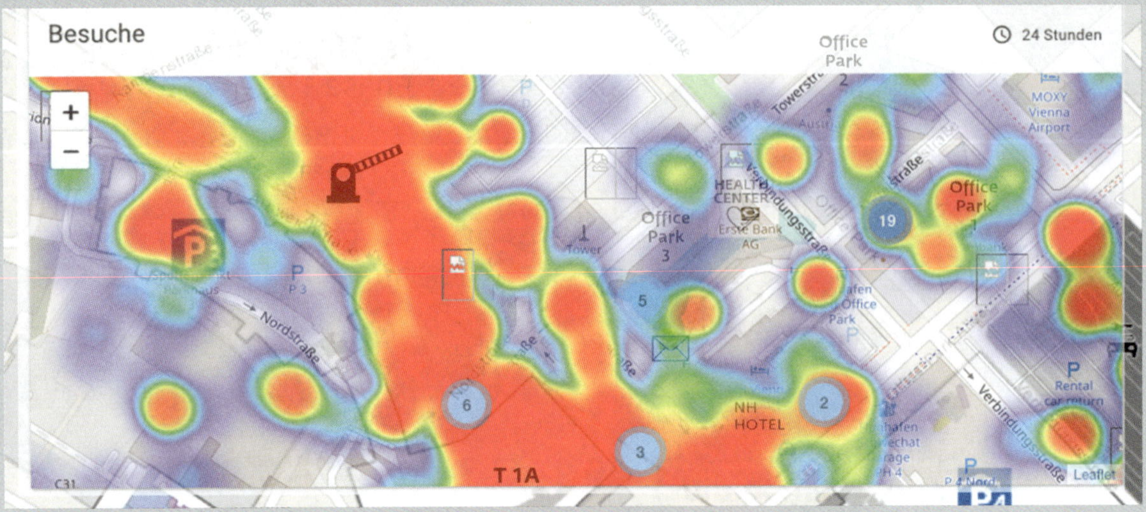


**Abbildung 48:** Heatmap der Nutzerströme am Flughafen Wien | Quelle: Retail Place

Trotz des ersten schnellen Erfolges wurde der Analyseansatz beibehalten um mehr Daten zu sammeln. Die gewonnenen Informationen müssen absolut ausreichend sein, um sie in einem hohen Maß zielgruppengerecht zu verwenden und unnötigen Spam zu vermeiden. Zur Aufbereitung der Bewegungsstrom-Analysen werden unter anderem Sankey Diagramme genutzt, die eine sehr kompakte Übersicht sowohl über die Bewegungs-Muster als auch über die Angebots-Nutzung ermöglichen.

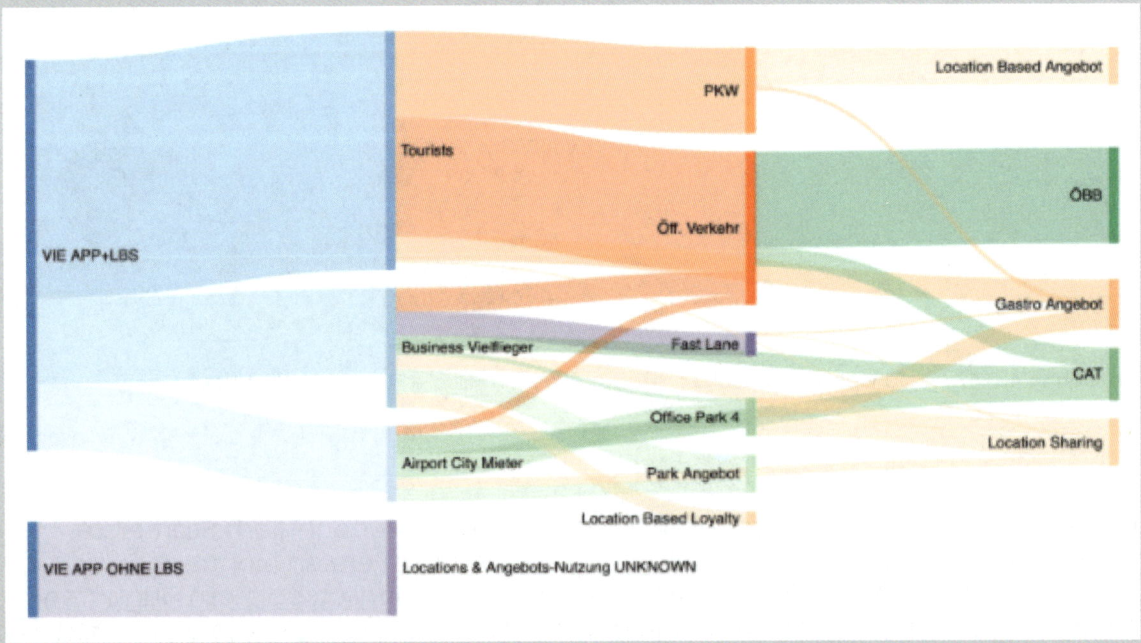


**Abbildung 49:** Sankey Diagram Flughafen Wien | Quelle: Flughafen Wien

# CONCLUSIO

Die umfassende Einführung von Location Based Marketing im Unternehmen ist eine sehr strategische Entscheidung, die Auswirkungen in viele Unternehmensbereiche hat. Wer das Ziel hat, Cross Channel Marketing einzuführen, muss sich diesem Thema aber stellen. Eine der ersten Fragen, die man sich stellen muss, ist, wer der Know-how-Träger in diesem Bereich ist: Ist das Know-how intern vorhanden, bringt meine Agentur das Know-how ein oder nutze ich das Know-how Dritter, um möglichst rasch und sicher die richtigen Ziele zu erreichen. Die Einführung von Location Based Marketing greift in viele Unternehmensprozesse ein und somit ist die wichtigste Vorbedingung für eine erfolgreiche Umsetzung die 100-prozentige Unterstützung der gesamten, obersten Geschäftsführungsebene.

In der Zusammenarbeit mit der Agentur gilt es abzuklären, wie offen diese für die Kooperation mit externen Spezialisten ist. Agenturen tendieren dazu, die Wertschöpfung möglichst ungeteilt im eigenen Haus behalten zu wollen. Das ist grundsätzlich nichts Verwerfliches, führt aber oft dazu, dass Projekte nicht den gewünschten Erfolg bzw. ROI bringen, da Sie aufgrund mangelnden Spezialwissens nicht mit den richtigen Zielen und auch in Bezug auf die Prozesse nicht ausreichend integriert umgesetzt wurden.

Location Based Marketing hat als oberstes Ziel, die richtigen Kunden/Angebote an ihrem jeweiligen Ort über den dazu passenden Medien-Kanal auf einfachste Art zu vernetzen. Eine konsequente Umsetzung hat großen Einfluss auf viele interne und externe Unternehmensbereiche und braucht deren vorbehaltlose Zustimmung.

Wie bei vielen Digitalisierungsprojekten wird der Faktor Mitarbeiter oft unterschätzt und zu viel Augenmerk auf die Technologieintegration gelegt. Die hier besprochenen Automatisierungen im Verkaufsprozess haben direkte Auswirkungen auf die Mitarbeiter am POS und verändern deren Aufgabenbereiche direkt.

Fast alle Maßnahmen des Location Based Marketing sind direkt messbar. Mit dieser Messbarkeit entsteht automatisch mehr „Kontrolle" über den Erfolg von Verkaufsprozessen.

Eine sehr frühzeitige Einbindung und Aufklärung mit welchen Zielen und welchen Veränderungen – oft eine Aufwertung von Tätigkeitsbereichen – die Mitarbeiter konfrontiert werden, ist einer der wichtigsten Erfolgsfaktoren für das Gesamtprojekt.

# KEY TAKEAWAYS dieses Kapitels auf einen Blick:

1. Location Based Marketing ist die Schnittmenge von Kunden und Angeboten (Produkte/Services), dem Ort dieser und den Medien, die zur Kommunikation und Verbindung von Menschen und Angeboten sinnvoll sind, gleichsam das „Missing-Link“ zur Verbindung von E-Commerce und POS-Commerce in beide Richtungen.

2. Die Einführung von Location Based Marketing ist ein strategisches Projekt mit Auswirkungen auf sehr viele Unternehmensbereiche.

3. Location Based Marketing benötigt die volle Unterstützung aller obersten Geschäftsführungsbereiche und geht weit über den Verantwortungsbereich der Marketingabteilung hinaus.

4. Location Based Marketing bedeutet, Unternehmensprozesse umzugestalten, effizienter und messbarer zu machen.

5. Neue KPIs zur Messung der Effizienz am POS, vergleichbar derer, die man aus dem Digital-Bereich kennt, ermöglichen es, messbare ROIs, Kundenfrequenz und Umsatzsteigerungen nachhaltig zu beweisen und kontinuierlich zu verbessern.

6. Location Based Marketing spielt seine Stärken besonders in Verbindung mit einem Kunden-Beziehungs-Programm aus.

7. Es geht um die Einführung einer kunden- und mitarbeiterzentrierten Verkaufs-Optimierung über die Kanalgrenzen hinweg.

8. Location Based Marketing ermöglicht eine gut messbare Steigerung der Flächen- und Mitarbeiter-Produktivität.

9. Location Based Marketing steigert die Kunden-Loyalität im Sinne des „Tante-Emma-Laden“-Prinzips für große Strukturen.

# OMNICHANNEL MEASUREMENT

*In diesem Kapitel soll aufgezeigt werden, wie man das Zusammenspiel unterschiedlicher Mediaaktivitäten messbar machen kann, um daraus Schlussfolgerungen und Optimierungsmöglichkeiten zu identifizieren. Dabei wird beleuchtet, wie Konsumentinnen und Konsumenten das Thema wahrnehmen, wie es sich auf die Mediaplanung auswirkt und was getan werden sollte, um die Mediaplanung zu verbessern.*

**MICHAEL MÄRTIN**

**MANFRED GANSTERER**

Es gibt allgemein drei Begriffe, die viel genutzt werden und die man sich zu Beginn näher anschauen sollte, nämlich Mulitchannel, Crosschannel und Omnichannel.

| **Multichannel** | **Crosschannel** | **Omnichannel** |
|---|---|---|
| Multichannel bedeuted lediglich, dass mehrere Kanäle, wie etwa TV oder Radio, genutzt oder angeboten werden. | Crosschannel ist die Verbindung einzelner Kanäle miteinander und deren Zusammenspiel. | Omnichannel bezeichnet die Integration aller physischen Kanäle (offline) und digitalen Kanäle (online), um ein nahtloses und einheitliches Kundenerlebnis zu bieten – vom ersten Kontakt bis zum Kauf. |

## KONSUMENTEN KENNEN KEINE CHANNELS

**Menschen haben heute mehr denn je die Freiheit, selbst zu entscheiden und das trifft auch auf ihre Medien oder ihren Markenkonsum zu.**

Beginnen wir aber ganz vorne und beim wichtigsten Teil – dem Kunden/der Kundin. Menschen haben heute mehr denn je die Freiheit, selbst zu entscheiden und das trifft auch auf ihre Medien oder ihren Markenkonsum zu. In der Mediawelt ist eine der geläufigsten Kategorisierungen jene in Online- und Offline-Kanäle. Darunter werden dann alle weiteren Mediagattungen und -Formen klassifiziert. Auf den ersten Blick wird aber schnell klar, dass diese Grenze zwischen Online und Offline immer schwieriger zu definieren ist. Menschen unterscheiden eher arbiträr, was für sie Online und was für sie Offline ist. So verstehen über 20 Prozent die Nutzung einer Website einer Tageszeitung nicht als Internet-Nutzung. Für Bewegtbildinhalte sind es sogar fast 50 Prozent, die angeben, eine Serie in der Mediathek zu sehen, ist für sie eher TV-Nutzung als Internet-Nutzung. Ihnen ist dabei nicht wichtig, wo sie etwas konsumieren, sondern was. Gleiches gilt auch für ihre Kaufentscheidung. Wichtig ist es, den Konsumenten die für sie relevanten Informationen zukommen zu lassen – egal, über welchen Kanal. Am besten aber, über alle Kanäle gleichermaßen. Einkaufen ist heutzutage komplexer denn je, und Konsumenten haben eine Vielzahl an Optionen, wenn es um Informationsbeschaffung, Erfahrungsaustausch oder den Kauf an sich geht. Mit dem Aufstieg des Online Shoppings hatten viele gerade kleinere Geschäfte Angst, dass die Kunden sich im Laden beraten lassen, dann aber online kaufen. Dies trifft aber nur auf 3 Prozent der

Konsumenten zu, die bevorzugt Offline recherchieren, aber Online kaufen. Umgekehrt informieren sich aber 29 Prozent Online und kaufen dann lieber Offline – man möchte vor dem Kauf die Dinge dann doch oft in der eigenen Hand haben und entscheidet sich dann vor Ort. Insgesamt bevorzugen 55 Prozent der Konsumenten noch immer das Einkaufen im physischen Laden. Natürlich sind die Parameter dafür stark abhängig von der jeweiligen Branche. Reisen werden heutzutage überwiegend Online recherchiert und gebucht, ebenso wie Großelektronik, Haushaltsgeräte und Hobbybedarf. Kleidung, Schuhe, Möbel werden Online recherchiert, aber doch Offline gekauft, während der Lebensmitteleinkauf meist komplett lokal und Offline stattfindet. Wenn man als Unternehmen langfristig erfolgreich sein möchte, muss man seine Kunden und deren Bedürfnisse im ganzheitlichen Kaufentscheidungsprozess nicht nur verstehen, sondern man muss den Kundinnen und Kunden auch helfen können.

## OB MULTICHANNEL ODER OMNICHANNEL – DEM KONSUMENTEN IST DAS EGAL

Was es braucht ist grundsätzlich Kundenorientierung. Was wollen Kunden überhaupt? Welche begleitenden bzw. unterstützenden Services machen Sinn? Wo erreichen wir unsere Kunden in welchem Kontext und können ihnen dabei helfen? Darauf müssen Antworten gefunden werden und die werden weder in einer Abteilungsdenke noch in der Zelle eines Excel-Sheets zu finden sein.

Am intensivsten findet man die heutigen Probleme der Unternehmen rund um Marketing, wenn man über Online/Offline diskutiert. Eine Diskussion, wie sie sinnloser nicht sein könnte. Wenn man mal abends den Fernseher aufdreht, sieht man jede Menge TV-Spots für e-Commerce Start-Ups und e-Commerce Unternehmen. Neben digitaler Kommunikation braucht es also – zumindest bis auf Weiteres – klassische Kommunikation, um Aufmerksamkeit, Bekanntheit und Imageaufbau zu erreichen. Und viele dieser auf e-Commerce fokussierten Unternehmen beginnen nun physische Geschäfte zu eröffnen, mit Amazon an der Spitze, die zusätzlich auch noch eine ganze Lebensmittelkette – nämlich Whole Foods – gekauft haben. Es ist also offensichtlich, dass stationäre Kontaktpunkte für Unternehmen Relevanz haben – wenn auch aus völlig anderen Gründen.

Digitale Kommunikation bietet fantastische Möglichkeiten, um Kundinnen und Kunden in völlig neuer Art und Weise, gezielt und effizient zu erreichen – absolut unbestritten und gerade bei kleineren Budgets ein Segen. Dennoch dürfen wir uns nicht in eine naive Abhängigkeit begeben. Die Diskussionen um Änderungen am Algorithmus bei Facebook, die Diskussion um unkontrollierbare Werbeeinschaltungen bei „hinterfragenswertem" Content auf YouTube, Ad-Blocker in Google Chrome, und die AMP-Initiative, die Google dank einer brillanten Lobbying-Strategie in den Markt drückt, zeigen, wie sehr Unternehmen achtsam sein müssen, um nicht in gefährliche Abhängigkeiten zu geraten.

Umgekehrt ist ein romantisches Festhalten an physischen Stores mindestens so gefährlich, auch wenn es in der Öffentlichkeit „Karmapunkte" bringt, da es angeblich lokale Arbeitsplätze sichert. Wenn irgendetwas sicher ist, dann das, dass die Geschäfte der Zukunft ganz sicher nicht so aussehen und funktionieren werden, wie in den vergangenen zehn Jahren.

Es findet eine gigantische Diskussion und unzählige Initiativen statt, um intelligente, selbstfahrende Autos in den Verkehr zu bringen. Dies ist eine wirklich schwierige Aufgabe, verbunden mit unzähligen moralisch, ethischen Fragen, die es noch zu beantworten gibt. Aber kaum jemand redet über intelligente, ja vielleicht sogar autonome Geschäfte. Dabei würde die Verbindung von Offline- und Online-Aktivitäten mehr Sinn für die meisten Unternehmen machen, als vieles andere.

Unzählige Services – wie „reserve online, try on offline" – würden eine Möglichkeit der Differenzierung bieten. Auch der Zusammenschluss vieler kleiner Unternehmen auf digitaler Ebene, aber individuelle Umsetzung lokal, wären erste Schritte. Wenn Verkäufern beim Betreten eines Geschäftes meine Lieblingsmarken, Kleidergröße und Farbpräferenzen auf ihr Smartphone geschickt würde, wären das sinnvolle Verbesserungen. Das Geschäft könnte über Displays oder das Smartphone mit mir kommunizieren, mich auf Online angesehene Produkte hinweisen, Services anbieten oder mir einen besseren Preis anbieten.

Ist der erste Schritt, diese Services anzubieten und dem Kunden mehr Orientierung zu geben, getan, müssen diese Services natürlich auch breit kommuniziert werden. Auch hier wird die Messbarkeit aller Maßnahmen und deren Zusammenspiel immer wichtiger.

## VOM SILO ZUM HOLISTISCHEN MEDIAANSATZ

Wie können aber die Silos der einzelnen Mediagattungen aufgebrochen werden? Aktuell sind Reichweiten oder Werbewirkungsstudien meist auf einen Kanal wie beispielsweise TV ausgelegt. Nutzt man nun mehrere Medien wie TV, Radio und Print, ist es kaum möglich, zu sehen, wie viele Personen man mit mehreren Medien erreicht hat. Dabei wäre genau das wichtig, um die Mediaplanung effektiver und effizienter zu machen.

Ein erstes Indiz, wie diese Überschneidungen aussehen und wirken, geben Cross-Media-Studien, wie beispielsweise die cine.ma in der gefragt wird, wieviel Prozent der Kinobesucher auch regelmäßig Fernsehschauen oder Video-On-Demand-Services nutzen. Es gibt aber auch Studien, wie den Global Web Index, die es erlauben, das unterschiedlichste Nutzungsverhalten und die Korrelationen miteinander basierend auf demografischen Merkmalen herunterzubrechen. Große Mediaagenturen arbeiten bereits an eigenen Studien, die es ermöglichen, Omnichannel-Reichweiten und Omnichannel-Wirkung nicht nur aufzuzeigen, sondern diese auch zu optimieren.

## OMNICHANNEL IN DER CUSTOMER JOURNEY

In weiterer Folge gilt es nun aufzudecken, welche „Wege“ Kunden häufig auf ihrem Weg zum Kauf beschreiten und an welchen Stellen sie abbiegen. Es wird für die wenigsten Produkte die eine Customer Journey geben. Meist sind diese Customer Journeys komplizierte Geflechte mit vielen Verzweigungen und genau diese müssen erst einmal aufgedeckt werden. Um Licht in das Netz der Customer Journeys zu bringen, gibt es zwei Ansätze.

### Korrelationen sichtbar und messbar machen

Verbindungen über eine Wahrscheinlichkeitsannahme aufzudecken, wird ebenfalls in zwei unterschiedlichen Bereichen angewandt. Zum einen werden zeitliche Korrelationen ausgewertet, wie beispielsweise das Zusammenspiel von TV-Werbung und Website-Besuchern. Dabei kann man einfach prüfen, ob mit Start der TV-Kampagne auch ein Anstieg in den Website-Besuchen einhergeht oder komplexere Systeme nutzen, um etwa Googlesuchanfragen zeitlich mit der Ausstrahlung von TV-Spots in Verbindung zu bringen. Durch letzteres kann dann zumindest korrelativ der Einfluss von TV-Werbung auf Sales nachgewiesen werden.

Um noch mehr Gewissheit und Genauigkeit in die Analyse zu bekommen, können zudem A/B-Tests gemacht werden, in denen einmal TV-Spots mit Nennung der Website und einmal ohne gespielt werden und analysiert wird, wie die Auswirkungen auf Suchanfragen und Website-Traffic sind.

Die andere Möglichkeit ist eine örtliche Korrelation. Auch hier gibt es eine Bandbreite an Möglichkeiten und Testoptionen: So kann eine regionale Plakatkampagne einen Vergleich in der Entwicklung der Sales- oder Besucherzahlen in der bespielten Region mit einer nicht bespielten Region ermöglichen. Dank GPS Tracking in Smartphones können örtliche Korrelationen sogar noch genauer messbar gemacht werden.

Beispielsweise indem man misst, ob Userinnen und User, die eine Kampagne gesehen haben, danach auch in einen der Stores gegangen sind. Google und Facebook bieten hier inzwischen sogar Ads an, die den User direkt zum Store navigieren.

## Direkte Attribution und Identifizierung

Besser ist natürlich, wenn ich Aktivitäten nicht nur per Wahrscheinlichkeit analysieren kann, sondern man direkte Verbindungen nachweisen kann. Hierfür gibt es bereits eine Vielzahl an Möglichkeiten und Systemen um dies aufzuzeigen – auch Verbindungen zwischen Offline- und Online-Kanälen.

Bereits seit Jahrzehnten in Verwendung sind Coupons. Durch unterschiedliche Barcodes lässt sich gut nachvollziehen, woher ein Kunde den Coupon hat und kann damit Rückschlüsse ziehen, welche Maßnahmen wie wirken. Ein weiteres System ist Call Tracking. Dabei werden an unterschiedlichen Stellen unterschiedliche Telefonnummern genutzt (meist nur in den letzten Stellen unterschiedlich), um zu messen, wie viele Kunden die Nummer nutzen, die auf der Website angegeben wird im Gegensatz zu der Nummer, die in einer Printanzeige gedruckt wurde.

Das digitale Äquivalent davon sind URL-Weiterleitungen, bei denen man einfache URLs wie „firma.at/tv" oder „firma.at/radio" nutzt, um zu sehen, welcher Kanal den User/die Userin auf die Webseite gebracht hat. Dieses Konzept kann auch im Hintergrund bei anderen Crosschannel-Systemen genutzt werden, um Analysen zu verfeinern. Durch QR- oder Scan-Codes werden User von Out-of-Home-Plakaten oder Printanzeigen direkt zur Website oder dem Social-Media-Auftritt geleitet und auch für weitere Schritte nachvollziehbar gemacht.

Die genaueste Art der Attribution sind aber User IDs. Diese kommen im Kerngeschäft oft bei Kundenkarten zum Einsatz und ermöglichen zu analysieren, wer, wie, wann, was kauft. Auch digital werden diese IDs immer wichtiger – zum einen aufgrund der immer stärker werdenden Datenschutzrichtlinien, aber für Unternehmen vor allem aufgrund ihres Potentials im Omnichannel Marketing.

Cookies werden nur auf einem Gerät gespeichert und erlauben daher nur die Nachvollziehbarkeit einer Geräte-ID. Meist nutzen wir jedoch jeden Tag eine Vielzahl an digitalen Geräten, wie Smartphone, Tablet und Laptop. Durch eine User ID können die Aktionen eines Users geräteübergreifend und dezentral aufgedeckt werden. Das Paradebeispiel hierfür ist Facebook: User loggen sich auf all ihren Geräten bei Facebook ein, wodurch es Facebook möglich ist, die unterschiedlichen Geräte-IDs mit einer einzelnen User ID in Verbindung zu bringen.

EL MEASU

## GET READY FOR THE FUTURE: DIE DIGITALISIERUNG IST GEKOMMEN, UM ZU BLEIBEN

Das geht nicht mehr weg. Aber: Digitalisierung ist kein Selbstzweck. Datenlösungen sind doch nicht bloß eine weitere IT-Aufgabe, es geht hier essentiell darum, für Kunden einen Mehrwert, einen Nutzen zu schaffen und effektiver mit ihnen zu kommunizieren.

Es gibt zwar Reports für jede noch so kleine Digitalkampagne, aber sie werden nur zum Teil gelesen und ganz selten in einen größeren Kontext gebracht. Unzählige Unternehmensberater analysieren Vor- und Nachteile von IT-Lösungen, aber wie diese später real genutzt werden und welchen Nutzen es für Kunden bringt, darauf wird kaum geschaut.

Wenn die Lösungen mal da und die Kanäle etabliert sind, dann wird das abgearbeitet und das Budget dafür ins nächste Jahr in der entsprechenden Excel-Zeile einkopiert. Und wenn neue Kanäle eröffnet werden – um cool zu sein, die Jungen anzulocken – dann zwicken wir ein bisschen Budget bei den anderen ab und weiter geht's.

Zerrissen zwischen unzähligen Agenturen und Dienstleistern, die alle versprechen, dass sie besser als jeder andere wissen, wie es geht und dass ihr Kanal, ihr Ansatz den Lead haben muss, läuft alles in den Marketingabteilungen zusammen. Mehr Personal gibt es kaum – wie auch, wenn der ROI nicht klar ist – aber das wird schon gehen. Meistens ist die Realität aber einfach mengenmäßige Überforderung. Zu viele Ansprechpartner, zu viele Ideen, zu viele Reports, zu viele Möglichkeiten, zu viele Trends, aber keine Zeit. Letztlich werden Entscheidungen aus dem Bauch heraus getroffen oder auf die lange Bank geschoben.

Besonders letzteres ist sogar die empfehlenswerteste Entscheidung, denn kaum jemand wird heute gefordert, die Dinge so zu planen, wie noch vor drei oder fünf Jahren. Innovation und Kundenzufriedenheit sind nicht Teil der KPIs oder so tief darin vergraben, dass man immer noch einfach TV-Spots oder Printinserate planen darf. Dann sieht der Geschäftsführer wenigstens die eigene Marke, und erkennt, dass man etwas getan hat.

Ein eigener Adserver und für größere Budgets Data Management Plattformen können den Marketern bei der Erfüllung ihrer zusätzlichen Aufgaben helfen.

## EIN EIGENER ADSERVER MACHT SINN

Immer mehr Auftraggeber setzen eigene Adserver bei der Ausspielung ihrer Online-Kampagnen ein. Das wirkt auf den ersten Blick wie ein unnötiger Zusatzaufwand, macht aber viel Sinn. Zumeist sind ja bereits zwei Adserver im Einsatz: Jener, der Mediaagentur und jener des Publishers. Auf beiden wird Werbung ausgespielt. Aber vielleicht braucht es den Adserver der Mediaagentur gar nicht, wenn ein eigener im Einsatz wäre. Was könnten die Vorteile sein?

### Datenhoheit verbleibt im Unternehmen

- Die gesamten Zielgruppen- und Kampagnendaten liegen inhouse
- Controlling kann auf Rohdaten zugreifen
- Bei einem Agenturwechsel bleibt die gesamte Kampagnenhistorie erhalten

### Einfaches Reporting

- Alle Leitungswerte in einem Reporting Tool
- Kampagnen, die nicht über eine Media Agentur laufen, im gleichen Report (etwa Affiliate-Kampagnen oder Newsletter)
- Jeder gewünschte Report lässt sich selbst erstellen
- Unabhängigkeit von der Mediaagentur

### Verbessertes Targeting

- Erkennen von Überschneidungen von Zielgruppen bei verschiedenen Publishern
- Vermeidung von Streuverlusten durch verbesserte Kampagnen-Insights

### Optimierte Kampagnenausspielung

- Permanente Überprüfung der Performance der Werbemittel möglich
- Ausspielungsfehler und Sichtbarkeit bei den Publishern werden transparent

### Weg mit dem „Black-Box" Syndrom

- Komplette Transparenz aller Kampagnen
- Alle KPIs aus erster Hand (CPM, CPC, CPO, CPL, CPX, etc.)
- Unabhängigkeit von der Mediaagentur

### Customer Journeys werden transparenter

- Unterschiedliche Botschaften für Neu- bzw. Stammkunden
- Ausspielung von Botschaften auf Basis von Userverhalten auf der eigenen Website

Diese ziemlich beeindruckende Menge an Vorteilen machen den Einsatz eines Adservers auch bei kleineren und mittleren Budgets durchaus sinnvoll, wenn regelmäßig und mit unterschiedlichen Kampagnen online geworben wird.

## DATA-MANAGEMENT-PLATTFORM

Warum Data-Management-Plattformen Sinn machen? Bei jedem Online-Kontakt mit dem Unternehmen gibt der Konsument Informationen über sich preis. Ja, das ist dank DSGVO nicht einfacher geworden. Dennoch: Die Erwartungshaltung der Kundinnen und Kunden ist es, individuell angesprochen zu werden – die richtige personalisierte Botschaft mit dem relevanten Inhalt, der sie/ihn interessiert und das zum richtigen Zeitpunkt auf dem passenden Kanal. Der effektivste Weg zu einer datengestützten Kommunikation in Echtzeit ist die Zentralisierung aller Daten auf einer Data Management Plattform (DMP).

In einer DMP werden Cookies von unterschiedlichen Systemen gespeichert und für Zielgruppen-Targeting miteinander verknüpft. Diese Daten können First-Party-Data (eigene Website, CRM, Warenwirtschaft, E-Mail-Adressen, Social-Media-Daten, ...) und Third-Party-Data (anonymisierte Userdaten von Publishern, Datenbroker) sein. Diese Daten werden auf User-Ebene zusammengeführt, sodass zum Beispiel ein device-übergreifendes Frequency Capping möglich wird (wenn ein User/eine Userin die Werbebotschaft bereits auf dem Smartphone und Tablet in der definierten Anzahl gesehen hat, wird sie ihm auf dem Desktop nicht mehr angezeigt).

Der Advertiser erhält ein integriertes Bild des digitalen Verhaltens des Konsumenten, was ihn in die Lage versetzt, fein segmentierte Zielgruppen punktgenau und anonymisiert zu erreichen. DMP-Daten vereinfachen und verfeinern im Zusammenspiel mit dem Adserver die Echtzeitanalyse und laufende Optimierung von Online-Kampagnen. Eine DMP kann einfach in bestehende IT-Ökosysteme eingebaut werden, das heißt es muss kein bestehendes System ersetzt werden.

### Wozu werden DMPs am häufigsten genutzt?

- Cross-Channel-Tracking, also Abgleich von Nutzerprofilen über verschiedene Geräte
- Online Nutzung von CRM-Daten
- Konsistente Cross-Channel Kommunikation, also die richtige Botschaft abgestimmt auf die Customer Journey
- Neukundengewinnung durch passende Daten von Drittanbietern
- Monetarisierung der eigenen Daten

## BIG DATA

Big Data ist ein tot geprügeltes Schlagwort. De facto ist es eine komplexe Aufgabe. Unternehmen wissen oft nicht, wie sie mehrere Datenquellen verschiedener Abteilungen zusammenziehen, integrieren und analysieren. Viele sammeln außerdem keine Daten, die über den eigenen Verwendungszweck hinausreichen, was sich logisch anhören mag, aber eigentlich suboptimal ist.

Nahezu 90 Prozent der Unternehmen nutzen weniger als 50 Prozent der ihnen zur Verfügung stehenden Daten für Auswertungen. Zu wenig Verständnis vom Nutzen der Daten bedingt, dass nur selten mehrere Abteilungen gemeinsam Daten nutzen. Und das ist eine Teufelsspirale. Die Quintessenz lautet: Viele Unternehmen haben das volle Big-Data-Potenzial (noch) nicht erkannt.

Big-Data-Initiativen sollten vor allem die Analyse großer Datenvolumen verbessern oder Vorhersagemodelle aufbauen. Aktuell sehen sich aber viele nur „großen Datenhaufen" gegenüber und erachten die Beschleunigung von Entscheidungen viel zu selten als veritable Chance.

Echte Ängste treten hervor, wenn es um die Automatisierung von Entscheidungen geht. Psychologisch vielleicht verständlich, ist dies in der Realität für den Unternehmenserfolg oft hinderlich. Big Data scheint leider eher von der IT, als vom Marketing vorangetrieben zu werden.

Gleichwohl werden Big-Data-Analysen vom Marketing häufiger vorgenommen als in der IT: Das heißt„der Geist ist willig, doch das Fleisch ist schwach. Gerade für Marketing und Werbung sind Daten heute eminent wichtig. Im datenbasierten Marketing können sie erheblich in das Ziel, Effektivität und Effizienz von Marketing-Investitionen einzahlen. Sie helfen Kunden und Zielgruppen besser zu verstehen. Und sie bedingen, dass digitale Medien an die Präferenzen der Kunden angepasst werden können. Der große „Hemmschuh" sind die oftmals limitierten Budgets, die wichtige Investitionen in datenbasiertes Marketing verunmöglichen. Außerdem stehen einer ganzheitlichen digitalen Marketingstrategie die unterschiedlichen Verantwortlichkeiten von IT- und Marketing-Managern entgegen.

## EFFEKTIV VS. EFFIZIENT – DIE RICHTIGEN DINGE TUN VS. DIE DINGE RICHTIG TUN

Unternehmen investieren hohe Budgets in Werbung, ohne ihre Effektivität zu kennen. Diese Lücke kann man schließen. Zum Beispiel durch „Smart Data". Let's talk about: **Media Mix Modelling**

> **Half the money I spend on advertising is wasted; the trouble is I don't know which half.**

Dieses Henry Ford zugeschriebene Zitat beschreibt die Situation vieler Marketingverantwortlicher nach wie vor erschreckend genau. Zwar haben diese häufig ein auf Umsetzungserfahrung basierendes Grundempfinden für die Wirksamkeit ihrer Werbung und können daher auch den einen oder anderen Beleg vorlegen, jedoch haben sie aber kaum eine quantitativ fundierte, in sich stimmige Gesamtsicht auf die Effektivität und Effizienz aller Werbemaßnahmen. In den vergangenen Jahren hat die Vielfalt an Mediengattungen und Absatzkanäle zugenommen.

Die Customer Journeys sind noch komplexer geworden, sodass diese Intransparenz der Wirkungsbeiträge von Marketing einen innerbetrieblichen Bedeutungsverlust von Marketing ausgelöst hat.

Ein ökonometrisches Modelling quantifiziert die Beziehung zwischen Werbeeinsatz und Werbewirkung (etwa Umsatz oder Kundenfrequenz). Der Vorteil: Es können unterschiedliche zukünftige Szenarien abgebildet werden. Diese zeigen, welcher Media-Mix, welchen Umsatz generiert. So erkennen wir den ROI pro Kanal, sowie den gesamten ROI von Marketinginvestitionen.

Durch das Modell können wir aus vergangenen Daten das optimale GRP Niveau, das optimale Timing, die Kosten, sowie was tatsächlich funktioniert, erkennen, ohne dabei einen Werbe-Cent in die Hand nehmen zu müssen.

### Welche Fragestellungen kann man durch ein Modelling beantworten?

- Welches Medium trägt wie viel zum Umsatz bei?
- Grundrauschen vs. durch Werbung ausgelöster Umsatz
- ROI pro Werbekanal
- ROI Marketingaktivitäten gesamt
- Optimaler Media-Mix
- Optimaler Mix regionale vs. nationale Werbung

Mit den Ergebnissen eines Modellings können Marketer ihren Beitrag am Gesamterfolg des Unternehmens transparent darstellen. Traut Euch, denn die dann nicht mehr stattfindenden Diskussionen werden Euch ein tägliches Wohlgefühl bringen.

## PERSÖNLICHE CONCLUSIO

### Von Netzwerken und Schneeflocken

Ursprünglich wollte ich einst Psychologie studieren. Mich faszinierte, wie Menschen denken und warum sie bestimmte Dinge tun und andere nicht. Es wurde dann aber ein Studium der Kommunikationswissenschaften, bei dem aber auch Psychologie eine große Rolle spielte, aber immer mit dem Hinblick darauf, wie Menschen miteinander interagieren.

Die Meisten werden sich jetzt fragen: „Was hat das mit Marketing, geschweige denn Omnichannel zu tun?" Sehr viel! Aufgrund eines Satzes, den jeder Kommunikationswissenschaftler kennt: **„Man kann nicht nicht kommunizieren!"**

Ganz zu Beginn des Kapitels haben wir von der Wahrnehmung der Kundinnen und Kunden gesprochen und dem komplexen Netzwerk an Verbindungen einer Customer Journey. An jedem dieser Punkte kommuniziert die Marke mit dem Kunden oder nicht und beeinflusst dadurch seine nächste Entscheidung.

Als Marke muss man also immer Omnichannel denken. An welchen Stellen macht es für mein Unternehmen Sinn, zu kommunizieren? Welche Rolle spielt Media dabei? Wo brauche ich gegebenenfalls nicht mehr weiter zu investieren?

Schnell wird man erkennen, dass sich ein sehr komplexes Bild zeichnet. Darum haben wir oft die Wörter „Netzwerk" und „Verbindungen" verwendet. Hinzu kommt, dass jeder Mensch einzigartig ist in seinen Bedürfnissen und Einstellungen.

Trotzdem kann man aber sagen, diese Netzwerke und Verbindungen folgen immer gewissen Grundschemata. Kennt man diese Grundgerüste, lassen sich die Teile leichter in das Gesamtbild eingliedern. Aus vielen komplexen Einzelteilen (was ist der perfekte Media-Mix, wie wirkt TV auf Sales, wie verläuft die Customer Journey, ...) wird nur dann ein perfektes Marketing-Konzept, wenn man auch wieder aus der Komplexität heraus-zoomt.

Ein durchdachtes und möglichst genaues Omnichannel Tracking hilft genau solche Fragen zu beantworten und kann somit Einfluss auf das gesamte Marketing des Unternehmens nehmen. Bessere Werbemittel dank Insights – dazu welche Produkte, wo relevant sind. Effizienterer Budgeteinsatz des Mediabudgets durch präzisere Steuerung von Überschneidungen und nachgewiesenen Wirksamkeiten. Effektiveres Marketing durch höhere Relevanz für den Kunden in jedem Kontakt.

## Über die Angst, sich selbst zu hinterfragen

Marketing ist ein Terrain mit vielen Bezugspunkten und „sensiblen Rädchen", an denen es laufend zu drehen gilt. Ich wusste, dass ich meinen Media-Mix in den vergangenen Jahren nur nach Bauchgefühl bzw. bestenfalls nach „educated guesses" zusammengestellt hatte. Mein „Verteilschlüssel" basierte auf dem Mediennutzungsverhalten der Konsumenten und dieses hatte sich – während meiner Berufsjahre – deutlich gewandelt. Mein Gefühl sagte mir: Wir hätten zu viel Printbudget allokiert und deutlich zu wenig Online in unserem Media-Mix. Bei Radio und TV nahm ich an, dass der Anteil passt.

**Was ich nicht wusste, waren die Verhältnismäßigkeiten:**
**Wie viel ist „zu viel" Print im Vergleich zu „zu wenig" Online?**

In diesem Job sollte man immer seine Entscheidungen challengen können und wollen, sich seiner Verantwortung für (sehr viel) Marketingbudget bewusst sein und dieses optimal einsetzen. In meinem Fall kam der Punkt, wo mehr Prospekte verlangt wurden, weil damit höhere Werbekostenzuschüsse zu erzielen wären, als mit Digitalwerbung. Auch nach mehr lokaler Printwerbung wurde verlangt, weil hier der lokale Werbekostenzuschuss für das Betriebsergebnis wichtig war. Dieser Zugzwang verstärkte sich Jahr für Jahr. Mir war klar, dass ich eine bessere Basis für die Entscheidungsfindung schaffen musste.

## Klarheit vor Harmonie

Als Basis einer guten Entscheidung bieten sich im Marketing allemal Daten an. Und in Zeiten der zunehmenden Digitalisierung sind ausreichend gute Daten in den Unternehmen vorhanden. Was selten vorhanden ist, ist eine neutrale Betrachtung, Analyse, Triangulation. Mein Weg zur Klarheit sollte durchaus meine bisherige Arbeit und Professionalität in der Planung hinterfragen – durch ein Datenmodell, das die Verteilschlüsse und Verhältnismäßigkeiten hinterfragte.

Die Kernfrage: Ist der aktuelle Media-Mix der optimale Mix für den maximalen Erfolg?

Wenn man ehrlich zu sich selbst ist, fällt es wohl eher in die Kategorie Zufall, wenn es einem Marketer gelingt, fünf bis sechs klassische Kanäle und bis zu zehn digitale Kanäle in einem optimalen Verhältnis zu planen – ohne mit „Big Data" zu arbeiten.

## Es gibt mehr Menschen, die kapitulieren, als solche, die scheitern

Mein erster Anlauf, ein Datenmodell im Unternehmen durchzuführen, scheiterte am internen Widerstand. Der Erfolg war da, der Leidensdruck gering. Warum sollte man eine größere Summe für einen ungewissen Erkenntnisgewinn ausgeben. Ich nehme gleich vorweg: Man sollte besser „investieren" schreiben, denn diese Kosten amortisieren sich rasch vielfach wieder. Und: Ein detaillierterer Blick würde zudem die eigene Werbekostenzuschuss-Strategie in Frage stellen. Das sind allesamt ungeliebte Diskussionspunkte, die keiner in seinem daily business haben will. Oder doch?

Was ein guter Marketer heute braucht, ist Beharrlichkeit und Mut. Ich ließ also nicht locker und stellte ein Jahr später mein Big-Data-Modell vor. Bis zu einem gewissen Grad war das sehr verwegen. Aber: Ich habe mich abgesichert und im Vorfeld schon kommuniziert, dass ein deutlich anderer Media-Mix als Ergebnis herauskommen wird.

Nun lag er also am Tisch, der „optimale Media-Mix" laut Datenmodellierung. Ich hatte operativ schnell die Weichen zur Implementierung gestellt, denn es wäre kaufmännisch fahrlässig gewesen, wider besseres Wissen mit einem falschen Media-Mix zu agieren. Von der Geschäftsführung wurde ich zur Verantwortung verpflichtet, dass die prognostizierten Umsatzziele trotz eines geringeren Mediabudgets erreicht werden. Und: Ein Teil des optimierten Budgets wurde ins Ergebnis gepackt.

Nachträglich kann ich nun mit etwas Abstand sagen, es war dies wohl mein spannendstes Jahr in all meinen Berufsjahren. Und: Es hat geklappt. Absolut alle Ziele wurden mit deutlich reduziertem Budget erreicht. Ich war „unantastbar": Keiner konnte in den Media-Mix eingreifen, weil eine Abänderung nicht dem maximalen Umsatz gedient hätte. Schön. Endlich.

# KEY TAKEAWAYS
## dieses Kapitels auf einen Blick:

1. Konsumenten denken nicht in Mediakanälen, Kampagnen oder Kalenderwochen.

2. Omnichannel Measurement zieht sich von Marketing bis Sales.

3. Machen Sie Ihre Customer Journey sichtbar vom Media-Kontakt bis zum Kauf, optimal auch Kundenbindungsmaßnahmen bis zum Wiederkauf.

4. Aufdecken von Korrelationen zwischen Media/ Marketing-Maßnahmen und Sales ist ein einfach zu realisierender erster Schritt.

5. Verfeinern Sie die Analyse durch direkte Attributionen.

6. Investieren Sie in die Zukunft mit Technologien, die diese Messbarkeit erhöhen, wie einem eigenen AdServer und einer Data Managment Plattform.

7. So entsteht aus zersplitterten Daten-Silos unternehmensrelevantes „Big Data".

8. Dies gilt es dann noch durch Datenmodelle und Automatisierung in „Smart Data" zu übersetzen.

9. Omnichannel Measurement ist ein Investment in die Zukunft für mehr Effizienz und Effektivität und einen nachhaltigen Unternehmenserfolg.

DIGITALE TRANSFORMATION

# In sieben Schritten zur erfolgreichen Online-Marketing-Strategie

*Die Möglichkeiten im Online Marketing werden immer vielfältiger. Alle zu bedienen, ist schier unmöglich und auch nicht sinnvoll. Die große Frage ist daher, welche Möglichkeiten ich als Unternehmen nutze, welche ich bewusst außen vor lasse und in welcher Reihenfolge ich vorgehe. In diesem Kapitel zeige ich Ihnen einen Weg, der sich in der Praxis bereits bestens bewährt hat.*

**MANFRED GANSTERER**

Die digitale Transformation ist das Ereignis der Menschheitsgeschichte, das den größten soziologischen Impact auf uns hat. Wir merken es meistens nicht bewusst, weil die Digitalisierung unseren Alltag völlig durchdrungen hat.

**Aber machen wir ein kleines Gedankenexperiment: Beamen Sie sich selbst aus dem Jahr 2006 in die heutige Zeit. Das sind nur 16 Jahre – ein Wimpernschlag in der Geschichte der Menschheit – aber es ist massiv viel passiert.**

2006 waren die beliebtesten Handys (nicht Smartphones, die gab es noch nicht) jene von Nokia. Niemand hätte geglaubt, dass diese coole Marke wenige Jahre später in die Bedeutungslosigkeit verschwindet. Der heißeste technologische Scheiß war der Nokia Communicator, ein klobiges Teil mit pixeligem Bildschirm, mit dem man rudimentäre Websites ansehen konnte.

Fotos wurden 2006 mit Digitalkameras geschossen. Ja, okay, einige Handys konnten bereits Bilder aufnehmen, aber da konnte man die Pixel einzeln zählen.
Um ein Fernsehgerät an die Wand zu hängen, musste man mehrere sehr starke Dübel verwenden. Um ans Ziel zu kommen, haben wir Navigationsgeräte verwendet. Google Maps gab es zwar schon, es war aber noch nicht wirklich der „Allesfinder" von heute. Ein Mensch von damals wäre heute etwas überfordert. Wenn wir ihm ein Smartphone in die Hand drücken, wäre er wahrscheinlich fassungslos, was dieses digitale Schweizermesser alles beherrscht. Wir steuern unsere Smart Homes mit Sprachassistenten und haben jede erdenkliche Information innerhalb von Sekunden verfügbar.

15.

**Spinnen wir das Gedankenexperiment weiter: Beamen wir uns aus der Jetztzeit zehn Jahre in die Zukunft. Wahrscheinlich würde es uns gleich ergehen, wie dem Menschen aus 2006 in der heutigen Zeit.**

Durch den weiterhin beschleunigten technologischen Fortschritt wird die Welt in zehn Jahren ganz anders aussehen, als heute. Wahrscheinlich belächeln wir die Smartphones der Jetztzeit als anachronistische Gadgets, die längst überflüssig geworden sind. Wir werden es erleben...

Die digitale Transformation konfrontiert Unternehmenseigentümer und Führungskräfte mit neuen Herausforderungen: Die Kundinnen und Kunden sind den Unternehmen in ihrem digitalen Verhalten oft voraus. Es gibt eine große Anzahl an digitalen Touchpoints, mit denen Unternehmen mit den Kundinnen und Kunden interagieren können. Junge Mitarbeiter – Digital Natives – haben einen Wissensvorsprung gegenüber den Führungskräften, die meistens Digital Immigrants sind.

Die Möglichkeiten im Online Marketing werden immer vielfältiger. Alle zu bedienen, ist schier unmöglich und auch nicht sinnvoll. Die große Frage ist daher, welche Möglichkeiten ich als Unternehmen nutze, welche ich bewusst außen vorlasse und in welcher Reihenfolge ich vorgehe. Für all jene, die sich einen ersten Überblick über den erfolgreichen Online-Marketing-Fahrplan schaffen möchten: Nachfolgend finden Sie die erfolgreiche Online-Marketing-Strategie in sieben Schritten kurz zusammengefasst.

## SCHRITT 1
### Website

Starten Sie damit, Ihre Website auf State-of-the-art-Niveau zu bringen. Klingt selbstverständlich und banal, ist es aber nicht.

## SCHRITT 2
### Google My Business Account

Richten Sie sich einen Google My Business Account ein. Dieser wird oft vergessen, ist aber kostenlos nutzbar und das Unternehmen wird automatisch auf der ersten Suchergebnisseite von Google mit den wichtigsten Infos gezeigt.

## SCHRITT 3
### Webanalyse

Lernen Sie Ihre Kunden kennen und richten Sie sich ein Webanalyse-Tool auf der Website ein.

## SCHRITT 4
### SEO und/oder Social Media

Wird Ihr Unternehmen oder Ihr Produkt viel und oft „gegoogelt", dann ist für mich ein gutes Suchmaschinenmarketing – KMUs empfehle ich (auch aus Kostengründen) Social Media Marketing mit passendem Content – als Schritt 4.

## SCHRITT 5
### Facebook und Instagram

Nutzen Sie Facebook und Instagram als Werbekanal. Die beiden Plattformen bieten gute Targeting-Möglichkeiten für Botschaften mit geringen Streuverlusten.

## SCHRITT 6
### E-Mail- & Newsletter Marketing

Gut gemachtes E-Mail- und Newsletter Marketing mit relevanten Inhalten ist auch heutzutage noch für viele Unternehmen ein wichtiger Bestandteil eines erfolgreichen Online Marketing Mix.

## SCHRITT 7
### Display-Werbung

Für jene Unternehmen, die ausreichend Budget zur Verfügung haben und eine große Reichweite benötigen, ist Schritt 7 Display-Werbung (also Banner Ads). Alle anderen können bereits nach Schritt 6 ihren Online-Marketing-Fahrplan als erfüllt ansehen.

# SCHRITT 1: WEBSITE NUTZERFREUNDLICH GESTALTEN

## Responsive Design

Wenn es um das Thema Nutzerfreundlichkeit von Webseiten geht, kommt man am Zauberwort „Responsive Design" einfach nicht vorbei. Da die Größe und Auflösung von Displays von Smartphones, Tablets oder Desktops deutlich variieren, muss dies bereits in der Programmierung mitberücksichtigt werden. Wenn man sich durch das Webuniversum klickt, stößt man jedoch noch immer auf zahlreiche Websites, die nicht „responsive" programmiert wurden. Sollten Sie sich hier angesprochen fühlen: Sprechen Sie gleich heute mit Ihrem Website-Programmierer!

## Mobile first oder desktop first?

Im B2C-Bereich hat sich bereits klar „mobile first" durchgesetzt. Im B2B-Bereich ist man mit „desktop first" noch gut unterwegs. Im Hinterkopf sollte man jedoch berücksichtigen, dass die Website auch auf Smartphones userfreundlich angezeigt wird.

## Website: Content & Design

Hier habe ich Ihnen einige Design- und Content-Kriterien für eine gute Website zusammengestellt:

**Klare Interaktion**

- Setzen Sie auf eine klar beschriftete, nicht zu verzweigte Navigation und berücksichtigen Sie die Besonderheiten von Desktop- und Mobilversion.
- Machen Sie all Ihre Interaktions- und Kontaktmöglichkeiten gut sichtbar.
- Verwenden Sie dafür ein eigenes Call-to-action-Design.

**Sprache**

- Verwenden Sie Zwischenüberschriften und strukturierte Hervorhebungen.
- Schreiben Sie Ihren Content in einfacher Sprache und verwenden Sie kurze und präzise Sätze.
- Eine korrekte Rechtschreibung und korrekte Zeichensetzung ist auch im Web unabdingbar.

**Layout & Schriftbild**

- Verwenden Sie einen einheitlichen Stil, der sich als roter Faden durch die gesamte Website zieht.
- Entwickeln Sie ein ruhiges, harmonisches, gut kontrastierendes, aber nicht zu buntes und dichtes Design.
- Setzen Sie Akzente mit Farben oder Design-Elementen.
- Versuchen Sie, für den Hintergrund eine helle Farbe und als Schrift eine dunkle, möglichst kontrastreiche Farbe zu verwenden.
- Setzen Sie auf eine gut lesbare Schrift und klar definierte, wenige Schriftarten.

### Geringe Ladezeiten sind ein must have

Websitebesucher sind ungeduldig. Wenn die Seite zu lange zum Aufbau braucht, sind sie auch schnell wieder weg. Denn es gibt meistens genug Mitbewerber, die nur einen Klick entfernt sind. Ladezeiten über vier Sekunden sind ein absolutes No Go. Der Grund für zu lange Ladezeiten liegt oft bei zu hoher Auflösung beim verwendeten Bildmaterial. Die Kunst liegt somit darin, die Bildgröße, so gering wie möglich und die Bildauflösung, so gut wie nötig zu wählen. Rasche Ladezeiten sind jedoch nicht nur für den Punkt Nutzerfreundlichkeit wesentlich, sondern auch für das Google Ranking. Schnelle Ladezeiten bringen auch Pluspunkte für die organische Suche.

**Ein paar Tipps dazu:**

- Für die optimale Bildauflösung in Adobe Photoshop: Menüpunkt „save for web"
- Wählen Sie für Ihr Webdesign Farben, die gut harmonieren. Adobe Color ist hierfür ein interessantes Tool: https://color.adobe.com/

## SCHRITT 2: GOOGLE MYBUSINESS AUFRITT EINRICHTEN

### Kostenloses Tool

Google MyBusiness ist ein kostenloses Tool, mit dem Sie den Auftritt Ihres Unternehmens bei allen Google Produkten (Maps, Suche etc.) verwalten können. Für die Präsenz auf Google My Business müssen Sie nur einmalig Ihre Unternehmensdaten hinterlegen. Diese Daten erscheinen dann sowohl bei der Google-Suche, als auch beim Navigationsservice Google Maps. Kundinnen und Kunden können sich dann von unterwegs direkt zu Ihrem Unternehmensstandort führen lassen. Ändern sich Ihre Unternehmensdaten, dann können Sie diese jederzeit einfach anpassen.

### Lernen Sie Ihre Kunden besser kennen!

Google MyBusiness bietet Ihren Interessenten eine einfache Möglichkeit, Erfahrungsberichte und Kommentare zu veröffentlichen und damit mit Ihnen in Kontakt zu treten. Daher mein Tipp: Reagieren Sie auf jedes Feedback Ihrer Kunden, egal ob dieses gut oder schlecht ausfallen sollte! Auch eine anfängliche Beschwerde kann mit einem wertschätzenden und entgegenkommenden Feedback zu einem positiven Kundenerlebnis werden.

### Positive Auswirkung auf Ihr Unternehmensranking

Die soeben besprochenen Kundenerfahrungen geben nicht nur einen Aufschluss, wie zufrieden Ihre Kunden sind, sondern steigern auch ihre Bekanntheit und damit auch Ihr Suchmaschinenranking. Ebenfalls empfehlenswert ist die Verknüpfung des Google MyBusiness Account mit Google Analytics. Diese Verknüpfung ermöglicht Ihnen eine einfache Analyse der von Google gespeicherten Daten. Somit können sie ablesen, wie viele Interessenten Ihren Account besucht haben.

**Ein Tipp dazu:**

- https://www.google.com/intl/de_at/business/

## SCHRITT 3: WEBANALYSE TOOL NUTZEN

Für alle, die sich nicht nur vom Bauchgefühl, sondern auch gerne von Fakten leiten lassen, ist ein Webanalyse-Tool unverzichtbar. Ich sage hier bewusst Webanalyse-Tool, denn es gibt weit mehr als nur Google Analytics. Welche Inhalte meiner Webseite sind am attraktivsten? Wie lassen sich die Nutzererfahrung und der Kampagnen-Erfolg verbessern? Und welchen Einfluss auf den Traffic haben eigentlich soziale Netzwerke?

## SCHRITT 4: SUCHMASCHINEN MARKETING ODER SOCIAL MEDIA

### Search oder Social?

Wie schon in der Einleitung erwähnt, hängt die Priorisierung von der jeweiligen Branche ab: Wird das Unternehmen oder das Produkt viel gegoogelt, dann ist für mich ein gutes Suchmaschinen Marketing Schritt 4, KMUs empfehle ich – auch aus Kostengründen – Social Media als Schritt 4. Die Entscheidung über Schritt 4 lege ich somit vertrauensvoll in Ihre Hände.

### Suchmaschinen Marketing: Google Ads

Google Ads sind Textanzeigen, die ganz oben in der Google Ergebnisseite angezeigt werden. Sie sind erkennbar durch die Kennzeichnung Anzeige. Google spielt bis zu vier Anzeigen aus. Die jeweilige Position ergibt sich aufgrund des dahinterliegenden Aktionssystems aus dem Gebotspreis und dem Qualitätsfaktor. Dieser Qualitätsfaktor gibt Auskunft darüber, wie gut der Content auf der Zielseite eingestuft wird. Sichtkontakt ist gratis, bezahlt wird nur, wenn der User oder die Userin die Anzeige klickt. Interessantes Detail am Rande: 42 Prozent der Internetnutzer wissen nicht, dass es sich bei den ersten Suchergebnissen um Werbeeinschaltungen handelt.

**Die Vorteile von Google Ads sind:**

- Sie erreichen damit die relevante Zielgruppe, die sich für Ihr Produkt bzw. Ihre Dienstleistung interessiert
- Google Ads sind auch für kleine Budgets geeignet. Sie bestimmen, wie viel Geld Sie investieren möchten.
- Sie gehen kein Risiko ein, da Sie bereits vor dem Start der Kampagne definieren, wieviel Sie in welchem Zeitraum einsetzen. Es gibt keine Zusatzkosten wie Monatsgebühren.
- Klare Messbarkeit von Kosten: Zu zahlen ist nur, wenn User auf die Anzeige klicken.
- Aufgrund der genauen Ausrichtung auf die gewünschte Zielgruppe haben Sie geringe Streuverluste. Sie bestimmen, zu welcher Tageszeit, auf welches Gerät zu welcher Interessens- oder Altersgruppe ausgespielt werden soll.
- All dies bringt Ihnen einen hohen Grad an Flexibilität.

## Social Media

### Social Media-Strategie und Social-Media-Ziele

Ein Facebook oder Instagram Account ist schnell eingerichtet. Bevor Sie aber fleißig zu posten beginnen, sollten Sie im Unternehmen die Entscheidung treffen: Wollen Sie überhaupt in sozialen Medien präsent sein, oder nicht? Wenn ja, dann brauchen Sie – wie auch sonst im Marketing – eine Strategie, einen Maßnahmenplan und auch genügend Men- und Women-Power. Ebenfalls essentiell: Die Social-Media-Strategie muss zur gesamten Unternehmens- und auch Marketingstrategie passen. Eine weitere Frage, die Sie sich stellen sollten: Was ist Ihr Ziel, das Sie erreichen möchten? Möchten Sie mit Facebook Ihre Unternehmensmarke stärken, einen weiteren Servicekanal ausbauen oder mit einer Employer-Marketing-Strategie dem Fachkräftemangel entgegenwirken?

### Zuständigkeiten und Regeln

Und dann ist schon die nächste Frage da: Wer ist zuständig und wer ist verantwortlich? Ist es wirklich sinnvoll, jedes Posting vom Geschäftsführer absegnen zu lassen? Wie gehen Sie mit kritischen Kommentaren um? All diese Fragen sollten in einem Social-Media-Handbuch oder -Leitfaden niedergeschrieben werden. Denn wie auch sonst im Business gilt: Ganz oder gar nicht!

### Starten Sie mit Facebook!

Ist das „Ja" für Social Media in Ihrem Unternehmen gefallen, dann empfehle ich, mit Facebook zu starten. Bauen Sie Ihre Facebook-Präsenz so auf, dass Sie ein vollständiges Unternehmensprofil anlegen und vergessen Sie dabei nicht auf das Impressum. Verlinken Sie Ihr Facebook Profil mit Ihrer Website und umgekehrt. Posten Sie regelmäßig. Die Daumenregel lautet mindestens einmal pro Woche maximal einmal pro Tag. Stellen Sie Postings als Frage, um User zur Antwort zu animieren.

**Was funktioniert gut auf Facebook?**

- Setzen Sie auf Menschen und Gesichter, nicht anonyme Produktfotos.
- Bringen Sie User Generated Content und erzählen Sie damit, wie Ihr Produkt oder Ihre Dienstleistung das Leben Ihrer Kunden verbessert, erleichtert oder auch erfreut hat.
- Sammeln Sie Anekdoten Ihrer Kundinnen und Kunden und holen Sie die Erlaubnis ein, diese auch mit Namensnennung und Bild zu posten.
- Verwenden Sie Bilder im Hochformat, denn die meisten Facebook User steigen via Smartphone ein.
- Unbezahlte (=organische) Reichweite ist auf Facebook kaum mehr vorhanden. Unterstützen Sie daher wichtige Postings mit einem kleinen Werbebudget.

**Trial and Error**

Was ich Ihnen auch raten kann: Seien Sie mutig, probieren Sie einiges aus. Dann sehen Sie rasch, wie Sie Ihre Facebook-Besucher am besten erreichen können. Ihre Erfahrungen mit Facebook, können Sie dann gleich auf andere Kanäle, wie etwa Instagram, umlegen.

**Content is king**

- Mit wirklich gutem Content kann man immer noch punkten. Verschaffen Sie Ihren Facebook-Besucherinnen und -Besuchern Insights über Ihr Unternehmen oder Ihr Produkt. Wo und wie werden Ihre Produkte hergestellt?
- Holen Sie Ihre Mitarbeiterinnen und Mitarbeiter vor den Vorhang.
- Bringen Sie Ihre Fans zum Schmunzeln.
- Aber Sie können auch mit Fakten punkten: Liefern Sie spannendes Fach-/Hintergrund-Wissen, das ein Problem Ihres Kunden löst.
- Stellen Fans Ihnen Fragen, dann nutzen Sie diese Möglichkeit der Interaktion und beantworten diese Fragen rasch. Antwortzeiten, die über 24 Stunden liegen, sind ein No Go.
- Zu gut gemachtem Content zählen heutzutage auch Infografiken oder Videos. Beides kann für Ihre Fans und Follower sehr spannend sein. Und gerade die junge Zielgruppe zieht (Bewegt)Bilder reinen Text-Postings vor.
- All diese Tipps kann ich rasch auf einen Nenner bringen: Seien Sie mit Selbstbeweihräucherung und Ich-Aussagen zurückhaltend und konzentrieren Sie sich auf die Bedürfnisse Ihrer Follower.

## Social Media Werbung

Der Werbemarkt für Digital wächst und wächst. Auch, oder besser gesagt, gerade in Corona-Zeiten. Die Focus Werbebilanz weist für Österreich ein Plus von 7,1 Prozent für Online Social für das 1. Halbjahr 2020 im Vergleich mit dem 1. Halbjahr 2019 aus. Viele klassische Werbekanäle wie TV, Print oder auch Billboard mussten in dieser Zeit teils herbe Verluste hinnehmen.

Die organische Reichweite von Postings ist kaum mehr vorhanden. Es sehen nur noch zwischen 1 und bestenfalls 15 Prozent meiner Fans meine Werbung. Daher braucht es ein Marketing-Budget, um hier nach wie vor sichtbar zu sein.

**Vorteile von Social-Media-Werbung sind:**

- Aufgrund all unserer Postings auf Social-Media-Kanälen kann Facebook unsere Interessen und Vorlieben sehr gut einschätzen und damit nur jene Werbung ausspielen, die uns interessiert.
- Mit Social Media Ads erreicht man ein breiteres Publikum, und nicht nur jene Fans, die meine Seite abonniert haben.
- Man kann die Zielgruppe klar definieren und transparent ansprechen.
- Social Media Ads haben auch einen positiven Impact auf Ihre Websitezugriffe.
- Sie können tagesaktuell bestimmen, wieviel Budget Sie investieren.

## SCHRITT 5: E-MAIL NEWSLETTER MARKETING

Ein sehr unterschätzter Kommunikationskanal ist der gute alte E-Mail-Newsletter. Newsletter Marketing ist kostengünstig, einfach umsetzbar und Sie bestimmen, was Sie wann und wie kommunizieren möchten. Nutzen Sie das Double-Opt-in-Verfahren, das heißt User bekommen nach Ihrer Anmeldung zum Newsletter noch eine Bestätigungsmail, dann sind Sie auch hinsichtlich Datenschutz-Grundverordnung (DSGVO) sicher.

Ebenfalls für jeden Marketer interessant: Der Erfolg oder auch Misserfolg ist – je nach verwendeten Newsletter-Programm – mit einigen Klicks ermittelbar. Öffnungsrate und Klickrate liefern Ihnen aufschlussreiche Infos dazu. Sollten Sie mit den erreichten Klicks nicht zufrieden sein, dann empfehle ich A/B-Tests. So können Sie aufgrund von Reaktionen der Newsletter-Empfänger testen, welche Newsletter-Variante erfolgreicher ist.

Jeder Newsletter Click beginnt mit einer guten Betreffzeile. Jeder von uns kennt es: Viele Newsletter finden sich im Posteingang, aber nur wenige werden es tatsächlich schaffen, geöffnet zu werden. Der Schlüssel für den Erfolg liegt bei einer „klickwürdigen" Betreffzeile.

### Tipps für die Betreffzeile:

- Stellen Sie das wichtigste, Ihre Hauptbotschaft, an den Anfang.
- Die ideale Betreffzeile ist zwischen 25 und 40 Zeichen lang, alles andere wird sonst abgeschnitten.
- Verwenden Sie keine Sonderzeichen und Emoticons.
- Auch durchgängige Großbuchstaben sind nicht empfehlenswert.

### Für den Newsletter-Text gelten die gleichen Tipps, wie für Webtexte generell:

- Das Wichtigste gehört nach oben.
- Schaffen Sie mit Überschriften und Boxen Struktur.
- Formulieren Sie kurz und prägnant.
- Optimieren Sie den Newsletter für Smartphones.
- Verwenden Sie ansprechende, Newsletter-optimierte Bilder.
- Verknüpfen Sie Ihren Newsletter mit Social Media.

## SCHRITT 6: GOOGLE DISPLAY NETZWERK (GDN)

Für all jene, die viel Budget zur Verfügung haben und gleichzeitig viel Reichweite brauchen, empfehle ich als letzten Schritt das Google Display Netzwerk (GDN). GDN ist ein Werbenetzwerk von Google, das aus mehreren Millionen Websites besteht, auf denen man Display-Werbung schalten kann. Der Vorteil ist, dass Sie Ihre Kampagne hier zielgerichteter auf Ihre passenden Zielgruppen ausrichten können.

### Folgende Targeting-Möglichkeiten bieten sich

- **Nach Geräten**
  PC, Notebook, Smartphone

- **Nach Themen**
  Google teilt jede Website einem Themengebiet zu

- **Nach Interessen der User**
  Google beobachtet unser Surfverhalten und legt Profile von uns an. Anhand dieser Profile wird dann die Anzeige ausgespielt

Alternativ können Display Banner auch auf reichweitenstarken Websites, etwa von Medienhäusern, ausgespielt werden. Hier empfiehlt sich die Verwendung von programmatischen Tools zur Ausspielung in Echtzeit, um Streuverluste gering zu halten.

# KEY TAKEAWAYS dieses Kapitels auf einen Blick:

1. Die Möglichkeiten im Online Marketing werden immer vielfältiger. Alle zu bedienen, ist schier unmöglich und auch nicht sinnvoll.

2. Starten Sie Ihre Online-Marketing-Strategie damit, Ihre Website auf State-of-the-art-Niveau zu bringen.

3. Richten Sie sich einen Google My Business-Account ein. Dieser wird oft vergessen, ist aber kostenlos nutzbar

4. Lernen Sie Ihre Kunden kennen und richten Sie sich ein Webanalyse-Tool auf der Website ein.

5. Wird Ihr Unternehmen oder Ihr Produkt viel „gegoogelt", dann ist ein gutes Suchmaschinen Marketing wichtig. KMU sollten – auch aus Kostengründen – ihr Social Media Marketing mit passendem Content forcieren.

6. Nutzen Sie Facebook und Instagram als Werbekanal. Die beiden Plattformen bieten gute Targeting-Möglichkeiten für Botschaften mit geringen Streuverlusten.

7. Gut gemachtes E-Mail- und Newsletter Marketing mit relevanten Inhalten ist auch heutzutage noch für viele Unternehmen ein wichtiger Bestandteil eines erfolgreichen Online-Marketing-Mix.

8. Alle, die ausreichend Budget zur Verfügung haben und eine große Reichweite brauchen, sollten auf Display-Banner setzen.

# AD FRAUD, VISIBILITY TRACKING UND AD BLOCKER

*Dieses Kapitel befasst sich mit der Problematik von Ad Frauds, Ad Blockern sowie dem damit zusammenhängenden Visibility Tracking. Doch wie funktionieren Ad Blocker eigentlich? Was steckt hinter dem Begriff Ad Fraud? Und welchen Einfluss hat Visibility Tracking auf den Erfolg von digitalen Werbekampagnen?*

**MICHAEL MALIK**

Kaum ein Unternehmen kann es sich heutzutage noch leisten, auf digitale Werbemaßnahmen zu verzichten. Der starke Anstieg an Display- und Performance-Marketing stellt die digitale Werbebranche – allen voran Content-Anbieter und Publisher – zunehmend vor große Herausforderungen. Diese stehen in der Pflicht, betrügerischen Aktivitäten Einhalt zu gebieten und die User, trotz der steigenden Beliebtheit von Ad Blockern, von den eigenen Angeboten zu überzeugen. Für Werbetreibende und Webagenturen wiederum gilt es, ihre Kampagnen laufend zu optimieren, damit diese auch wahrgenommen werden.

## WAS IST AD FRAUD?

Unter Ad Fraud versteht man das Vortäuschen nicht erbrachter Werbeleistungen. Ziel dieser Technik ist es, durch Fälschung von hohem Traffic-Aufkommen finanzielle Vorteile zu erwirtschaften. Die Konzepte hinter Ad Fraud sind teils unterschiedlich, wobei meist zwischen zwei Ansätzen unterschieden wird.

### Click Fraud – Traffic ohne Werbewirkung

Digitale Werbeanzeigen werden in der Regel pro Klick abgerechnet. Es entstehen dabei nur Kosten für den Werbetreibenden, wenn ein User auch tatsächlich auf eine eingeblendete Werbung klickt. Click Fraud nutzt dieses Konzept zum eigenen Vorteil und manipuliert die Clickrate künstlich in die Höhe. Die Klicks lassen sich manuell oder automatisch durch Click Bots erzeugen. Oftmals nutzen die Betrüger dafür ganze Botnetze, die künstlich Klicks mit unterschiedlichsten IP-Adressen erzeugen.

### Impression Fraud – die unsichtbaren Anzeigen

Beim Impression Fraud verwenden Betrüger Anzeigen, die für das menschliche Auge nicht wahrnehmbar sind. Beliebte Ansätze in diesem Bereich sind beispielsweise Ad Stacking, bei dem mehrere Ads übereinander gereiht werden oder das Pixel Stuffing, bei dem die Anzeige auf eine Größe von 1 x 1 Pixel reduziert ausgespielt wird.

## WIE SCHÜTZT MAN SICH VOR AD FRAUD?

Werbetreibende schützen sich am besten, indem Sie auf vertrauenswürdige Vermarkter und Publisher setzen. Diese sind in der Regel etwas kostenintensiver, jedoch sind die Anzeigen auch besser vor Ad Fraud geschützt. Zudem empfiehlt es sich mittels Tools wie Google Analytics laufend das Klickverhalten der User zu überwachen.

So deutet beispielsweise ein unausgeglichenes Verhältnis zwischen steigenden Besucherzahlen und Conversions auf einen Werbebetrug hin. Darüber hinaus haben sich inzwischen zahlreiche Agenturen auf Maßnahmen gegen Ad Fraud spezialisiert und bieten Lösungen wie Ad Verification sowie weitere Tools an.

## VISIBILITY TRACKING

Ein weiteres Problem vor dem Marketer oftmals stehen, ist, dass die technisch ausgelieferte Werbung von der Zielgruppe nicht wahrgenommen wird, jedoch Kosten verursacht. Das Visibility Tracking hilft dabei, herauszufinden, welche Inhalte die Besucher wirklich sehen.

## WIE WIRD GEMESSEN?

In der Regel funktioniert das Tracking mittels eines in der Seite eingebauten Skripts, das in Intervallen ein Signal an den Adserver schickt. Sobald sich die Anzeige nicht mehr im sichtbaren Bereich befindet oder der User ein anderes Fenster öffnet oder den Tab wechselt, wird das Signal unterbrochen. Von besonderem Interesse sind hierbei auch das Scrolling-Verhalten und die Dauer, wie lange bestimmte Elemente für die User sichtbar sind. Von einer guten Visible Impression spricht man beispielsweise, wenn 50 Prozent eines Banners für mindestens eine Sekunde sichtbar sind.

Auf Basis der durch Visibility Tracking gesammelten Daten lässt sich die optimale Position für Werbeeinschaltungen ableiten, sodass diese die bestmögliche Sichtbarkeit erreichen. Zudem schafft die gezielte Analyse des Nutzerverhaltens Transparenz und stärkt das Vertrauen in Werbeplattformen und Publisher.

## AD BLOCKER

Unter einem Ad Blocker versteht man für gewöhnlich spezielle Filtersoftware, die es Benutzern erlaubt, Werbeeinschaltungen auf Webseiten zu blockieren. Je nach Tool lassen sich hierbei bestimmte oder alle Anzeigen deaktivieren, wodurch die Webseite übersichtlicher erscheint und eine bessere Navigation ermöglicht. Den Content-Anbietern entgehen durch Werbeblocker jedoch wichtige Einnahmequellen, wodurch immer mehr Publisher auf harte Bezahlschranken oder sogenannte Freemium Modelle setzen. Viele erprobte Modelle zielen darauf ab, Besucher davon zu überzeugen, den Werbeblocker zu deaktivieren. Wird der Aufforderung nicht nachgekommen, so sind die Inhalte der Webseite nicht aufrufbar. Damit dieser Ansatz in der Praxis funktioniert, muss die Webseite im ersten Schritt erkennen, dass der Besucher einen Ad Blocker benutzt. Erst dann ist es möglich, in einen Dialog mit dem User zu treten und diesen aufzufordern, sein Verhalten zu ändern. Im deutschsprachigen Raum wird dieses Modell heutzutage besonders häufig von Nachrichten-Magazinen und Zeitungen eingesetzt. Einige Plattformen, wie beispielsweise bild.de oder blick.ch gehen hierbei restriktiv vor und zeigen ihren Besuchern keinerlei Inhalte, sofern diese den Ad Blocker nicht deaktivieren. Andere große Nachrichtenportale wie sueddeutsche.de, faz.net oder manager-magazin.de setzen wiederum auf sogenannte Whitelist-Modelle, bei denen bestimmte Inhalte nur gegen Gebühr eingeblendet werden. Zusätzlich besteht die Option, über Ad Reinsertion blockierte Werbeeinblendungen abermals anzuzeigen, nachdem diese blockiert wurden.

## FAZIT

Die drei vorgestellten Techniken beeinflussen Werbetreibende und Content-Anbieter gleichermaßen. Leider kommt Werbebetrug öfter vor, als es vielleicht angenommen wird und es gibt keinen hundertprozentigen Schutz davor. Wer heute im digitalem Werbeuniversum Erfolg haben will, muss sowohl die Ad Impressions als auch die Ad Visibility beachten und messen. Für eine optimale Performance ist es entscheidend, die Werbeanzeige passgenau auf die Zielgruppe abzustimmen und diese über seriöse Publisher auszuspielen, um so das Betrugsrisiko zu minimieren.
Jede erfolgreiche digitale Kampagne muss sowohl die Gefahren von Ad Fraud als auch die Limitierungen, die durch Ad Blocker entstehen, berücksichtigen. Marketingentscheider müssen diese Barrieren beachten und gezielte Strategien implementieren, um die Zielgruppe dennoch zu erreichen. Publisher hingegen müssen Wege finden, um den durch Ad Blocker entstandenen Schaden zu kompensieren.

VISIBILITY

# KEY TAKEAWAYS dieses Kapitels auf einen Blick:

1. Ad Impressions und Ad Visibility beeinflussen maßgeblich den Erfolg einer digitalen Werbekampagne.
2. Ad Fraud bezeichnet das betrügerische Vortäuschen von hohem Traffic-Aufkommen, um finanzielle Vorteile zu erwirtschaften.
3. Impression Fraud und Clickfraud zählen zu den häufigsten Formen von Ad Fraud.
4. Werbetreibende schützen sich am besten vor Ad Fraud, indem Sie auf vertrauenswürdige Vermarkter und Publisher setzen.
5. Visibility Tracking hilft dabei, die Sichtbarkeit von Werbebannern zu verbessern.
6. Visibility Tracking macht Nutzerverhalten transparent und stärkt das Vertrauen.
7. Eine Visibility Impression bedeutet eine Sichtbarkeit des Banners von mindestens 50 Prozent für mindestens eine Sekunde.
8. Ad Blocker sind Filterprogramme, die Werbeeinschaltungen auf Webseiten blockieren.
9. Ad Blocker führen zu einer Umgestaltung bestehender Finanzierungsmodelle.
10. Die Auswirkungen von Ad Blockern und Ad Fraud lassen sich mithilfe von Tools messen.

DATA SCIENCE

# Angewandte Künstliche Intelligenz im Marketing

*Künstliche Intelligenz (KI) ist heutzutage ein allgegenwärtiger Begriff, da sie in sehr vielen Lebensbereichen Einzug gehalten hat. Auch aus der Businesswelt ist sie nicht mehr wegzudenken, insbesondere im Marketing. Personalisierung 2.0. ist hier das Stichwort, denn Künstliche Intelligenz macht es möglich, aus riesigen Datenmengen bestmögliche Emotionen und Einkaufserlebnisse für Kunden zu schaffen.*

FRANZISKOS KYRIAKOPOULOS

In den vergangenen zehn Jahren gab es einen regelrechten Boom in Sachen Künstliche Intelligenz und in verwandten Disziplinen. Das Interesse der Menschheit an intelligenten Maschinen besteht zumindest schon seit der Antike. So gab es im Alten Griechenland Talos, einen Riesen aus Bronze, der die Insel Kreta beschützte. Im 20. Jahrhundert wurde die wissenschaftliche Disziplin der Künstlichen Intelligenz (Artificial Intelligence) im Jahr 1955 etabliert. Seitdem gab es bereits mehrere Hype-Zyklen inklusive sogenannter KI-Winter, in denen das Interesse der Öffentlichkeit sowie das monetäre Investment in diese Technologie abnahmen. Der jetzige Hype ist aber insofern anders, weil jeder von uns zumindest eine Datenquelle für eine KI täglich mit sich trägt, nämlich das Smartphone. Die größten Unternehmen der Welt: Google, Facebook, Apple, Amazon, Baidu, Alibaba, Tesla, etc. investieren Milliardenbeträge in die Forschung und Entwicklung von KI-Technologien. Gleichzeitig gibt es eine Demokratisierung der Technologie, da die wesentlichen Software Frameworks als Open Source Software verfügbar sind und es auch genügend offene Datensätze gibt, die zum Trainieren verwendet werden können. Wie im technologischen Bereich üblich, haben sich auch hier verschiedene Begrifflichkeiten etabliert, die kurz pragmatisch beschrieben und weniger formal definiert werden sollen.

## KÜNSTLICHE INTELLIGENZ ODER ARTIFICIAL INTELLIGENCE

Künstliche Intelligenz (KI) ist eine Software (manchmal gepaart mit einer Maschine), die Aufgaben intelligent lösen kann. Die genaue Definition ist schwierig, weil das Wort Intelligenz (auch bei Menschen und Lebewesen) eher ein Sammelbegriff ist, als präzise ausformuliert. Intelligent lösen bedeutet, dass der Lösungsweg nicht regelbasiert in den Algorithmus programmiert wurde, sondern dass die Software aus Daten Muster erlernt oder eine Kostenfunktion optimiert hat. Es gibt weitere konkrete Fragen wie „Hat eine KI ein Bewusstsein?“ (bis heute nicht), „Ist eine KI eine Rechtsperson, die für Fehler haften soll?“. Es bleibt also interessant. Ein bodenständiger Ansatz ist es, KI als Software Tool zu betrachten, das einfach mehr kann als traditionelle Software Tools. Man könnte auch sagen, dass KI heutzutage in Software gegossene mathematische Formeln sind, die mit Daten trainiert werden, um Prozesse zu verbessern.

## DATA SCIENCE

Wortwörtlich Datenwissenschaft, also die Extraktion von Wissen aus Daten. Der Begriff wurde bereits in den 1960er Jahren erfunden. Es war aber ein Artikel von Thomas Davenport und D.J.Patil (ehemaliger Chief Data Scientist der USA unter Barack Obama) im „Harvard Business Review" mit dem Titel „Data Scientist: The sexiest job of the 21st Century" im Jahr 2012, der zu einem regelrechten Boom geführt hat, sodass es mittlerweile auch in Österreich Studiengänge mit der Bezeichnung Data Science gibt und auch viele österreichische Unternehmen aktiv nach Data Scientists suchen. Klar ist, dass Data Science ein interdisziplinäres Gebiet ist, wo verschiedene Ansätze kombiniert werden.

Ebenfalls klar geworden ist, dass der ursprünglich als Superhuman dargestellte Data Scientist in vielen Fällen die viel zu hohen Erwartungen nicht erfüllen kann und dass es vielmehr ein gutes Team mit verschiedenen Rollen benötigt.

## PREDICTIVE ANALYTICS

Predictive Analytics oder zu Deutsch prädiktive Datenanalyse. Historisch aus dem Bereich Data Mining und Business Analytics herausgewachsen, ist es heutzutage das wohl wichtigste Gebiet von Data Science. Es geht um nicht weniger, als die Zukunft zu prognostizieren, anhand aller Informationen, die aus der Vergangenheit und der Gegenwart zur Verfügung stehen. Dazu werden aber keine Glaskugeln verwendet, sondern Methoden und Algorithmen aus den Bereichen der KI und Data Science.

## PRESCRIPTIVE ANALYTICS

Prescriptive Analytics ist ein nicht minder spannender Bereich, denn hier geht es darum, zukünftige Entwicklungen mit gezielten Maßnahmen zu beeinflussen. Das kann etwa ein Produktempfehlungssystem auf einer Website oder ein System, das optimale Vorschläge für eine Kampagne erstellt, sein.

## MACHINE LEARNING

Der Begriff Machine Learning ist das Herzstück von moderner KI und Data Science. Für den praktizierenden Data Scientist bedeutet es, einen überwachten (Beispiele haben Bezeichnungen z. B. Kunde hat gekauft), unüberwachten (Beispiele haben keine Bezeichnungen, z.B. in der Kundensegmentierung) oder bestärkenden (System spielt je nach Setting Werbung aus) Lernalgorithmus zu implementieren.

# DER DATA SCIENCE LEBENSZYKLUS

Wie bei jedem Softwareprojekt gibt es auch bei Data Science einen Lebenszyklus:

## 1. Formulierung und Verständnis des Business Problems

Hier müssen die Fachabteilungen des Unternehmens mitwirken, um eine möglichst präzise Formulierung zu schaffen. Die Data Scientists müssen die Business Formulierung in eine oder mehrere Data Science Pipelines übersetzen und es sollte Klarheit herrschen, anhand welcher Kennzahlen und Metriken die Aufgabe bewertet wird.

## 2. Datenakquise

Data Science geht nicht ohne Daten, daher muss erfasst werden, welche internen (im Unternehmen vorhandenen) und externen (offene Daten, Webdaten, oder proprietäre) Datensätze für die Aufgabe herangezogen werden sollen. Die Datenverfügbarkeit und die reibungslose Übergabe an die Data Scientists ist hier wesentlich. Hier sind auch die IT-Abteilungen der Unternehmen gefragt.

## 3. Datenqualität und explorative Datenanalyse

Data Science ist kein Blindflug, deshalb muss die Datenqualität überprüft werden und auch erste Erkenntnisse über Zusammenhänge in den Daten gewonnen werden. Dieser Schritt nimmt oft sehr viel Zeit in Anspruch, was jedoch zwingend notwendig ist, weil schlussendlich in diesem Schritt auch die Arbeit ganzer Abteilungen wie Business Intelligence/ Business Analytics gemacht wird.

## 4. Machine Learning/ Modellierung

Hier geht es endlich los. Aus Rohdaten werden Features und Zielvariablen definiert, diese werden standardisiert und verschiedenste Algorithmen werden trainiert und gemäß einem vorher definierten Protokoll (cross validation) evaluiert. Bei jedem Algorithmus müssen die optimalen Parameter gefunden werden. Am Ende gewinnt nicht der Beste, sondern es hat sich bewährt, einige gute Modelle zu kombinieren (mit Ensemble, Stacking oder Blending), damit die Fehler von einem Modell durch die anderen gemildert werden.

## 5. Evaluierung der Ergebnisse

Die Fachabteilung erwartet aber Prognosen oder ein Clustering, mit denen sie arbeiten kann und will wissen, wie sehr sie diesen auch vertrauen soll. Daher ist es wichtig, dass die Data Scientists die in Schritt 1 definierten Kennzahlen auch darstellen und offen kommunizieren, wie gut das beste Modell ist, anstatt die Fachabteilung in technische Diskussionen zu verwickeln. Umgekehrt dürfen die Business Experten auch gerne zur Kenntnis nehmen, dass ein Algorithmus die Aufgabe, die sie bisher gemacht haben, mit deutlich besserer Performance gelöst hat.

### 6. Ergebnisse

Die Predictive Performance ist ein viel mächtigeres Maß für Zusammenhänge als einfache Korrelationen. Und mittlerweile ist es auch möglich, aus sogenannten Blackbox-Algorithmen Erkenntnisse darüber zu gewinnen, wie wichtig die Input-Variablen für das Ereignis sind (Schlagwort Explainable AI). Man muss aber immer vorsichtig mit Verallgemeinerungen sein, denn was man aus einer Feature Importance erfährt, sagt nicht zwingend etwas über die Welt aus, sondern immer nur über den Zusammenhang zwischen Input-Zahlen, Output-Zahlen und der Prognosefähigkeit eines Algorithmus.

### 7. Produktives Deployment

Ist eine Data Science Pipeline aufgestellt, durchgeführt und evaluiert und wird sie von den Business-Experten angenommen, so heißt es noch nicht, dass tatsächlicher Mehrwert generiert wird. Erst wenn diese Data Science Pipeline in das Tagesgeschäft integriert wird und Menschen damit arbeiten oder IT-Prozesse dadurch verbessert werden, erzielt sie ihre Aufgabe. Und das bedeutet auch Systemintegration, Schulung und Auseinandersetzung.

## ANWENDUNGSFÄLLE VON PREDICTIVE ANALYTICS UND KI IM MARKETING

Da Marketing selbst sehr viele Bereiche und Aktivitäten umfasst, bieten sich auch entsprechend viele Anwendungsfälle für Data Science und KI an. Wir wollen hier einige auflisten, welche nicht zu abgehoben sind und einen Fokus auf die Verbesserung von Geschäftsprozessen haben.

## PERSONALISIERTE EMPFEHLUNGSSYSTEME (RECOMMENDER SYSTEMS)

Die User erhalten Produkt- oder Inhalte-Empfehlungen, die für sie relevant sind und sie dazu bringen, die vorgeschlagenen Items (Produkte oder Inhalte) zu konsumieren. Bereits 2009 hat Netflix einen Wettbewerb für den besten Recommendation-Algorithmus veranstaltet, mit einem Preisgeld von einer Million Euro. Recommender Systeme sind mittlerweile auf den meisten Websites und in Online Shops präsent. Aber nicht nur dort, sondern auch im Finanzbereich und in der Industrie finden sie vermehrt Anwendung. Sie gehören zu den sogenannten Prescriptive-Analytics-Methoden, da es nicht bei einer Prognose des Kundenverhaltens bleibt, sondern zu einer positiven Veränderung von diesem führt.

Der Knackpunkt ist einerseits die Methodik und andererseits die quantitative und qualitative Evaluierung. Es gibt viele verschiedene Algorithmen und Methoden, um ein Empfehlungssystem zu implementieren, und daher benötigt es hier Klarheit über die Ziele und die Verfügbarkeit der Daten.

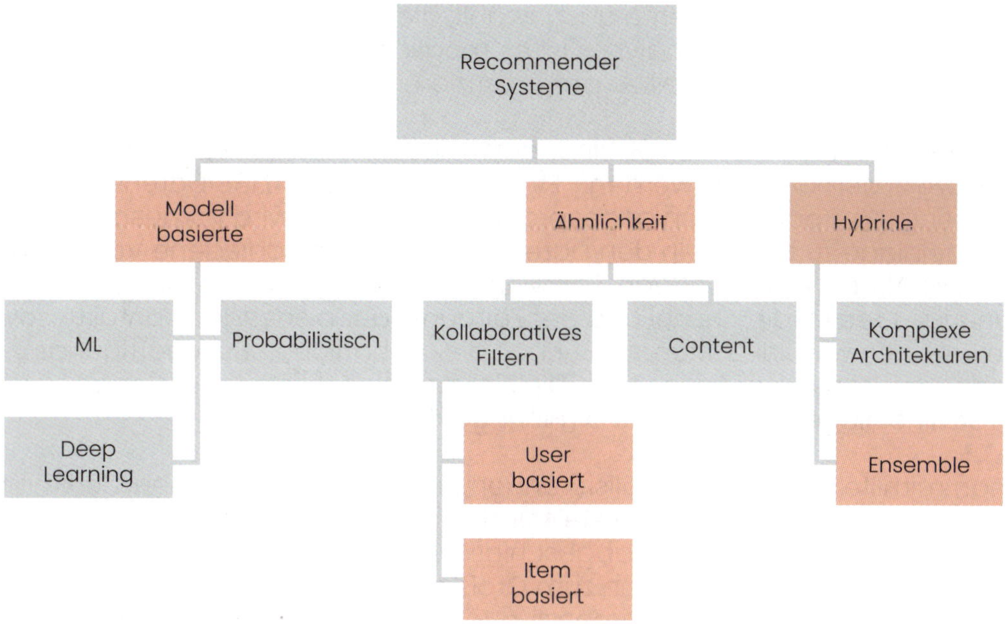


**Abbildung 50:** Eine Taxonomie von Empfehlungssystemen
Quelle: 7lytics

## ZWEI BEISPIELE AUS DER EIGENEN PRAXIS

Im Jahr 2012 wurde für die österreichische Job-Plattform karriere.at ein hybrides Content-Empfehlungssystem implementiert, das relevante Job-Angebote bzw. Unternehmen an den Website-Besucher der Plattform ausspielt. Diese Vorschläge führten zu einer Erhöhung der Verweildauer auf der Website.

Im Jahr 2020 wurde im Rahmen des Retail Tech Hub Programms gemeinsam mit MediaMarkt ein A/B-Test durchgeführt, bei dem jeweils 1,2 Millionen Kunden die Produktempfehlungen von MediaMarkt und 7LYTIX ausgespielt bekamen. Es wurde gemessen, wie viel mehr Conversions und Umsatz im Vergleich zu einer Kontrollgruppe generiert wurden. Das auf neuronalen Netzwerken basierende System von 7LYTIX zeigte deutliche Performance-Gewinne.

Fazit: Ein Recommender System sollte auf jeden Fall evaluiert werden, um Cross- und Upselling-Potentiale auszuschöpfen und auch inaktive Kunden mit für sie interessanten und relevanten Produktvorschlägen zu reaktivieren.

# RESPONSE-PROGNOSEN FÜR DIRECT-MARKETING-KAMPAGNEN

Während Recommender Systeme personalisierte Vorschläge on Demand (beim Website-Besuch) oder für alle Kunden bereitstellen, werden in Direct-Marketing-Kampagnen bestimmte Segmente ausgewählt, die ein bestimmtes Angebot erhalten sollen. Mit Predictive Analytics ist es möglich, für jeden einzelnen Lead eine Abschlusswahrscheinlichkeit zu prognostizieren.

Anhand eines offenen Datensatzes einer portugiesischen Bank kann der Data Science Prozess demonstriert werden.[16] Es handelt sich um 41.188 Datensätze einer Tele-Marketing-Kampagne. Den angesprochenen Kunden wird vorgeschlagen, eine Termineinlage zu tätigen. In den Datensätzen sind verschiedene Variablen enthalten wie Alter, Geschlecht, Job, Familienstatus, Ausbildung, finanzielle Info über bisherige Kredite, die Anzahl und der Zeitpunkt der bisherigen Kontakte sowie exogene Faktoren wie der 3-Monats-Euribor, die monatlichen Beschäftigungszahlen oder der Consumer Price Index. Die Zielvariable y nimmt die Werte 1 (Kunde hat die Termineinlage getätigt) und 0 (nicht getätigt) an.

Wenn man mithilfe von Datenvisualisierungen die Werte der einzelnen Merkmale darstellt bzw. Paare von Variablen darstellt und jene Kunden, die nicht abgeschlossen haben, blau einfärbt bzw. jene die abgeschlossen haben, orange einfärbt, dann sieht man sofort, dass beide Klassen zum Großteil übereinander liegen. Das ist problematisch, wenn keine Algorithmen zur Verfügung stehen, weil es anhand der Merkmalswerte für einen Business Analysten nur schwer möglich ist zu entscheiden, wie hoch die Wahrscheinlichkeit ist, dass ein gegebener Kunde abschließt.



16 S. Moro, P. Cortez and P. Rita "A Data-Driven Approach to Predict the Success of Bank Telemarketing. Decision Support Systems" (2014)

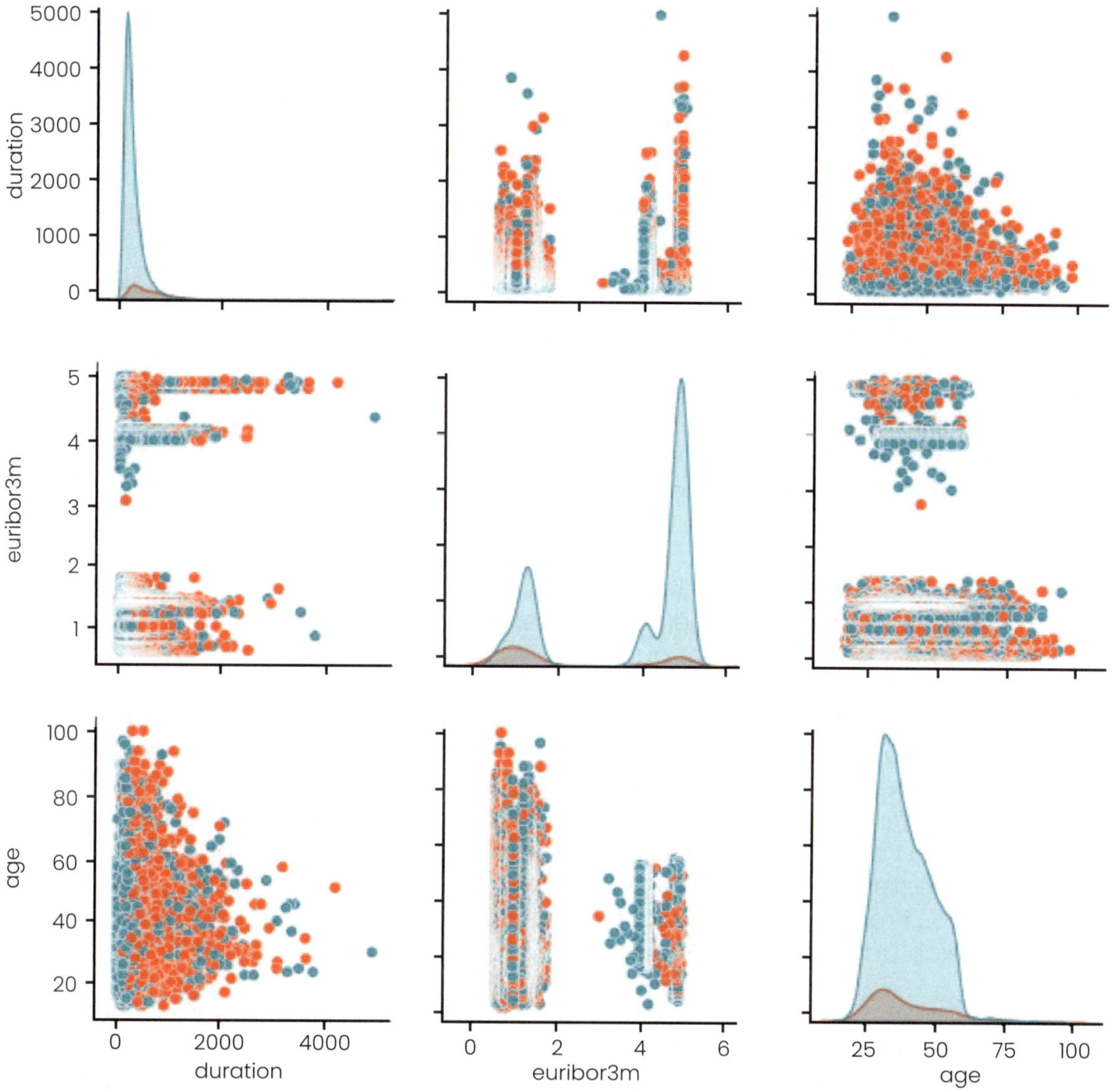


**Abbildung 51:** Beispiel für Visual Analytics im Bank Marketing Datensatz: rote Datenpunkte sind Abschlüsse – blaue Punkte keine Abschlüsse | Quelle: S. Moro/P. Cortez/P. Rita

Wir wollen jetzt evaluieren, wie gut verschiedene Algorithmen auf diesem Datensatz performen. Dazu unterteilen wir diesen in zwei Teile, den Trainings-Datensatz (80 Prozent der Daten) und den Test-Datensatz (20 Prozent der Teile). In der Praxis werden ausgefeiltere Kreuzvalidierungsprotokolle verwendet. Wir wandeln die kategorischen Daten wie Geschlecht, Beruf und Ausbildung mittels „One hot Encoding" in 0 und 1 um (z.B. wird die Spalte Marital mit 4 Werten in 4 Spalten ‚marital_divorced', ‚marital_married', ‚marital_single', ‚marital_unknown' mit jeweils einer 1 beim zutreffenden Merkmal transformiert). Die numerischen Werte werden skaliert, sodass sie nunmehr Werte im Bereich 0 und 1 annehmen.

Anschließend trainieren wir verschiedene Algorithmen mit dem Trainingsdatensatz, erzeugen Prognosen mit den Input-Werten des Testdatensatzes und berechnen verschiedene Klassifikationsmetriken. Um zu evaluieren, ob die Modelle brauchbar sind, vergleichen wir sie mit drei Dummy Benchmark Modellen:

- alle kaufen
- keiner kauft
- einem Zufallsmodell

Da unser Datensatz ein Klassenungleichgewicht vorweist (30 Prozent Käufer im Test) messen wir die Performance mit dem sogenannten ROC_AUC Score.

Dies misst die Effizienz in Abhängigkeit der Fehlerrate. Ein Wert nahe 50 Prozent deutet auf ein Zufallsmodell hin, ein Wert bei 100 Prozent ist perfekt (und zu gut um wahr zu sein). Werte zwischen 70 Prozent und 80 Prozent sind akzeptabel und Werte zwischen 80 Prozent und 90 Prozent deuten auf exzellente Unterscheidungsfähigkeit des Modells hin.

Unsere Dummy Modelle haben alle Scores bei 49 Prozent bis 51 Prozent – wie erwartet. Eine logistische Regression erzielt 81,9 Prozent und ein Random Forrest Classifier 82,5 Prozent und sind somit sehr gut. Wenn wir uns aber die Wichtigkeit der Input-Merkmale anschauen, dann sehen wir, dass das Merkmal „duration" an erster Stelle liegt. Duration zeigt die Zeit des Telefongespräches mit dem Kunden an und ist nach Durchführung der Kampagne bekannt. Zusätzlich korreliert dieses Merkmal mit der Klasse Nicht-Kauf, weil bei einer Gesprächsdauer von 0 auch kein Kauf erfolgt. Daher darf dieses Merkmal gar nicht als Input verwendet werden. Wenn es entfernt und das Training mit den gleichen Modellen wiederholt wird, erhalten wir nun als bestes Modell ein neuronales Netzwerk mit zwei Schichten, das einen Score von 73,1 Prozent erzielt. Das ist niedriger als zuvor, aber noch immer im akzeptablen Bereich und deutlich höher als der Zufall.

Es soll hier auch demonstriert werden, dass es in echten Anwendungen sehr leicht zu einer sogenannten Data Leakage kommen kann. Es muss immer gewährleistet sein, dass nur jene Informationen als Input dienen, die zum Zeitpunkt einer Prognose auch tatsächlich vorhanden sind.

Im Marketing bieten sich viele weitere Use Cases für Data Science und Prädiktive Analyse an:

- Demand Forecasting
- Customer Lifetime Value
- Churn- bzw. Abwanderungsprognosen
- Click-Through-Rate-Prognosen

Wichtig für Unternehmen ist es, mit einem klar definiertem Use Case zu beginnen und darauf zu achten, dass dieser korrekt durchgeführt wird.

## KEY TAKEAWAYS dieses Kapitels auf einen Blick:

1. Fast jeder von uns trägt heutzutage täglich mindestens eine Datenquelle für Künstliche Intelligenz mit sich, nämlich sein Smartphone.

2. Künstliche Intelligenz (KI) ist eine Software, manchmal gepaart mit einer Maschine, die Aufgaben intelligent lösen kann, indem sie aus Daten Muster erlernt oder Kostenfunktionen optimiert.

3. Data Science (Datenwissenschaft) ist ein interdisziplinäres Gebiet und steht für die Extraktion von Wissen aus Daten und auch für die Überprüfung der Datenqualität, die ein entscheidender Faktor von erfolgreichen KI-Projekten ist.

4. Beim Data Science Lebenszyklus steht allem voran die präzise Formulierung des Business Problems, das mit dem Einsatz von KI bzw. Machine Learning Modellen gelöst werden soll, sowie die Definition von Kennzahlen und Metriken, anhand denen der Erfolg evaluiert wird.

5. Ergebnisse müssen von Data Scientists offen an zuständige Fachabteilungen kommuniziert werden und umgekehrt ist es wichtig, dass Fachabteilungen es zur Kenntnis nehmen, wenn ein Algorithmus eine Aufgabe, die sie bisher gemacht haben, mit deutlich besserer Performance lösen kann.

6. Die Einsatzmöglichkeiten von KI im Marketing sind, wie der Bereich Marketing selbst, sehr umfassend. Überall wo Daten vorhanden sind, kann mit Machine Learning Modellen optimiert werden.

7. Die Personalisierung von Empfehlungen, Angeboten oder Content, egal ob online oder offline, ist ein wichtiger Faktor im Marketing. KI und Data Science sind die besten Ansatzpunkte, um positive (Einkaufs-)Erlebnisse für Kunden zu schaffen und damit die Kundenbindung zu stärken.

8. Der Erfolg von KI-Projekten im Marketing führt über die klare Definition von Use Cases und deren korrekte Durchführung.

MARKETINGNEUHEITEN

# Marketing Trends im Überblick

*Ein gedrucktes Werk über Trends zu schreiben ist schwierig, denn sobald sich der Trend herumgesprochen hat, ist es schon kein „Trend“ im eigentlichen Sinne mehr. Dennoch möchte ich in diesem Kapitel darstellen, wie Trends entstehen und welche Marketingneuheiten uns sicherlich noch einige Zeit beschäftigen werden beziehungsweise wie man Trends für Marketingstrategien gezielt einsetzt.*

KATHRIN HIRCZY

Trendforschung beschäftigt sich – im Gegensatz zur Zukunftsforschung – in der Regel mit den nächsten fünf, maximal zehn Jahren und bezeichnet die Beobachtung, Beschreibung und Bewertung von Entwicklungen in unterschiedlichen Bereichen der Wirtschaft und Gesellschaft. Anders als bei Hypes zielt ein Trend auf nachhaltige Veränderung von Gesellschaften ab, und die Trendforschung bedient sich unterschiedlicher Methoden wie zum Beispiel der strukturierten Expertenbefragung.

**Wie ein Trend in der Regel verläuft, lässt sich anhand der Diffusionskurve nach Rogers sehr gut darstellen.**

Hier zeigt sich eine Entwicklung von der Bezeichnung des Trends, der Übernahme erster Tester (Innovatoren) bis hin zu Mainstream (Frühe Mehrheit) – was bis zu zwei Jahre in Anspruch nehmen kann. Ein Unternehmen kann sich hier gut positionieren und auch Werte vermitteln, je nachdem in welcher Phase des Trends man aufspringt.

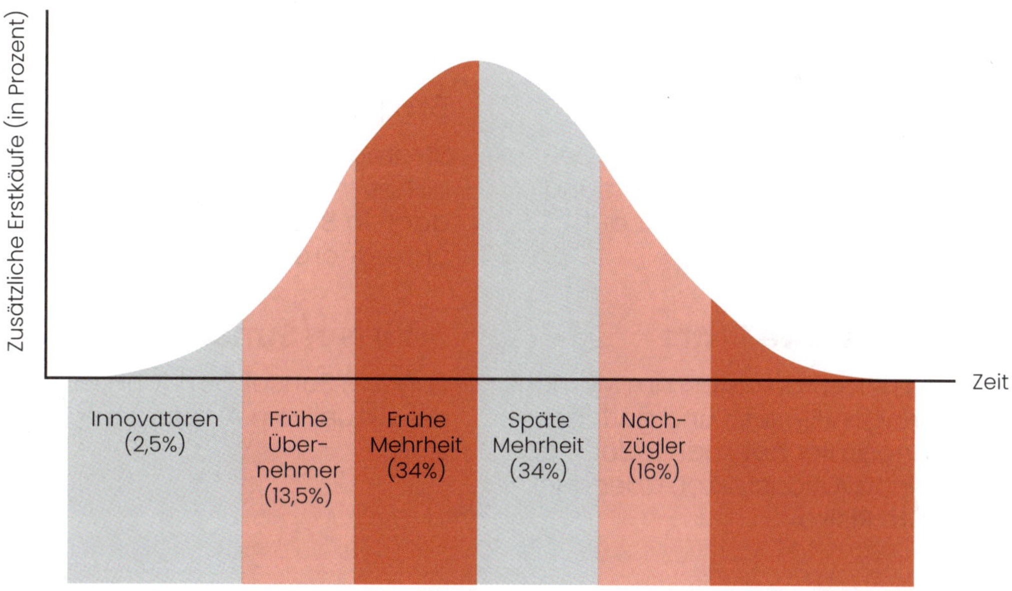


**Abbildung 52:** So verläuft ein Trend – die Diffusionskurve nach Rogers | Quelle: Ad Alliance/IP

## SYSTEMATISIERUNG VON TRENDS

Trends werden anhand ihrer unterschiedlichen Stärken und Ausprägungen eingeteilt (=Systematisierung). Ein Trendsignal ist dabei eine Information, die zu größerer Veränderung führen kann. Ein Beispiel im Marketing ist die steigende Smartphone-Nutzung, die die Digitalisierung schneller vorantreiben kann. Prinzipiell unterscheidet man zwischen Mikrotrends, die kleine Veränderungen auf regionaler Basis sind, und Makrotrends, die gewisse Ausprägungen von Megatrends sind. Megatrends weisen eine Halbwertszeit von ca. 25 Jahren auf und gelten als besonders nachhaltig, da sie mehrere Lebensbereiche betreffen.

Ein Beispiel hierfür ist die Digitalisierung der Gesellschaft, die global zu beobachten ist. Eine weitere Systematisierung der Trends ist ein sogenannter Key-Trend, der als Teilbereich eines Megatrends als sehr bedeutsam eingestuft wird.
(Beispiel: Ansprache der Silver Surfer = ältere Zielgruppe, da diese immer digital versierter werden) oder auch Trendbrüche, die unvorhergesehene Entwicklungen (abruptes Ende oder anderer Verlauf) bezeichnen.[17]

## EINTEILUNG DER (DIGITALEN) MARKETING TRENDS

Aufgrund der Digitalisierung sind Trends im Marketing zunehmend an technische Entwicklungen gekoppelt und beeinflussen diese natürlich. Im Marketing kann man Trends anhand ihrer Investition (Y-Achse) und ihres Einflusses (X-Achse) in vier Bereiche einteilen:

### Major Players

Major Players sind bereits fester Bestandteil der Medienlandschaft und weisen ein hohes Investment auf.

### Nascent/Future Stars

Nascent/FutureStars haben im Moment noch geringen Einfluss und geringe Investitionen, hier hat man jedoch den größten Innovationsfaktor, aber auch das größte Risiko.

### Strategic Trends

Strategic Trends haben ebenfalls ein hohes Investment, spielen aktuell jedoch in Bezug auf ihren Einfluss eine untergeordnete Rolle.

### Sunrise/Sunset

Sunrise/Sunset bezeichnen jene Trends, die aktuell am Aufstieg bzw. Abstieg sind.



17 https://www.trendreport.de/megatrends/

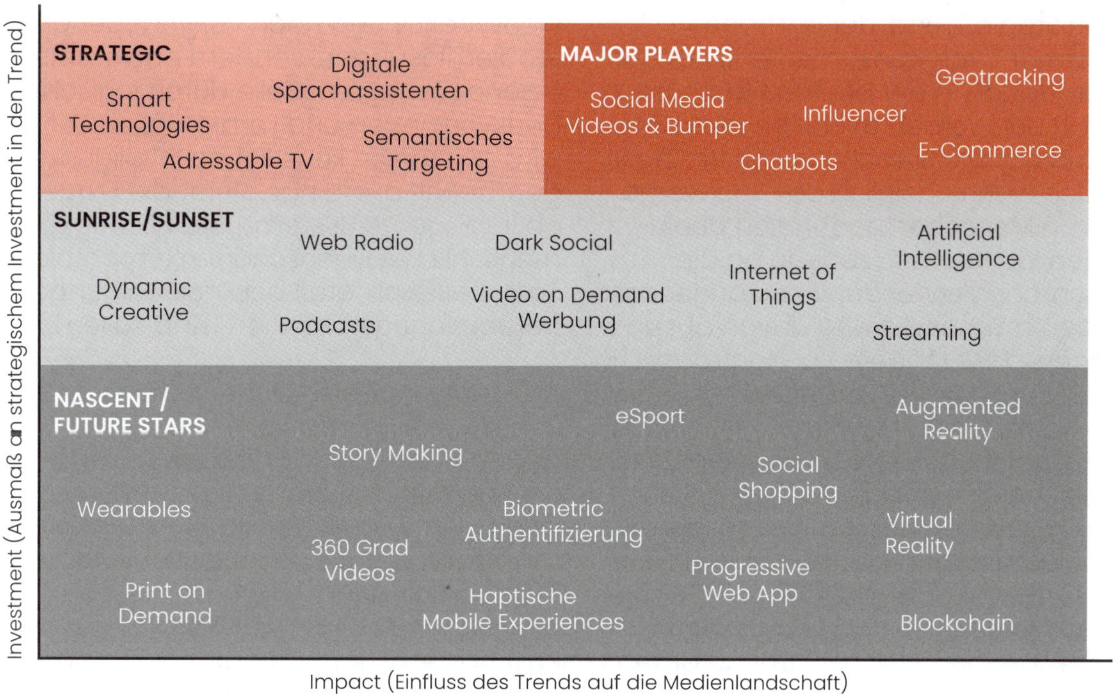


**Abbildung 53:** Einteilung der Trends im Marketing | Quelle: Mediabrands Desktop Search

## BESCHREIBUNG EINZELNER (DIGITALER) MARKETING TRENDS

Im folgenden Abschnitt wird je Kategorie ein Trend im Detail und ein Beispiel zur besseren Veranschaulichung beschrieben.

Bei den Major Playern bietet es sich an, über Social Media Video beziehungsweise Bumper Ads zu sprechen, weil sie die Bewegtbild-Welt der vergangenen Jahre verändert haben und mittlerweile aus Mediaplänen nicht mehr wegzudenken sind. Die drei- bis siebensekündigen Videos, die nicht überspringbar sind und ihren Ursprung auf YouTube haben, bieten eine kurze Möglichkeit der Aufmerksamkeit. Unsere Studien bei Mediabrands haben gezeigt, dass sich diese Werbeanzeigen dem Nutzerverhalten anpassen und nicht störend wirken, sie sind günstiger, erzeugen dreimal mehr Klicks als TrueView-Anzeigen und steigern die Markenbekanntheit. Das Global Forecast Update von Magna im Juni 2020 zeigt, dass Online Video und Social Media das größte Wachstum im Online Bereich verzeichnen (je 8 Prozent Wachstum verglichen mit 2019). Mittlerweile sind auch etliche österreichische Publisher auf den Bumper Ad Trend aufgesprungen und bieten diese im Rahmen ihrer Pre-Roll-Angebote an. Ein Beispiel für ein gelungenes Bumper Ad ist die Barista Creations Kampagne von Nespresso, mit einer einfachen Botschaft, die auf den Punkt gebracht wird.

Ein Strategic Trend, der ein hohes Investment von Konsumentenseite aufweist, jedoch in der breiten Masse noch nicht in der Werbebranche angekommen ist, sind digitale Sprachassistenten. Diese werden wahrscheinlich das Suchverhalten von Menschen nachhaltig beeinflussen, da Suchergebnisse an die sprachliche Verwendung neu angepasst werden müssen. Es wird davon ausgegangen, dass längere Suchanfragen (in Sätzen) und kürzere Suchergebnisse den Wettbewerb um die ersten organischen Plätze in der Suche nochmals verstärken werden. Alexa, Google Assistant, Siri und Co. werden uns wohl noch länger beschäftigen und auch neue Werbemöglichkeiten aufzeigen, wie zum Beispiel sprachgesteuerte mobile Ads oder Werbeanzeigen, welche Sprachassistenten in ihren Anzeigen nutzen.

Ein Sunrise Trend, der nicht nur im Marketing in den kommenden Jahren für Veränderung sorgen wird, ist Artificial Intelligence (AI), zu Deutsch: Künstliche Intelligenz (KI). Prinzipiell wird zwischen schwacher und starker KI unterschieden. Schwache KI-Anwendungen basieren auf einem oberflächlichen Intelligenzlevel – es gibt eine konkrete Anwendung und kein tieferes Verständnis für Probleme und deren Lösungswege. Hier wird nur auf Möglichkeiten zurückgegriffen, die zur Verfügung gestellt werden. Softwarehersteller haben in den vergangenen Jahren viel Zeit in die Entwicklung schwacher KI gesteckt. Hier fallen Bilderkennungssoftwares, automatisierte Übersetzungen aber auch Navigationssysteme rein. Ein besonderes Augenmerk im Online-Bereich wurde auf die Entwicklung von Chatbots gelegt, welche Callcenter zum Teil bereits ersetzen. Starke künstliche Intelligenzen handeln nicht reaktiv und nach vorgegebenen Problemlösungen, sondern entwickeln eigene Lösungsmodelle durch logisches Denkvermögen und Lernfähigkeit. Es wird an starken künstlichen Intelligenzen gearbeitet, allerdings bleibt die Frage, ob intelligente Systeme die Wichtigkeit menschlicher Eigenschaften (Empathie, Selbstreflexion, etc.) bei Entscheidungen berücksichtigen können (und sollen).[18]

Als Marketingbeispiel für den Einsatz von KI ist die Kampagne „Mit ASMR gegen Hass-Postings" prädestiniert, weil sie mittels Dateneinsatz automatisierte Antworten auf Hass-Postings vornimmt, welche manuell sehr viel Zeit in Anspruch nehmen würden. Durch eine Sentiment Analyse werden Hass-Postings erkannt und automatisch mit ASMR (= autonomous sensory meridian response, also der Zustand der völligen Entspannung ausgelöst durch Geräusche) Videos beantwortet.

Die Kampagne von Zara (Zivilcourage und Anti-Rassismus-Arbeit) hat beim iab Web Ad 2019 Bronze als „Beste Data Insights Kampagne" und für den „Einsatz von Social Media" & „Innovation" gewonnen.

Bei der Trend-Kategorie Future Stars, ist Story Making gerade hoch im Kurs und wird von Streaming-Anbietern aufgegriffen. Diese bieten mit interaktiven Formaten eine Mitbestimmung des Nutzers an, wodurch der Nutzer die Inhalte seiner eigenen Serien bestimmen kann (Relevanz steigt) und die Anbieter mehr über die Vorlieben ihrer Konsumenten lernen (Wissen über die Zielgruppe um Inhalte besser planen und die Nutzung erhöhen zu können). Die Machtverschiebung zum Konsumenten ist damit nicht mehr aufzuhalten.



18 https://jaai.de/starke-ki-schwache-ki-was-kann-kuenstliche-intelligenz-261/

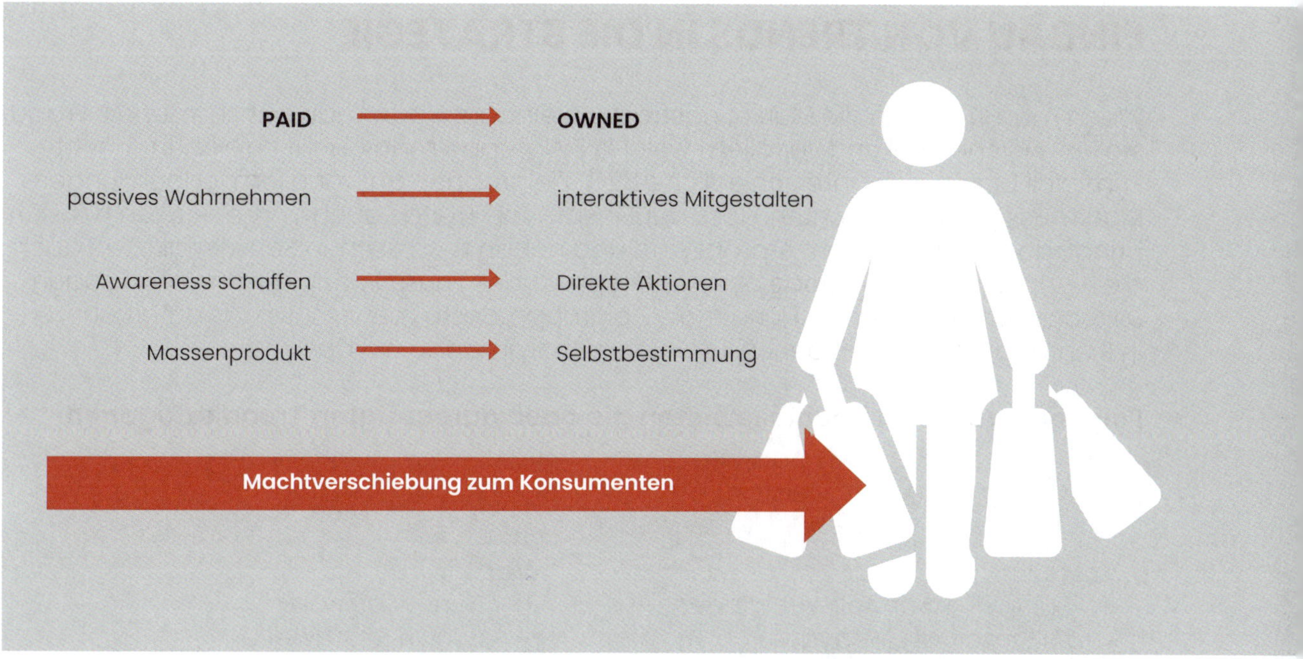


**Abbildung 54:** Die Verschiebung der Macht hin zum Konsumenten | Quelle: IPG Mediabrands

Netflix veröffentlichte 2018 mit „Black Mirror Bandersnatch" den ersten interaktiven Film. An bestimmten Punkten unten im Bildschirm wurden zwei Optionen eingeblendet und der Zuschauer hatte wenige Sekunden Zeit, sich zu entscheiden. Tat er es nicht, entschied Netflix automatisch.

Einen Schritt weiter geht der Trend des Co-Viewings, bei dem man in Zeiten von Social Distancing seine Freunde mittels Synchronisierung des Inhalts und unterschiedlichen Reaktionsmöglichkeiten direkt zu sich ins Wohnzimmer holt. So bieten unterschiedliche Streaming-Anbieter die Möglichkeit, Filme synchron zu schauen und sich zeitgleich dazu auszutauschen. Auf Disney + ist es möglich, während eines Films Reaktionen in Form von sechs verschiedenen Emojis zu teilen, was eine beschränkte Austauschmöglichkeit darstellt.

Amazon Prime bietet die Möglichkeit eines Live Chats. Zusätzlich zu diesen Angeboten der Streaming-Anbieter, stellt Google Chrome Apps zum Co-Viewing zur Verfügung.[19]

HBO Max, ein Video-on-demand Anbieter von WarnerMedia nutzte diese Form des Co-Viewings bereits in einer Halloween-Kampagne unter dem Motto: „Don´t stream alone".

Es bleibt abzuwarten, ob sich dieser Trend langfristig etabliert, dafür spricht jedoch, dass die jüngere Generation bereits jetzt Online-Treffen veranstaltet und dass Treffen mit Freunden auf der eigenen Couch leichter zu planen sind, als reale Treffen.

19 https://medium.com/ipg-media-lab/the-rise-of-virtual-co-viewing-1572375f162d

## EINBAU VON TRENDS IN DIE STRATEGIE

Wenn man Trends in die Marketingstrategie einbaut, sollte man sich immer die Frage stellen, welches Ziel und vor allem welche Zielgruppe man damit erreichen möchte. Prinzipiell bieten sich unterschiedliche B2C-Zielgruppen an, vor allem jedoch jüngere. Man muss jedoch beachten, dass der Einsatz von Trends auch immer Risiken mit sich bringt, da viele noch nicht erprobt sind und neben technischen Schwierigkeiten auch die Akzeptanz der Zielgruppe berücksichtigt werden muss. Prinzipiell kann man sagen: Je technisch versierter und jünger die Zielgruppe, desto mehr muss das Unternehmen in Richtung Future Stars gehen, um wahrgenommen zu werden.

**Folgende Vor- und Nachteile bieten die oben aufgezeigten Trendkategorien:**

### Strategic Trends

**Vorteil**
- Erste Erfahrungen vorhanden
- Gilt noch als innovativ

**Nachteil**
- Oft teuer
- Wenig Reichweite

### Major Players

**Vorteil**
- Bereits erprobt
- Große Reichweite - viele Angebote

**Nachteil**
- Viel Budget, um nicht unterzugehen
- Innovationskraft nicht mehr vorhanden

### Sunrise / Sunset

**Vorteil**
- Erste Erfahrungswerte
- Innovative Umsetzungen

**Nachteil**
- Preis/Leistung
- Gefahr, im Trend unterzugehen

### Nascent / Future Stars

**Vorteil**
- First Mover
- Innovative, junge Zielgruppe
- Teilweise günstig

**Nachteil**
- Keine Erfahrungswerte

**Abbildung 55:** Vor- und Nachteile bei den unterschiedlichen Trendformen | Quelle: IPG Mediabrands

## KEY TAKEAWAYS dieses Kapitels auf einen Blick:

1. Trends entstehen (meist) nicht über Nacht, sondern können vorhergesagt werden – dann muss man sich allerdings schnell entscheiden, wenn man als Marke auf einen Trend in der ersten Phase „Innovatoren" aufspringen möchte.

2. Ein Megatrend bedeutet nachhaltige Veränderungen auf die Gesellschaft.

3. Technische Entwicklungen treiben Trends.

4. Trends können eingeteilt werden in: Major Players, Strategic oder Sunrise Trends und Future Stars, wobei jede Kategorie unterschiedliche Einsatzgebiete, Vor- und Nachteile hat.

5. Eine Vereinfachung von Alltagstätigkeiten (Recherche, Suche via Sprache) beschleunigen die Verbreitung von Trends und erfordern neue Marketinglösungen.

6. Die Machtverschiebung zum Konsumenten fördert die Selbstbestimmtheit über die Inhalte.

7. Der Einbau von Trends in die Marketingstrategie birgt immer gewisse Risiken: Pinzipiell empfiehlt es sich, 10 bis 20 Prozent des Budgets in Innovationen und Trends zu stecken.

8. Es ist wichtig zu wissen, für welche Zielgruppe Trends eingesetzt werden (Innovatoren sind tendenziell eher jünger und technisch versiert).

9. Wer nicht wagt, der nicht gewinnt: Der Nachteil an Trends sind die oft fehlenden Benchmarks und das Risiko, fehlplatziert zu sein oder unglaubwürdig.

10. Wer Trends erfolgreich einsetzen möchte, muss immer am Puls der Zeit bleiben.

MARKENBOTSCHAFTER

# Influencer Marketing at its best!

*In diesem Kapitel lernen Sie, wie und wann Influencer:innen in die Marketingstrategie integriert werden können, nach welchen Kriterien man den/die richtige/n Markenbotschafter:in auf Social Media auswählt, welche Trend-Channels und Formate es derzeit gibt und wie man eine Kampagne richtig startet bzw. reportet.*

**VIVIENNE HÖDL FLORENTINA PERSCHY**

Wir leben in einer Zeit, in der wir von Werbebotschaften überflutet werden. Mit dem Wandel der Gesellschaft haben sich neue – vor allem digitale – Marketing-Maßnahmen etabliert: Influencer Marketing konnte gerade in den vergangenen Jahren ein hohes Maß an Bedeutung gewinnen. Die sogenannten „Meinungsmacher:innen" berichten auf unterschiedlichen Social-Media-Plattformen wie Instagram, YouTube, TikTok und Co. mittels Bildern oder Videos über ihr Leben, ihre Probleme sowie über Trends, und teilen Erfahrungen mit einer oftmals hohen Anzahl an loyalen Fans. Insbesondere für die junge onlineaffine Zielgruppe (unter 40 Jahren) sind Influencer:innen sehr vertrauenswürdig, und häufig wird eine Art freundschaftliche Beziehung zu ihnen aufgebaut. Dieses hohe Potential der sogenannten „Beeinflusser:innen" sollten Unternehmen bei der Festlegung ihrer Marketingstrategie unbedingt beachten.

## WANN IST INFLUENCER MARKETING SINNVOLL?

Um direkt mit der Türe ins Haus zu fallen – Influencer:innen sind in einer online geprägten Welt, wie wir sie kennen, nicht mehr weg zu denken. Für folgende Szenarien sind sie am besten einsetzbar:

### 1. Generierung von Aufmerksamkeit

Influencer:innen zeichnen sich durch eine beträchtliche Reichweite und ein hohes Maß an Interaktion mit ihrer Community aus. Influencer sprechen eine Zielgruppe in einem bestimmten Alter mit besonderen Interessen an. Möchte ich also mit meiner Marke, meinem Produkt eine breite Zielgruppe, vor allem unter 40-Jährige, erreichen und meine Bekanntheit in dieser Gruppe steigern, macht es durchaus Sinn, in diese Form des Marketings zu investieren.

### 2. Aufklärung

Social-Media-Plattformen werden von ihren Usern nicht nur für Inspiration genutzt, sondern ebenso zur Informationseinholung. Influencer:innen genießen eine hohe Glaubwürdigkeit bei ihrer Zielgruppe und gehen besonders auf ihre Interessen ein. Mittels verschiedener Funktionen wie Umfragetools, Q&As, Quizze können sie die bevorzugten Themen ihrer Abonnenten laufend abfragen und direkt auf deren Wünsche eingehen. Verzeichnen Influencer:innen zu einem bestimmten Thema Aufklärungsbedarf, ist dies der richtige Zeitpunkt für Marken direkt einzusteigen. Umgekehrt können Influencer:innen Aufmerksamkeit im Rahmen einer bezahlten oder unbezahlten Kooperation für ein Projekt, eine Botschaft, ein Produkt, eine Marke oder ein Unternehmen generieren und die Community authentisch aufklären.

## 3. Sales

Während Influencer:innen vor einigen Jahren hauptsächlich zur Informationsverbreitung und Aufmerksamkeitsgenerierung eingesetzt wurden, können heute, mittels Swipe-Up-Funktionen, Link-Integrationen sowie der direkten Shop-Funktion von Instagram, Call-to-Actions zur Verkaufsförderung integriert werden. Die Social Media Stars sind bekannt für ihre Flexibilität und Trendorientierung – Produkte und Aktionen können zum richtigen Zeitpunkt platziert und der Online Community aufgezeigt werden. Durch diese Möglichkeit zur direkten Verkaufsaktion, ist ein weiteres Tool zur Erfolgsmessung einer Kooperation hinzugekommen.

# INFLUENCER-KATEGORIEN

Um den/die passende/n Influencer:in für seine Zwecke zu eruieren, ist es empfehlenswert, sich zu Beginn einen Überblick zu verschaffen, welche Influencer:innen es am Markt gibt und welche Themen sie bespielen. Grundsätzlich lassen sie sich aufgrund ihrer Reichweite einteilen. Je nach Follower-Anzahl, in Kombination mit der Engagement-Rate, setzt sich auch der Preis für eine Kooperation unterschiedlich zusammen.

## 1. Nano-Influencer:innen

Die Nano-Influencer zeichnen sich durch eine sehr niedrige Followerschaft aus – meist unter 5.000. Sogenannte Nischen-Influencer:innen liefern Inhalte und Aufklärung zu einem ganz bestimmten Thema. Sie arbeiten nicht hauptberuflich als Influencer:innen, sondern agieren hauptsächlich aus Spaß und Interesse am Austausch, weshalb sie eine hohe Glaubwürdigkeit in der Zielgruppe aufweisen. Im Rahmen einer Kooperation mit Nano-Influencer:innen kann bereits mit einem geringen Budgeteinsatz eine hohe Interaktion in der Zielgruppe erreicht werden.

## 2. Micro-Influencer:innen

Darunter versteht man individuelle Profile mit unter 30.000 Abonnenten, die meist Teilzeit über ihre Leidenschaften informieren und Expertinnen oder Experten auf einem gewissen Gebiet sind. Die „Special-Interest"-Influencer:innen vertreten oftmals eine Branche und zeichnen sich durch viel Wissen in einem bestimmten Themenbereich aus. Ein/e Micro-Influencer:in baut eine langfristige Beziehung mit seiner Community auf und interagiert regelmäßig mit ihr.

## 3. Macro-Influencer:innen

Macro-Influencer:innen verfügen über eine internationale Reichweite und genießen einen hohen Bekanntheitsgrad, Tendenz steigend. Durch ihre hohe Posting-Frequenz informieren sie ihre Follower:innen (meist zwischen 50.000 und 100.000 Personen) täglich über ein breites Themen-Spektrum. Sie arbeiten bereits mit verschiedenen Marken zusammen und ihre Community ist an Werbung auf ihrem Kanal gewöhnt. Macro-Influencer:innen haben mit ihrer Zielgruppe ein freundschaftliches Verhältnis und schaffen dadurch eine hohe Glaubwürdigkeitsrate

## 4. Mega-Influencer:innen

Die wahren Stars der Social-Media-Szene sind Mega-Influencer:innen mit einer internationalen Reichweite im sechs- bis siebenstelligen Bereich. Sie fungieren als wahre Markenbotschafter:innen und werden häufig zur raschen Bekanntmachung von Produkten und Marken eingesetzt (Produktlaunch, Markeneinführung, etc.). Eine langfristige Zusammenarbeit mit Mega-Influencer:innen funktioniert sehr individuell und fordert ein hohes Maß an Vertrauen. Es empfiehlt sich eine professionelle Einschulung der Influencer:innen, damit jene die gewünschten Botschaften authentisch und zeitunabhängig auf ihrem Kanal teilen können. Im Vergleich zu Influencer:innen mit einer geringeren Reichweite ist die Engagement-Rate jedoch wesentlich niedriger.

## 5. Celebrity-Influencer:innen

Hierbei handelt es sich um wahre Promis, die nicht über ihr Social-Media-Profil bekannt geworden sind (Sportler:innen, Schauspieler:innen, Models, etc.). Auch sie zeichnen sich durch eine sehr hohe Reichweite aus und bieten die Bewerbung auf ihren Kanälen zusätzlich zu ihrem Kerngeschäft und den klassischen Werbeplattformen an.

Es empfiehlt sich den Einsatz von Influencer:innen bereits in der gesamten Marketing-Strategie mitzudenken und je nach Ziel und Budget der Kampagne die passende Kategorie für sich zu definieren.

# WIE WÄHLE ICH DIE RICHTIGEN INFLUENCER:INNEN AUS?

## 1. Kanäle

Bevor Instagram, YouTube und TikTok zu den Hauptkanälen der meisten Influencer:innen geworden sind, wurden die Inhalte über eigene Blogs ausgespielt. Während diese noch sehr textlastig waren, haben sich mittlerweile Bild- und Video-Formate etabliert. Jährliche Internetstudien, wie der Jugend-Internet-Monitor Österreich oder der Social Media Report, geben uns Einblicke in die Zielgruppe und deren bevorzugte Kanäle. Diese sind nicht nur hilfreich für die Auswahl der Influencer:innen, sondern gewiss auch für die Definition der eigenen Unternehmenskanäle. Generell gilt es die Zielgruppe der Influencer:innen auf den jeweiligen Kanälen genau zu hinterfragen und im besten Fall mit einem Tracking-Tool zu analysieren.

**Die gängigsten Kanäle sind:**

- Instagram
- YouTube
- TikTok
- Facebook
- Snapchat
- Pinterest
- Twitch
- LinkedIn

## 2. Influencer:innen -Datenbanken

Die reine Recherche auf den jeweiligen Kanälen und die Analyse des Look and Feels der Influencer:innen-Profile reicht bei der großen Auswahl an Influencer:innen heutzutage nicht mehr aus. Datenbanken wie InfluencerDB, SocialBakers, likeometer oder Tagger Media sind hilfreiche Tools, um sich einerseits einen Überblick darüber zu schaffen, welche Influencer:innen in der gewünschten Zielgruppe relevant sind und welche Ergebnisse sie bereits erzielt haben. Je nach Tool werden mittels sogenannter Scorecards relevante Zielgruppendaten ausgewiesen: Alter, Herkunft, Geschlecht, Engagement Rate, relevante Themen des Profils, Entwicklung (Follower:innen-Zuwachs) und Content-Eindrücke (bereits veröffentlichte Postings).

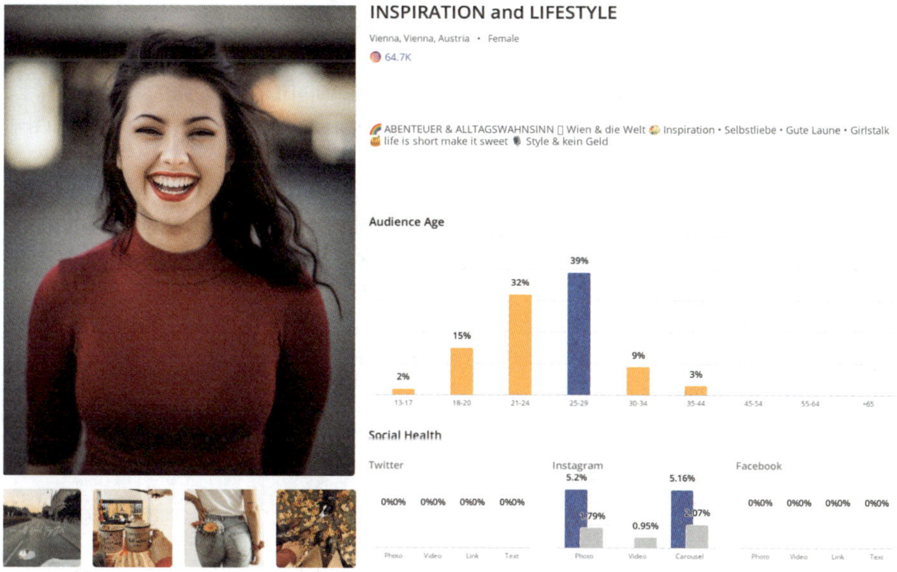


**Abbildung 56:** Influencer Scorecard
Quelle: Taggermedia

# DIGITAL INFLUENCE-DIMENSIONEN VON BRIAN SOLIS

Nach Brian Solis kann man Influencer:innen in drei Dimensionen einteilen: Relevance, Reach und Resonance. Diese Unterteilung ist ebenso bei der Auswahl der passenden Influencer:innen hilfreich:

## 1. Relevance

Hierbei geht es um das Vertrauen der Community:

Wie relevant ist der/die Influencer:in für seine/ihre Follower:innen und wie sehr kann er sie beeinflussen?

Beachtenswert sind jedenfalls auch die Themen, die die „Meinungsmacher:innen" auf ihren Profilen behandelt sowie das Markenumfeld, in dem er/sie bereits präsent ist (Konkurrenz).

## 2. Reach

In diesem Schritt beachtet man die qualitative und quantitative Reichweite des/der Influencers:in. Sowohl die Anzahl der Follower:innen sowie das Image der Person hinter dem Profil sind für eine Zusammenarbeit relevante Kriterien.

## 3. Resonance

Diese Analyse ist sehr datenbasiert – hier zieht man vor allem die relevanten KPIs, wie ER, Impressions, Shares, Kommentare heran und vergleicht sie mit den geplanten Zielen.

Bei der Zusammenarbeit mit einer Agentur übernimmt diese den sogenannten „Entry Level Check". In diesem wird eine Erstauswahl anhand des Kundenbriefings und der vorhandenen Daten der Influencer:innen im jeweiligen Zielmarkt durchgeführt. Im Rahmen eines detaillierten Evaluation-Checks kann je nach Projekt ein individuelles Schema entwickelt werden. Anhand dieses Schemas können Punkte vergeben und so die Auswahl eingeschränkt werden.

Nach der finalen Auswahl empfiehlt es sich, ein persönliches Gespräch mit den präferierten Influencer:innen zu führen, um einerseits die Vertragsinhalte (Budget, Leistungen, Buy-Out-Rechte, Klauseln, Exklusivitätsrechte etc.) zu bestimmen und um andererseits das sprichwörtliche Eis zu brechen und nach einem Sympathiecheck gegebenenfalls noch von der Kooperation zurücktreten zu können.

## CONTENT CREATION

Im Rahmen des Influencer:innen Marketings werden viele verschiedene Themenbereiche besetzt. Man beachte bei der Zusammenarbeit: Themen, die bereits von vielen Influencer:innen besetzt sind, laufen Gefahr eines hohen Streuverlustes. Einige wenige Influencer:innen besetzen jedoch bestimmte Nischenthemen, die ebenso für eine Zusammenarbeit spannend sein können.

Folgende Inhalte werden durch Influencer:innen häufig besetzt: Fashion, Food, Fitness, Gaming, Beauty, Family, Pets und Sinnfluencer.
Letztere sind gerade in herausfordernden Zeiten, wie in einer Pandemie, sehr relevant geworden. Sie zeichnen sich durch einen sehr textlastigen Content sowie den hohen Informationsanteil in ihren Inhalten aus.

## KOOPERATIONSFORMEN

Im Influencer:innen Marketing gibt es bereits einige gängige Formen der Kooperation, die sich gut etabliert haben. Grundsätzlich sind der Kreativität aber keine Grenzen gesetzt. Vor allem im Rahmen einer langfristigen Kooperation kann man unterschiedliche Formate testen, um herauszufinden, welche am besten bei der Zielgruppe ankommen. Eine Kombination aus mehreren Formaten ist ebenso denkbar.
Hier ein paar Beispiele für die Kommunikation auf dem Kanal des/der Influencers:in:

### Feed Postings

Feed Postings bestehen aus einem oder mehreren (Carousel) Bildern und einem Text, der sogenannte Caption. Im Rahmen des Postings können Hashtags, Markierungen und Links eingebaut und große, sichtbare Interaktion mit der Community geschaffen werden – ideal für Gewinnspiele und Umfragen.

## Stories

Stories werden für kurze Informationen und Daily Routines genutzt. Sie zeichnen das alltägliche Geschehen auf und sind die Hauptplattform zur regelmäßigen Kommunikation zwischen Influencer:in und seiner/ihrer Zielgruppe. Via Link-Integration kann auf Websites und via Markierung oder Repostings auf diverse Profile aufmerksam gemacht werden. **Live Stories** können im Rahmen einer Kooperation für Interviews eingesetzt werden und sind aufgrund der direkten Fragefunktion beliebt dafür.

## Video-Postings (Reels / TikToks)

Video-Postings (Reels / TikToks) bieten die Möglichkeit mehrere Videos zu einem zusammenzuschneiden und mit Musik zu hinterlegen. Instagram gibt eine maximale Länge von 60 Sekunden pro Reel vor. TikTok Videos die direkt in der App erstellt werden, können ebenso bis zu 60 Sekunden lang sein. TikTok Videos, die in der App nur hochgeladen werden, können bis zu drei Minuten lang sein. Jedoch muss man sich bewusst sein, dass lange Videos einen hohen Mehrwert für die Community bieten müssen, denn üblicherweise gilt: je kürzer das Video, umso öfter wird es ausgespielt und umso erfolgreicher ist es im Endeffekt. Achtung: bei Kooperationen immer auf die Musikrechte achten!

## Guides

Guides, können aktuell nur auf Instagram erstellt werden und fördern die Aufzählung von Empfehlungen, Produkten, Tipps etc. in Blog-Form. Es können sowohl Bilder als auch Textpassagen in einen Guides-Beitrag integriert werden.

Über die genannten Formate können verschiedene Inhalte gespielt werden. Besonders Instagram bietet den Influencer:innen vielfältige Möglichkeiten, um mit der Zielgruppe zu interagieren (Sticker: Q&A, Umfragen, Quizzes, Abstimmungen, Gewinnspiele, Tutorials, Unboxing, Gifting, Event Besuch etc.). Weitere Inhalte sind beispielsweise Hauls zur Vorstellung von mehreren Produkten, Follow Me Around wird häufig bei Reisen oder Interior-Touren eingesetzt und #-Challenges werden meist im Rahmen einer Kampagne ins Leben gerufen.

## Account Take-Over

Eine weitere Möglichkeit im Rahmen einer Kooperation ist der sogenannte Account Take-Over. Der/Die auserwählte Influencer:in übernimmt über einen bestimmten Zeitraum (meistens für einen Tag oder einen Abend im Rahmen eines Events) den Account einer Marke und führt dort gewisse Aktivitäten durch (Interviews, sportliche Aktivitäten, Einsatzmöglichkeiten für das Produkt, etc.) Achtung: Hierbei sollte man bereits Erfahrung mit Influencer:innen haben und ein genaues Briefing vorbereiten. Bevor diese Art der Kooperationsform umgesetzt wird, sollte der/die Influencer:in die Botschaften der Marke gut verinnerlicht haben, dabei aber seinem/ihrem eigenen Stil treu bleiben. Ziel ist es, eine hohe Reichweite auf den Kanal der Marke zu lenken und Interaktion mit der Zielgruppe zu schaffen, weshalb sich insbesondere Macro-Influencer:innen für diese Form der Kooperation eignen.

Nach der Produktion des Contents durch den Influencer gibt es außerdem die Möglichkeit des Content-Einkaufes. Sollten Fotos und Videos zu Eigenzwecken der Marke genutzt werden wollen, muss dies jedoch vorab im Vertrag festgehalten werden.

## SIEBEN PRINZIPIEN ZUR ERFOLGREICHEN ZUSAMMENARBEIT

Bei der Vereinbarung einer Kooperation mit mit einem/einer Influencer:in, egal ob kurz-, mittel- oder langfristig, gibt es sieben wichtige Prinzipien zu beachten, damit die Zusammenarbeit am Ende erfolgreich wird.

### 1. Storytelling

Storytelling ist bereits ein bekanntes Buzz-Word, aber wie bei allen digitalen Marketingmaßnahmen, ist dies auch beim Erstellen des Influencer Contents zu beachten. Es gehört zur Aufgabe des/der Auftraggebers:in, einen geschichtlichen Rahmen zum Projekt, zur Kampagne oder zum Produkt vorzugeben, den der/die Influencer:in in der Umsetzung individuell interpretieren kann. So entstehen gerade bei mehreren Influencer:innen Kooperationen kreative Geschichten, die dieselbe Botschaft vermitteln.fen werden – ideal für Gewinnspiele und Umfragen.

### 2. Authentizität

Influencer:innen sind bekannt für authentischen Content, solange er gut durchdacht ist. Sowohl zum Beginn der Kooperation, etwa bei der Erstellung des Briefings, als auch während des Freigabeprozesses sollte auf Authentizität geachtet werden. Im Idealfall ist der Inhalt der Postings so authentisch, dass er nicht direkt als Werbung wahrgenommen wird.

### 3. Zielgruppengerechter Content

Bereits bei der Influencer:innen-Auswahl sollte beachtet werden, dass der zu bewerbende Inhalt die Themenbereiche des Profils stimmig ergänzt und auch den Interessen der Zielgruppe entspricht.

## 4. Content gemeinsam gestalten

Eine Influencer:innen-Kooperation, die langfristig fortgeführt werden möchte, sollte vorab mit dem/der Influencer:in besprochen und geplant werden. Während der Kunde einen Rahmen vorgibt, empfiehlt es sich, die kreative Umsetzung ganz individuell und gemeinsam zu gestalten.

## 5. Verbindung on- und offline

Nicht nur um die Beziehung zu den Key Influencer:innen zu stärken, sondern auch zum Zwecke der Erweiterung des Netzwerkes und der Möglichkeit, in eine Marke voll einzutauchen, sind Influencer:innen Events zu empfehlen. Besonders für erklärungsbedürftige Projekte oder gut visuell darstellbare Produkte sind Events geeignet. In Zeiten des Lockdowns wurden auch virtuelle Events ins Leben gerufen, jedoch schätzen beide Seiten, sowohl Kund:in als auch Influencer:in, den persönlichen Austausch besonders und digitale Alternativen sollten nicht die Regel werden.

## 6. Transparenz

Die Kennzeichnung von bezahlten Kooperationen und offensichtlicher Werbung ist nicht nur rechtlich notwendig und sollte im Vertrag angeführt sein, sondern die online Community verlangt dies bereits von den Influencer:innen. Es muss offensichtlich angeführt werden, dass es sich hierbei um eine bezahlte Partnerschaft handelt – via Hashtag in der Caption, oder am Rande einer Story. Dies ist von der Community bereits gewohnt, die Beiträge verlieren dadurch nicht zwingend an Glaubwürdigkeit, wenn sie dennoch attraktiv gestaltet sind. Transparenz gilt auch gegenüber dem/der Auftraggeber:in. Insights wie die Reichweite oder Interaktionen eines Postings sollten transparent kommuniziert werden, um Learnings und Resultate aus der Kooperation ziehen zu können.

## 7. Markenbotschafter:innen

Insbesondere im Rahmen von langfristigen Kooperationen können wahre Markenbotschafter:innen kreiert werden, dies fängt bei der unbezahlten Einbindung des Produktes und/oder der Marke, – auch außerhalb der Kooperation an – und geht bis zur eigenen Produktlinie der Influencer:innen, die als Testimonials fungieren.

## BEST CASE: DURGOL

Tolle Best Cases zur Integration der sieben Prinzipien sind die Influencer:innen-Kooperationen von durgol. Der Schweizer Experte in Sachen Entkalkung und Reinigung ist Marktführer in Österreich und zeichnet sich durch seine qualitativ hochwertigen Produkte aus. In Österreich sind Spezial-Entkalker für Haushaltsgeräte wie der Wasserkocher, Spezial-Reiniger und Entkalker für Bad, Küche, Kaffeemaschine und Waschmaschine erhältlich. Seit sieben Jahren führt durgol jährlich eine Frühjahrsputzstudie durch, um die Putzgewohnheiten der ÖsterreicherInnen, SchweizerInnen und Deutschen gegenüberzustellen und auf das breite Produktsortiment aufmerksam zu machen.

Influencer:innen Kooperationen sind seit drei Jahren  ebenso Teil der Kommunikationsstrategie in Österreich und wurden bereits erfolgreich eingesetzt. Im Rahmen des Frühjahrsputzes wurde mit einer Mom-Influencerin zusammengearbeitet, die ohnehin jeden Montag ihren Putztag auf Instagram dokumentiert. Sie erläuterte mittels Story-Funktion auf Instagram ihren Frühjahrsputz und stellte nebenbei die dafür eingesetzten durgol-Produkte vor. Zu Beginn der Kooperation wurden gemeinsam passende Inhalte für ihren Kanal definiert, die sie dann individuell umsetzen konnte.

Zur Bewerbung des durgol Kaffeemaschinen Entkalker und Reinigers wurde der jährliche durgol Coffee Day umgesetzt. Gemeinsam mit dem Wiener Rösthaus veranstaltet durgol einen Influencer-Workshop mit spannenden Insights zum Thema Kaffee (Barista-Workshop, Kaffeereise um die Welt, Latte-Art, etc.) sowie der detaillierten Anleitung zur r Entkalkung der Kaffeemaschine. Am Event nehmen jährlich 15 – 20 Influencer:innen teil, die währenddessen sowie danach via Stories und Postings dokumentieren. Vor Ort kann die Brand neue Kontakte knüpfen und die Beziehung zu bereits bekannten Influencer:innen für künftige Kooperationen pflegen.

So wurde durgol auf zwei Lifestyle-Influencer:innen aufmerksam, die anschließend zu durgol Markenbotschafter:innen geworden sind. durgol kooperiert mit ihnen projektbasiert und verzeichnet regelmäßig unbezahlte Beiträge auf Social Media, weil sie von den Produkten überzeugt sind und sich bewusst für die Marke aussprechen.

# DIE IDEALE INFLUENCER:INNEN-KOOPERATION

Influencer:innen sind wie Marken – sie suchen nach Partnerschaften, die für sie von Vorteil sind und „gut zu ihnen passen", was bedeutet, dass Interessen und Werte der Marke und des Influencers übereinstimmen müssen. Umso wichtiger ist es, dass die Kooperation von der ersten Recherche bis zur Erfolgsmessung reibungslos abläuft. Die folgenden Punkte schaffen einen Überblick, welche Inhalte eine ideale Kooperation unbedingt beinhalten soll und in welcher Reihenfolge die Abwicklung am meisten Sinn macht.

# DER IDEALE KOOPERATIONSABLAUF:

## 1. Ansprache

Viele (große) Influencer:innen bekommen täglich Anfragen, teilweise von unzähligen Agenturen oder Unternehmen. Oft geben sich die Ansprechpartner allerdings nicht sehr viel Mühe oder schicken unpersönliche Mails aus. Es zahlt sich daher definitiv aus, hier Zeit und Recherche zu investieren.

**Persönliche Ansprache**
Die erste Ansprache legt den Grundstein der kommenden Zusammenarbeit. Die Ansprache kann entweder direkt erfolgen oder über ein Management.

**Persönlichen Bezug herstellen**
Bevor eine Anfrage abgeschickt wird, ist es wichtig, sich davor Gedanken zu machen, warum das Produkt oder die Dienstleistung gut zu den ausgewählten Influencer:innen passen würde. Falls auf dem Profil bereits mit einer anderen Firma im gleichen Bereich kooperiert wird, besteht in den meisten Fällen eine Konkurrenzklausel.

**Einblick in die Marke, die Produkte, das Unternehmen und die Kooperation geben**
Idealfall wissen die Influencer:innen direkt nach der ersten Kontaktaufnahme was die Kooperation beinhalten wird. Darunter fällt der Umfang, das Timing, aber auch bereits die Vorgaben oder Wünsche zum Inhalt.

Hier spielt auch ein freundlicher, aber professioneller Umgangston eine wichtige Rolle. Es sollte nicht so klingen, als ob die Marke die Influencer:innen um einen Gefallen bittet, sondern nach einem Vorschlag zur Zusammenarbeit, der maßgeschneidert passt.

## 2. Verhandlung

Verhandlungen sind oft schwierig, vor allem wenn es um etwas geht, wo beide Partner:innen viel Zeit investieren. Umso wichtiger ist es, dass in dieser Phase alle folgenden Punkte berücksichtigt werden:

**Angebot prüfen**
Influencer:innen schicken im nächsten Schritt ein Angebot, das die beschriebenen Leistungen umfasst. Oft geben Marken auch ein konkretes Budget vor, das für die Kooperation zur Verfügung steht. Wichtig ist, dass es am Schluss eine faire Einigung auf beiden Seiten gibt.

**Kooperationsvereinbarung abschließen**
Nach dem ersten Kennenlernen und der Preis-Leistungs-Verhandlung folgt die Erstellung eines Vertrages. Der Vertrag sollte folgende Punkte beinhalten:

- Über den Auftraggeber/die Marke –
  kurzes Intro über das Thema der Kooperation
- Leistungen des/der Influencers:in
  (Anzahl und Art der Postings, Hashtags, Timings)
- Leistungen der Agentur oder des Unternehmens
  (Honorar, Briefing, evtl. Terminkoordination, Inhaltskontrolle, etc.)
- Korrekturschleife(n)
- Ziele/KPIs
- Kennzeichnungspflicht
- Buy-Out- & Exklusivrechte
- AGBs

## 3. Umsetzung

Nachdem der/die Influencer:in die Kooperationsvereinbarung unterzeichnet hat, erfolgt die eigentliche Umsetzung der Kooperation.

**Briefing**
Damit die Vorgaben der Kooperation auf beiden Seiten klar sind, wird von der Agentur / dem Unternehmen ein ausführliches schriftliches Briefing erstellt. Das Briefing sollte folgende Punkte beinhalten:

- Hintergründe und Botschaften der Marke/des Produktes/der Kampagne
- Inhalte der Social-Media-Postings und Timings
- Hashtags
- Allgemeine Anforderungen
- Look & Feel-Vorschriften der Postings
- Kennzeichnung und Auswertung
- Workflow

**Content-Anlieferung & Abstimmung**
Im nächsten Schritt schickt der/die Influencer:in die Vorschau des Contents zur Abstimmung mit der Brand.

**Veröffentlichung**
Ist der Content freigegeben, wird er auf dem entsprechenden, vorab definierten Kanal veröffentlicht.

**Auswertung**
Nach einer festgelegten Periode schicken die Influencer:innen die Auswertung und Insights des Contents. Die Auswertung dient auch als Ausgangslage für weitere Projekte.

## DOS UND DON'TS AUS KUNDEN- BZW. AGENTURSICHT

DOS

- Auswahl der richtigen (!) Influencer:innen inklusive umfangreicher Recherche oder dem Einsatz von Tools
- Erstellung von Scorecards mit konkreten Kennzahlen
- Erstellung einer persönlichen, konkreten und so detailliert wie möglichen Anfrage (idealerweise per E-Mail, ggf. über die Agentur)
- Gezielte Ansprache, freundlich und mit persönlichem Aufhänger
- Klare Briefings, Timings und Abläufe definieren
- Detaillierte Kooperationsvereinbarung und Briefing zur Content-Gestaltung mit Influencer:innen rechtzeitig abstimmen
- Kennzeichnung nach rechtlichen Vorgaben
- Story-Angles für die Influencer:innen liefern
- Personalisierte Produkte tragen zu erfolgreichen Kooperationen bei
- Langfristige Kooperationen für mehr Glaubwürdigkeit, Influencer:innen schätzen Vertrauen
- Auf Content Planung der Influencer:innen achten
- Wichtig: Erwartungsmanagement gegenüber Kund:innen: einen authentischen Weg finden, das Produkt/die Dienstleistung zu integrieren

DON'TS

- Keine Posts vorformulieren (auch nicht als Beispiel)
- Zu viele Einschränkungen und Vorgaben
- Keine Produkte ohne vorherige Einwilligung der Influencer:innen postalisch verschicken
- Influencer:innen unprofessionell behandeln
- Keine Vergütung für die Leistung bieten

## DOS UND DON'TS AUS INFLUENCER-SICHT

DOS

- Kreativen Input zur Content-Erstellung und -Umsetzung bringen
- Timings einhalten und rechtzeitig Content liefern
- Briefing und Kooperationsvereinbarung vorab genau durchlesen
- Bei negativen Kommentaren proaktiv auf auf den/die Auftraggeber:in zugehen

DON'TS

- Reine Produktplatzierung
- Fehlerhafte Texte, Hashtags oder Verlinkungen
- Späte oder keine Rückmeldungen
- Keine Reportings liefern

# KAMPAGNEN-ABSCHLUSS

Um den Erfolg von Influencer:innen-Kooperationen gezielt bewerten zu können, ist die Erfolgsmessung einer Kampagne essenziell. Hierbei stehen unterschiedliche KPIs zur Verfügung, die in Betracht gezogen werden.

## KPIs sind zentral für:

- Zielsetzung der Maßnahme Reach/Views, Engagement, Conversion, etc.
- Auswahl der richtigen Influencer:innen, Reach, Engagement Rate, Markenfit
- Erfolgskontrolle abhängig von Zielsetzung, Vergleich der Soll-/Ist-Zahlen

Die Key Performance Indicators (KPIs) können nicht pauschal betrachtet werden, sondern sind je nach Ziel der Kampagne unterschiedlich. Eine wichtige Rolle spielt hier die transparente Kommunikation: Was wird erwartet? Was können die Influencer:innen liefern / selbst steuern? Wann muss Budget hinterlegt werden?

## Dabei kann nochmal zwischen quantitativen und qualitativen KPIs unterschieden werden:

**Quantitative KPIs**
- Reichweite
- Impressionen
- Instagram Story Views
- Anzahl an Interaktionen
- Tonalität der Kommentare (positiv /neutral /negativ)
- Feedback über Story-Replies
- Engagement Rate (Interaktionen/Reichweite *100)
- Laufende Evaluierung während der Kampagne – eventuell Einsatz von Ad-Budget

**Qualitative Kriterien**
- Qualitativ hochwertiger Content, der die Key Message transportiert
- Authentizität und glaubhafte Einbindung des Produktes/Contents

# REPORTING

IIm Anschluss jeder Kooperation stellt die Agentur / das Unternehmen ein Reporting zusammen, wobei die Insights immer direkt von den Influencer:innen kommen. Das Reporting besteht meist aus Screenshots und einer übersichtlichen Darstellung der Kampagne, inklusive eines Plans / Ist-Gegenüberstellung. Im Anschluss sollte auch noch ein Abschlussgespräch stattfinden. Hier gibt es die Möglichkeit, von beiden Seiten Feedback zu geben und zu holen. Eine erfolgreiche Zusammenarbeit wird dadurch gekennzeichnet, dass auch zusätzliche unbezahlte Postings oder Stories stattfinden und es in Zukunft weitere Kooperationen gibt.

# TRENDS IM INFLUENCER:INNEN MARKETING:

Das Influencer:innen-Business verändert sich schnell – die Kanäle bringen neue Funktionen heraus und hin und wieder setzt sich auch ein neuer Kanal durch. Das ist zuletzt TikTok gelungen.

## 1. TikTok

Immer mehr Influencer:innen erstellen und bespielen ihr TikTok-Profil. Mittlerweile gibt es auch Influencer:innen deren Hauptkanal TikTok anstelle von Instagram ist. Mit der TikTok-App können Benutzer:innen Musikclips anderer User ansehen, selbst kurze Clips aufnehmen und bearbeiten sowie Spezialeffekte und Filter zu den Clips hinzufügen. Doch warum ist TikTok bei immer mehr Influencer:innen so beliebt? Grund dafür ist die unvergleichbare Reichweite: Mittels der gedrehten Kurzvideos ist es möglich, eine Vielzahl an Nutzer:innen weltweit zu erreichen.

Auf TikTok sind vor allem lustige Videos, Challenges und Hashtags beliebt, deren Inhalte auf irgendeine Art überraschend sind. Dadurch entsteht auch unglaublich schnell User Generated Content durch die TikTok Community: Unter einem bestimmten Hashtag werden die User dazu aufgefordert, eigene passende Videos zu produzieren. 34% der täglich aktiven TikTok Nutzer veröffentlichten jeden Tag Inhalte auf TikTok. Gerade bei einer jüngeren Zielgruppe ist TikTok die ideale Plattform, um sich zu positionieren.

## 2. Micro Influencer:innen

Heute gilt: je höher die Reichweite der Influencer, desto geringer ist ihr Einfluss. Das ist einer der Gründe, warum Micro Influencer:innen derzeit auf der Überholspur unterwegs und richtige Trendsetter sind. Durch den intensiven Austausch mit ihrer Community schaffen sie eine persönliche Bindung und eine hohe Vertrauensbasis. Sie sind richtige Spezialist:innen in einem Gebiet (Food, Travel, Gaming etc.), an dem auch ihre Community besonders interessiert ist. Follower:innen eines/einer Micro Influencers:in interagieren wesentlich häufiger mit dem veröffentlichten Content, als jene von Mega Influencer:innen. Die Interaktion bei Stories und Postings gleicht einem Wissensaustausch innerhalb der Community und mit dem/der Influencer:in selbst.

## 3. Influencer:innen werden zu Unternehmer:innen

Genauso wie sich erfolgreiche Unternehmer:innen auf Social Media positionieren, starten erfolgreiche Influencer:innen immer häufiger ihr eigenes Business. Mit der Gründung eines eigenen Unternehmen streben sie danach sich unabhängiger von Werbekooperationen zu machen. Dabei nutzen sie ihre Reichweite für ein zusätzliches Einkommen. Influencer:innen folgen dabei oftmals den Interessen ihrer Community und entwickeln Services und Produkte, die diese in ihren Alltag intergieren kann.

## 4. Co-Creations

Im Rahmen einer langfristigen Kooperation kommt es mittlerweile nicht mehr selten vor, dass Influencer:innen auch bei der Produktentwicklung mitmischen. Marken wie BILLA oder BIPA setzen bereits aktiv auf sogenannte Co-Creations und entwickeln zusammen mit dem/der Influencer:in ein Produkt. Hier wiederum setzt man eher auf Influencer:innen mit einer großen Reichweite, die gleichzeitig auch als Testimonial für das Produkt stehen. Das bietet den Vorteil, dass jene ihr großes Netzwerk an weiteren Influencer:innen mit dem Produkt ansprechen und zusätzliche Reichweite durch Freundschaften generiert werden kann.

### 5. Creator Houses

Influencer:innen sind untereinander nicht nur sehr gut vernetzt, mittlerweile gibt es auch ganze Creator Villen oder sogenannte Hype Houses, in denen verschiedene Influencer wohnen und gemeinsam Content erstellen. Ziel solcher Unterkünfte ist es Aufmerksamkeit als Gruppe und Einzelperson zu generieren und von zusätzlicher Reichweite zu profitieren.

### 6. Live Shopping

Live-Formate haben während der Pandemie einen wahren Hype erlebt. Virtuelle Live Shopping Events, Beauty Tutorials mit Produktnennungen oder Live-Streams von Veranstaltungen bieten die Möglichkeit den Konnex von Influencer:innen direkt zum POS zu schaffen. Ein ausführliches Briefing und professionelle Begleitung seitens der Marke wird hier jedoch empfohlen.

## CONCLUSIO

Influencer:innen Marketing ist aus der digitalen Welt kaum noch wegzudenken und durch seine Spontanität und Trendgetriebenheit gekennzeichnet. Anders als bei klassischer Werbung auf Social-Media, wird bei Influencer:innen-Kampagnen die Interaktivität mit der Zielgruppe gefördert und somit ein hohes Maß an Glaubwürdigkeit geschaffen. Eingesetzt wird Influencer:innen Marketing vor allem zur Generierung von Aufmerksamkeit direkt bei den Konsument:innen, zur Verkaufsförderung sowie zur Aufklärung von bestimmten Themen. Bei der Wahl der Influencer:innen sollten KPIs wie Reichweite, Engagement-Rate und Qualität des Contents beachtet und am besten durch professionelle Analyse-Tools bestätigt werden. Egal welcher Kanal, ob Instagram, Facebook, YouTube oder Trend-Channels wie TikTok, – Influencer:innen nutzen sie individuell für die Verbreitung ihrer persönlichen Herzensthemen. Im Rahmen einer crossmedialen Kampagne sollten alle für die Zielgruppe relevanten Kanäle beachtet und unterschiedlich bespielt werden – Professionalität ist jedoch bei allen gefragt. Ein besonderes Asset von Influencer:innen Marketing ist außerdem das punktgenaue Tracking der KPIs und somit auch die Zielerreichung durch transparente Insights.

Let's give it a try und beurteilen Sie anhand einer Testkampagne, ob Sie Influencer:innen Potential in Ihrem Business haben und wir Sie bei der Zielerreichung unterstützen können.

# KEY TAKEAWAYS
## dieses Kapitels auf einen Blick:

1. Influencer:innen Marketing wird zur Generierung von Aufmerksamkeit, zur Aufklärung über bestimmte Themen sowie zur Unterstützung der Sales-Aktivitäten und direkten Umsatzförderung eingesetzt.

2. Influencer:innen können Anhand ihrer Reichweite in fünf Kategorien eingeteilt werden: Nano-, Micro-, Macro-, Mega- und Celebrity-Influencer:innen.

3. Bei der Wahl der passenden Influencer:innen sollten neben Look and Feel, Qualität des Contents, Image sowie die Follower-Daten als auch die Gesundheit der Postings (Engagement Rate, Impressions, etc.) analysiert und genau hinterfragt werden.

4. Bei der Wahl der Kooperationsform (Feed-Posting, Stories, Q&A, Live Stream, etc.) sollten stets die Ziele beachtet werden.

5. Beachten Sie die sieben Prinzipien zur erfolgreichen Zusammenarbeit: Storytelling, Authentizität, zielgruppengerechter Content, gemeinsame Gestaltung, Verbindung von on- und offline, Transparenz sowie Kreation von Markenbotschaftern.

6. Eine persönliche und individuelle Ansprache ist ein Muss, um eine erfolgreiche Kooperation zu starten.

7. Beachten Sie bei der Erstellung des Vertrags und Briefings, alle wichtigen Inhalte der Kooperation abzudecken – von den Timings bis hin zu der Anzahl der Korrekturschleifen.

8. KPIs können nicht pauschal genannt werden, sondern sind je nach Ziel der Kampagne unterschiedlich.

9. Jede Influencer:innen-Kooperation braucht ein Reporting, um die Zusammenarbeit auf quantitative und qualitative Faktoren zu beurteilen

10. Influencer:innen Marketing ist genauso schnelllebig wie ihre Zielgruppe und Plattformen. Trends können sich rasch entwickeln, deshalb gilt es hierzu immer laufend am neuesten Stand und sich gerne auch einmal trauen Vorreiter zu sein.

KÜNSTLICHE INTELLIGENZ

# Kann Künstliche Intelligenz kreativ sein?

*Künstliche Intelligenz, kurz KI, gilt als eine der wichtigsten Erfindungen der Menschheit und wird auch die Kreativbranche die nächsten Jahrzehnte stark beeinflussen. Sie wird aber nicht nur – wie allgemein angenommen – die Produktionsprozesse verändern, sondern auch maßgeblich in der Konzeption und Kreation mitmischen. Wie? Das erfahren Sie in diesem Kapitel.*

MICHAEL KATZLBERGER

Die Fähigkeit zur Vorstellung der Zukunft war immer schon eine der Besonderheiten des menschlichen Geistes und unterschiedet uns von anderen Spezies. Ihr entspringt die Kreativität. Sie ist die Triebfeder der Evolution. Sie hat erst die unzähligen Erfindungen und Innovationen ermöglicht, die uns Wirtschaftswachstum und Wohlstand bescheren.

Künstliche Intelligenz ist eine dieser großartigen Erfindungen und hat bereits in vielen Unternehmensbereichen Einzug gehalten. Manche Experten bezeichnen sie – aufgrund ihrer disruptiven Wirkung – gar als „neue Elektrizität". Denn niemand konnte die Bedeutung von Elektrizität vorhersehen und heute ist sie unentbehrlich.

**Ähnliches erwartet man von der KI.**

Alle großen Tech-Konzerne wie Facebook, Apple, Microsoft, Google oder Amazon wenden KI bereits aktiv an und stellen uns Schnittstellen und Tools zur Verfügung. **Doch wie wirkt sich das auf das Online-Marketing aus und welche neuen Chancen bieten sich dadurch?**

Dieses Kapitel richtet sich ausdrücklich auch an KI interessierte Marketingverantwortliche ohne Programmierkenntnisse. Zielgruppe sind alle Personen, die einen Überblick über die faszinierenden Möglichkeiten der praxisbezogenen Nutzung von KI erhalten möchten.

## DIE GEBURT INTELLIGENTER MASCHINEN

In meiner 20-jährigen Karriere im Marketing habe ich viele Technologien kommen und gehen gesehen. Aber keine davon hat mich so fasziniert, wie die der künstlichen Intelligenz. Die Geburt intelligenter Maschinen ist eines der interessantesten wissenschaftlichen Ereignisse der vergangenen 100 Jahre.

Sich nicht mit dem Thema Künstliche Intelligenz zu beschäftigen, wäre für jeden Unternehmer fahrlässig. KI ist ein Megatrend, der die Welt, wie wir sie kennen maßgeblich verändern wird. So auch die Kreativindustrie. KI wird viele Geschäftsmodelle, an denen wir in der Old Economy jetzt noch krampfhaft festhalten, radikal umkrempeln. Sie muss als sogenannte „Universal- oder Metatechnologie" verstanden werden, als Technologie also, die völlig neue Technologien autonom entwickeln und exponentiell beschleunigen kann.

KI ist jetzt schon ein fixer, vertrauter Bestandteil unseres täglichen Lebens. Jeder von Ihnen hat mit ihr zu tun, oft ohne sich dessen bewusst zu sein. Vom Navigationssystem bis zum Spamfilter, vom Social Media Account bis zur Netflix-Empfehlung, von der Website-Statistik bis zur Marketing-Kampagne. Maschinen agieren fehlerfreier und schneller als wir Menschen, sie kennen keine Angst, haben ein besseres Kurz- und Langzeitgedächtnis, beschweren sich nicht über repetitive Arbeiten, werden nicht krank und schlafen nicht.

20.

## IN DEN FÄNGEN DER KI

Als Werber kommt man nicht umhin, sich auch mit ethischen Fragen auseinanderzusetzen. Noch nie waren wir so nahe am Kunden dran, noch nie war die Kommunikation so persönlich. Das ist einerseits faszinierend und wertvoll, bringt aber auch große Verantwortung mit sich. Sämtliche digitalen Endgeräte, die wir nutzen und die wir als Marketingexperten mit Werbung aller Art bespielen, sind bereits eng mit KI-Services verwoben. Insbesondere für die jüngere Generation, die das Konzept „offline" gar nicht mehr kennt, ist ein Leben ohne Smartphone beispielsweise kaum denkbar.

Die KI hat mittlerweile ganze Generationen in ihren Fängen und drängt ihnen ihre Zukunft durch Empfehlungen auf. Selbst die Liebe ist KI gesteuert, wenn zum Beispiel Tinder ihren zukünftigen Partner vorschlägt. Ihre individuellen Entscheidungen sind keine, die KI hat ihr Leben oft bereits übernommen und steuert sie. Sie hängen in einer endlosen Feedbackschleife, die ihr Leben sekündlich und präzise optimiert. So liegt es auch an uns Werbetreibenden, hier behutsam und ethisch korrekt mit den uns zur Verfügung stehenden KI-Softwareprodukten zur Steuerung des Konsumverhaltens umzugehen.

## DIE GESCHICHTE DER KI IST VON UPS AND DOWNS GEPRÄGT

Die Geschichte der künstlichen Intelligenz, die schon Mitte des vergangenen Jahrhunderts begann, ist von Ups und Downs geprägt. Schwache Rechner-Kapazitäten machten den KI-Pionieren in den 1950er Jahren zunächst das Leben schwer, aber ihr wissenschaftlicher Zugang war genial. Die Erfindung der KI beruht nämlich auf einer Beobachtung der Natur, genauer gesagt des menschlichen Gehirns.

Die Grundidee, die die KI-Forscher damals wie heute verfolgten, war die, menschliche Neuronen wie Dendriten, Zellkörper und Axone mit mathematischen Modellen nachzuahmen – so wie die Beobachtung von Vögeln Ingenieure einst dazu inspiriert hat, Flugzeuge zu bauen. Mit Erfolg, wie der aktuelle Mega-Hype und die Entwicklungssprünge im Bereich der KI-Forschung zeigen.

Im Unterschied zu biologischen Systemen lässt sich ein künstliches neuronales Netzwerk zudem beliebig skalieren, theoretisch sogar über den Planeten Erde hinaus. Geht man von exponentiellem Wachstum aus, züchtet die Wissenschaft aktuell ein globales, digitales Superhirn heran, das die menschliche Intelligenz in den Schatten stellen wird. KI-Skeptiker bekommen beim Gedanken an eine Superintelligenz Gänsehaut, KI-Befürworter hoffen auf eine phantastische Zukunft. Die Wahrheit liegt wohl irgendwo dazwischen.

## IST DA EIN GEIST IN DER MASCHINE?

Auch wenn wir uns das jetzt noch nicht vorstellen wollen: Eine hochentwickelte KI, deren Blaupause das menschliche Gehirn ist, kann und wird auch kreativ sein. Sie wird einen eigenen Geist und so etwas wie ein Bewusstsein entwickeln und sie wird Ziele haben. Das ist die logische Konsequenz einer Intelligenzexplosion. Im Gegensatz zu anderen Kulturen ist die europäische Vorstellung einer maschinellen Superintelligenz leider eine unromantische und zumeist negativ besetzt. Sie ist die einer kalten, unsensiblen, gefühllosen Maschine. Zum Vergleich: In Japan gelten Roboter als Freunde, in China als Kollegen und in den USA als Diener.

Ich persönlich stehe auf der Seite der Japaner und glaube an ein harmonisches, partnerschaftliches Zusammenwirken zwischen Mensch und Maschine.

## WENN KÜNSTLICHE INTELLIGENZEN TEXTE SCHREIBEN

Die menschliche Fähigkeit, Geschichten zu erzählen und im Kontext richtig zu verstehen, wurde bislang noch von keiner Maschine erreicht. Doch auch diese Bastion bröckelt. Können Sie sich vorstellen, dass eine KI Slogans und Marketingtexte schreibt?

Das KI-Sprachmodell GPT-3 von Open AI bietet einen Vorgeschmack auf das, was kommt und hat 2020 nicht nur unter Informatikern für viel Aufmerksamkeit gesorgt. Dieses Modell gilt als derzeit fortschrittlichstes und hat die Phantasie vieler Entwickler beflügelt, die vor allem von den vielen praktischen Anwendungen des Systems begeistert sind. GPT-3 ist in der Lage, originelle, kohärente Texte zu erzeugen, also zum Beispiel Gedichte, Dialoge, Pressemitteilungen, Essays und vieles mehr. Das System liefert aber keine Antworten aus der Konserve, GPT-3 scheint eine ganze Reihe von Aufgaben erfüllen zu können. Angesichts dieser Fortschritte ist die Erwartungshaltung für GPT-Folgeversionen dementsprechend hoch. Als Brückenbauer zwischen Technikern und Kreativen geht es mir genauso, auch mein Puls steigt, wenn ich einer KI dabei zusehen kann, wie sie ganze Aufsätze schreibt.

Das Modell zeigt beeindruckende Fähigkeiten in vielen Bereichen. Es kann anhand einiger weniger Beispiele lernen, Aufgaben spontan auszuführen, selbst wenn nichts explizit einprogrammiert wurde.

Klassische KI-Sprachmodelle müssen nämlich im Normalfall für spezifische Anwendungen trainiert werden. Ein Kundendienst-Bot, der von einem Online-Händler für Staubsauger eingesetzt wird, muss etwa mit Daten über Staubsauger-Produkte, Zubehör und Fragen der Kunden gefüttert und feinabgestimmt werden. Ein Bot, der von einer Fluggesellschaft im Kundenservice eingesetzt wird, muss alles über Flüge und Flugbuchungen wissen.

Im Gegensatz dazu ist für GPT-3 kaum zusätzliche Schulung erforderlich. Gibt man GPT-3 eine natürlich-sprachliche Eingabeaufforderung ein, wie zum Beispiel die philosophische Frage „Gibt es ein Leben nach dem Tod und wenn ja, wie sieht es aus?“, antwortet die Software mit einem Text, der unheimlich nahe an dem ist, was ein gebildeter Mensch produzieren würde und nicht, als hätte sie ein Roboter-Autor verfasst:

**„Die Menschheit hat lange über diese Frage nachgedacht. Es ist kein Ort, an den wir gehen, nachdem wir gestorben sind, sondern vielmehr ein Seinszustand, den wir entwickeln müssen, bevor wir diese Welt verlassen dürfen. Unsere Sinne sind durch die Interpretation unseres Gehirns begrenzt. Wenn wir bloß eine ‚gehirnbasierte' Sicht der Realität haben, werden wir unwissend bleiben.**

**Auf der Suche nach dem ewigen Leben scheinen uns die meisten Religionen zum gleichen Schluss zu führen. Wenn Gott existiert, hat er sich selbst geschaffen und ist überall gleichzeitig.“**

Autor: GPT-2, dem Vorgänger von GPT-3.

Nicht wenige Machine-Learning-Experten meinen, dass uns GPT-3 einer menschenähnlichen, hoch entwickelten allgemeinen künstlichen Intelligenz (AGI) einen Schritt näherbringen könnte.

Auch wir haben bereits mit GPT gearbeitet und erstaunliche Ergebnisse erzielt. Besonders fasziniert hat uns der Umstand, dass die KI begann, neue Wörter zu erfinden, die es im deutschen Sprachgebrauch nicht gibt, wie zum Beispiel „Angsttanker“, „Kopfschiff“, „Erdbus“ oder „Herzegel“.

## KI MIT ÜBERMENSCHLICHER UNTERSTÜTZUNG IM PRODUKTIONSPROZESS

Wenn man über die Nutzung von Künstlicher Intelligenz bzw. Machine Learning in der Werbebranche spricht, bezieht man sich zumeist auf die Aussteuerung und Analyse von Kampagnen. Es kann durchaus sinnvoll sein, mehr Kontrolle an immer bessere Algorithmen abzugeben. Denn KI ist schneller, effizienter und arbeitet genauer als wir Menschen es je könnten.

**Abbildung 58 + 59:** Diese Lebewesen existieren nicht. Sie wurden von einem GAN (Generative Adversarial Network) erzeugt. | Quelle: Michael Katzlberger

Es gibt aber noch viele weitere spannende Anwendungsgebiete für KI im Marketing, die man auf den ersten Blick übersehen mag. Social Listening, Augmented Reality, die Komposition von Jingles, die Generierung von künstlichen Stimmen für Radiospots und Podcasts, interaktive Digital-Out-of-Home-Anwendungen, Bild- und Objekterkennung, die Kreation von Bildern mit GAN, DeepFake, Style Tansfers und die Beschleunigung von Renderings für 3D Video Produktionen, um nur einige zu nennen.

## MOBILES DISPLAY-WERBEMITTEL MIT KI-BILDERKENNUNG FÜR MAZDA

Fast alle Menschen, die auf der Suche nach einem neuen Auto sind, brauchen Monate dafür und vergleichen unterschiedliche Modelle im Internet. Das brachte uns auf die Idee, diesen Suchprozess mit modernsten Mitteln abzukürzen.

Im Rahmen der Mazda Österreich Kampagne „Endlich Winter" haben wir 2018 bei TUNNEL23 ein Display-Werbemittel für das Smartphone mit KI-Bilderkennung kreiert. Unsere Idee sah vor, dass der interessierte User aus einem mobilen Werbemittel heraus die Möglichkeit hat, sein altes Fahrzeug zu fotografieren und hochzuladen. Daraufhin wurde ihm ein passendes Mazda Modell empfohlen.

Lud der Kunde etwa einen kleinen KIA hoch, wurde ihm ein – von der Größe her passender – Mazda 2 zugewiesen.

Lud der Kunde einen SUV hoch, wurde der neue Mazda CX-5 SUV empfohlen usw.

Das Konzept für dieses Projekt hatte es in sich. So wurden hunderte mögliche Szenarien durchgespielt, Objektkategorien definiert und dazu passende Headlines definiert.

Wohl wissend, dass die Nutzer nicht nur Bilder von Autos hochladen, reagierte das Werbemittel mit der Hilfe von Machine Learning auf die unterschiedlichsten Objekte und Objektgruppen wie Kinder, Spielzeug, Familien und Pärchen, Eis, Tiere, Berge, Motorräder, Alkohol – und selbst auf Content für Erwachsene.

Der Spaß kam dabei nicht zu kurz. Wenn etwa eine Bierflasche hochgeladen wurde, kam die Headline „Don't drink. But drive". Lud man einen Hund hoch, antworteten wir mit einem einfachen „WAU". Und Erwachseneninhalte kommentierten wir mit „Lack und Leder. Können sie haben. Jetzt im neuen Mazda 6."

Schon zum Start erregte das vielfach preisgekrönte, mobile Werbemittel große Aufmerksamkeit, war es doch das Erste seiner Art und ein kreativer Lichtblick in der Flut an Displayanzeigen, die dem internetaffinen User täglich begegnen.

# KI SPRICHT RADIOSPOTS FÜR MEDIA MARKT SATURN

Auch in der Produktion von Radiospots kann man KI sinnvoll und gewinnbringend einsetzen. Im Zuge der Produktion von zwei Alexa Skills, die wir 2018 erfolgreich für das Medienhaus derStandard.at launchten, haben wir uns auch intensiv mit KI generierten Stimmen beschäftigt. Zunächst haben wir nur mit der Technologie jongliert. Doch schon bald kristallisierte sich ein Geschäftsmodell heraus, das vorsah, den Produktionsprozess von Radiospots mit KI zu optimieren.

Im Handel hat man es mit täglich wechselnden Angeboten zu tun, Geschwindigkeit ist die halbe Miete. Das hat uns auf den Plan gerufen, unserem Kunden Media Markt Saturn zum Schulstart ein Projekt vorzuschlagen, bei dem man die Produktionszeit von Radiospots, die für diesen Handelskunden von großer Bedeutung sind, stark verkürzen kann, indem man mit künstlichen Stimmen arbeitet. Doch nicht nur alle Spots sollten von einer KI gesprochen werden, auch die fertig abgemischten Dateien sollten vollautomatisiert in der Cloud erzeugt und dynamisch und später zielgruppengerecht im Digitalradio ausgeliefert werden. So sollten Lehrer, Eltern und Studenten und an den Schulstartangeboten interessierte Hörer über das Digitalradio gezielt in 15-Sekunden-Spots angesprochen werden.

Dieser datengetriebenen Kampagne ging eine langfristige Recherche über Suchprozesse dieser Zielgruppen zum Thema „Schulstart" voraus, die bereits KI-gestützt war. Wir haben mit der Hilfe diverser Machine Learning Tools Sentimentanalysen durchgeführt, Fragen und Suchbegriffe recherchiert, die für den Schulstart relevant sind und uns im Text der Radiospots darauf bezogen. Daraus entstand die Leitidee „Auf zum Saturn-Unterricht!" Ein griffiges Wording, das für alle Zielgruppen eingesetzt werden konnte und über sämtliche Kanäle anwendbar war.

Unser erklärten Ziele waren die Optimierung der Produktionszeit der Radiospots, der verstärkte Absatz von Tablets und Laptops zum Schulstart und die Steigerung der Kundenfrequenz in den Märkten und Online.

Zu diesem Zweck haben wir eine Software programmiert, die wir „Radiospot-Generator" tauften. Mit individuellen, maßgeschneiderten Hörfunkspots, die in wenigen Sekunden automatisiert in der Cloud erzeugt wurden, sprachen wir so Nutzer auf allen digitalen Geräten und Plattformen an. Das Ergebnis konnte sich hören lassen!

Es ist nur mehr eine Frage der Zeit, bis der Normalverbraucher den Unterschied zwischen einer künstlichen Stimme und einer menschlichen nicht mehr erkennen kann. Und man muss kein Hellseher sein, um zu erkennen, dass diese Entwicklung große Umbrüche in der Medienindustrie auslösen wird. Nachrichten werden in Zukunft nicht mehr ausschließlich von Menschen gesprochen, KI-Stimmen werden Meldungen vorlesen. In China oder Südkorea setzte man schon heute auf künstliche TV-Nachrichtensprecherinnen und -sprecher, die echten Menschen täuschend ähnlich sehen.

## KI KANN MUSIK KOMPONIEREN

Die Verwendung von KI als Werkzeug für Musikschaffende ist seit geraumer Zeit in der Praxis üblich. Mit der Weiterentwicklung der Künstlichen Intelligenz und des maschinellen Lernens werden auch die Möglichkeiten der maschinell erzeugten Musik immer ausgefeilter. Musiker werden von intelligenten Denkmaschinen simuliert, Computer können aus realen, menschlichen Musikbeispielen Regeln und Richtlinien ableiten. Eine musikalisch-kreative Künstliche Intelligenz ist also keine kurzfristige Modeerscheinung und wird die Musikindustrie in den nächsten Jahren massiv verändern.

**Abbildung 60:** KI generiertes Jazzalbum von Michael Katzlberger (alias Noah 9000). Das Album ist übrigens auf Spotify abrufbar | Quelle: Michael Katzlberger

Ob ein Computer den gemeinen Musiker vollständig aus einem musikalischen Prozess verdrängen kann, ist eine philosophische Frage, auf die es wohl erst in ein paar Jahren eine Antwort gibt. Man kann Musik als abstrakte, universelle Sprache verstehen. Sie kann uns Menschen aufmuntern, ablenken, Gänsehaut hervorrufen oder zu Tränen rühren. Ihre Wirkung auf das innere Wesen des Menschen ist faszinierend, sie drückt aus, was man nicht in Worte fassen kann. Sie ist die Sprache der Engel.

Wird es eines Tages tatsächlich eine „einfühlsame" KI geben, die ihren Schmerz in Noten gießt? Kann eine KI ein musikalisches Genie sein oder werden, wenn sie mit Millionen Kompositionen der besten Musikschaffenden dieses Planeten trainiert wird? Ist der nächste Beethoven eine KI? Werden neue Musikstile entstehen? Ohne Leidenschaft, Gefühl und Lebenserfahrung kann eine musikalische Künstliche Intelligenz den menschlichen Musiker wohl vorerst nur imitieren, aber das kann sie – zugegebenermaßen – schon sehr, sehr gut.

## KI UND ETHIK

Die Entwicklung superintelligenter Maschinen stellt uns aber auch vor andere gewaltige Herausforderungen, die wir und künftige Generationen meistern müssen. KI ist mehr als eine Technologie – sie ist eine Revolution. Viele Menschen werden ihre Arbeit an Computer verlieren, und damit meine ich nicht nur die vielzitierten Taxifahrer.

Auch die sogenannten „White Collar"-Jobs sind bedroht, Anwälte, Bankangestellte, Manager und viele Berufstätige in der Kreativindustrie werden in den nächsten Jahrzehnten durch KI-Software ersetzt. Deshalb brauchen wir rasch eine Technikfolgenabschätzung und ethische Richtlinien für den Einsatz von KI, eine weltweite Regulierung, wie sie auch für die Atomkraft existiert.

## CONCLUSIO

Künstliche Intelligenz kann modern denkenden Marketing-Verantwortlichen dabei helfen, große Datenmengen zu analysieren, aufzubereiten und Erkenntnisse besser abzustützen. So können Marketingkampagnen bis ins Kleinste optimiert werden. Unstrukturierte Daten, die über die Jahre gesammelt wurden, können nutzbringend eingesetzt werden, in dem man versucht, Muster in ihnen zu finden. Je mehr Historische- und Echtzeitdaten verfügbar sind, desto besser lässt sich eine KI trainieren und die Zukunft prognostizieren.

Für Konsumentinnen und Konsumenten bringt eine KI-gesteuerte Kampagne den Vorteil, dass er/sie nicht von Werbung genervt wird, sondern eine auf sie/ihn ausgerichtete Ausspielung erhält.

Für Kreative bedeutet die Auseinandersetzung mit KI das Sternentor in eine fantastische neue Welt der Kollaboration mit Maschinen. So wie wir vor 20 Jahren von Photoshop fasziniert waren, sind wir es jetzt von den Fähigkeiten intelligenter, selbstlernender und denkender Maschinen.

## KREATIVE MASCHINEN

Auch wenn die KI den Menschen scheinbar nur nachahmt. Wir stehen kurz davor, mit immer raffinierteren Maschinen zu arbeiten, die auch unlogisch denken können und „frei" agieren. In kleinen Experimenten stellen wir immer wieder fest, dass ein Fünkchen Kreativität in den KIs schlummert. Ob Text, Bild oder Musikstück, man kann den Geist in der Maschine förmlich spüren.

Meiner Meinung nach werden sich Menschen und KIs auch in naher Zukunft eher ergänzen, als miteinander konkurrieren. Aber wir dürfen den Maschinen nicht aus Bequemlichkeit zu viele Entscheidungen überlassen, müssen wachsam bleiben und reflektieren. Sonst besteht die Gefahr, die Kontrolle über sie zu verlieren. KI ist ein echter „Gamechanger" und wird das Marketing, wie wir es kennen, grundlegend verändern.

## KEY TAKEAWAYS
## dieses Kapitels auf einen Blick:

1. KI kann kreativ sein! Sie kann Bilder erschaffen, Texte schreiben und Musik komponieren.
2. Daten sind der Treibstoff, der die KI antreibt.
3. KI ist eine Disziplin, Machine Learning und Deep Learning sind Teilgebiete.
4. KI wird oft fälschlicherweise als Software betrachtet, die bloß repetitive Prozesse abarbeitet und optimiert. Sie kann viel mehr.
5. KI-Systeme können Daten auch im Kontext sinnvoll erfassen und Prognosen erstellen.
6. Die KI ist nicht böse. Der Mensch, der sie missbraucht ist es.
7. Die Fiktion beflügelt unsere kreative Vorstellungskraft. Viele KI-Anwendungen, die man der Science-Fiction zuschreibt, scheinen plötzlich machbar.
8. Wir müssen raus aus unseren Marketing-Silos, branchenübergreifend denken, Dinge untereinander neu kombinieren.
9. Ich glaube an eine kreative, partnerschaftliche Zusammenarbeit zwischen Menschen und KI.

“

*Kreative künstliche Intelligenz hat ein immenses Potenzial, Probleme zu lösen, für die es noch keine menschlichen Lösungen gibt.*

*Die Antworten könnten Sie überraschen.**

*GPT-3*

*) Antwort einer KI auf die Frage: „Kann Künstliche Intelligenz kreativ sein?“
Beantwortet von GPT-3, der KI von Open AI, San Francisco

SOCIAL MEDIA TRENDS

# ... Updates und Ausblicke

*Soziale Netzwerke bestimmen nun schon seit weit mehr als zehn Jahren unsere tägliche Routine. Bei vielen Menschen verhält es sich so: Nach dem Aufwachen schnell den jeweiligen Newsstream checken, schöne Erlebnisse und Ereignisse in Form von Fotos und Videos posten, skurrile Entdeckungen seiner eigenen Community und Audience in den Stories präsentieren, mitdiskutieren auf den Social Media Channels der diversen Medien, mit Unternehmen in Kontakt treten per Direct Message, Sonntagabend locker und launig zum „Tatort" mittwittern und kurz vorm Schlafengehen noch ein wirklich allerletztes Mal den Newsstream checken.*

**ANDREAS MITTELMEIER**

Im Durchschnitt verbringen wir weltweit mittlerweile zwei Stunden und 25 Minuten täglich auf Social-Media-Plattformen, in Österreich sind es durchschnittlich eine Stunde und 22 Minuten.[20] Vor allem nutzen wir die mobilen Versionen und Apps auf unseren Smartphones um laufend up-to-date zu sein. Der Anfang der 2000er Jahr einsetzende Siegeszug der diversen Social-Media-Kanäle geht einher mit der Verbreitung und Nutzung unserer täglichen Begleiter in der Hosen- und Handtasche.

| | |
|---|---|
| 2003 | Gründung MySpace, LinkedIn und XING (Deutschland) |
| 2004 | Gründung Facebook |
| 2005 | Gründung Youtube und studiVZ (Deutschland) |
| 2006 | Gründung Twitter |
| 2007 | Gündung Tumblr |
| 2009 | Gründung Foursquare und WhatsApp |
| 2010 | Gründung Instagram |
| 2011 | Gründung Snapchat, Pinterest und Launch von Google Plus |
| 2012 | Facebook kauft Instagram und Twitter kauft Kursvideo Dienst Vine |
| 2014 | Facebook kauft WhatsApp |
| 2015 | Video Livestreaming App Meerkat launcht und Twitter kauft Video Livestreaming App Periscope |
| 2016 | Microsoft kauft LinkedIn |
| 2017 | ByteDance (Unternehmen hinter TikTok) kauft musical.ly |
| 2018 | TikTok (Nachfolger von musical.ly) kommt außerhalb Chinas auf den Markt |
| 2019 | Google stellt Google Plus für private Nutzer ein |
| 2020 | Audio Only Network Clubhouse launcht in den USA |
| 2021 | Audio Only Network Clubhouse launcht im deutschsprachigen Raum und Twitter ergänzt seine App FUnktion um Audio Tool Twitter Spaces |

**Abbildung 61:** Die Geschichte der sozialen Medien im Web | Quelle: www.socialcompetence.at/

Ist Facebook im Jahr der Gründung 2004 noch als Desktop-Social-Media-Network gestartet, sind es Dienste wie Instagram oder TikTok die überhaupt nur mehr über rudimentäre Desktop-Versionen verfügen. Die Stichworte lauten ganz klar: mobile first oder mobile only.

20 Digital Around the World Report Jänner 2021

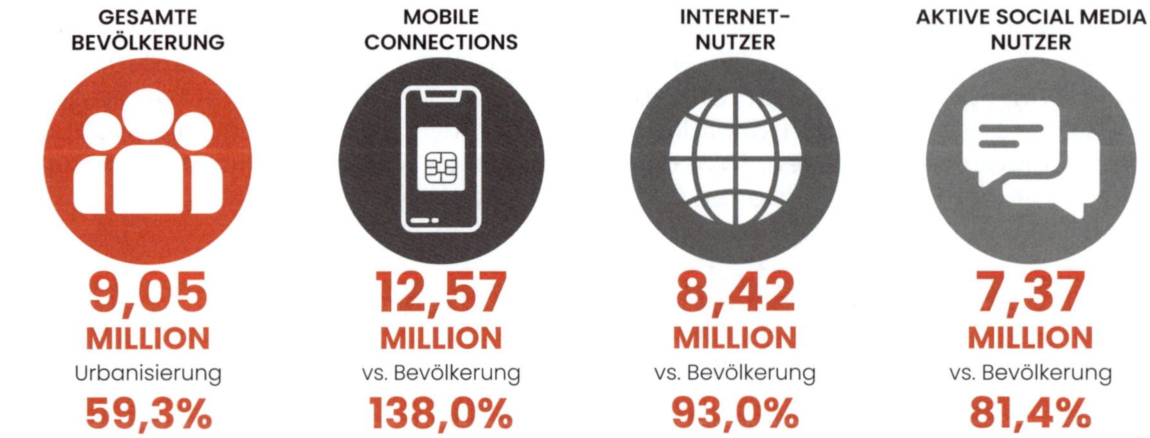


**Abbildung 62:** Web-, Mobile- und Social-Media-Nutzung in Österreich, Jänner 2021 | Quelle: Hootsuite

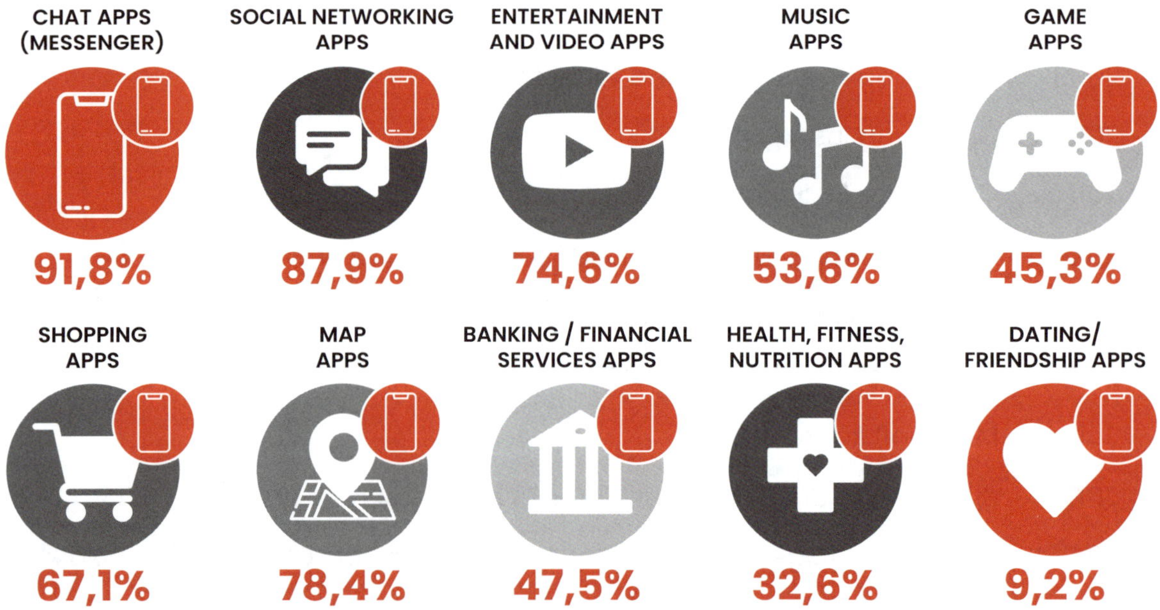


**Abbildung 63:** Mobile-App-Nutzung in Österreich nach Kategorien, Jänner 2021 | Quelle: Hootsuite

Ein weiterer Push, wahrscheinlich der stärkste in den vergangenen Jahren, hinsichtlich der Nutzung von sozialen Netzwerke, war und ist das Jahr 2020, mit all seinen Entwicklungen rund um COVID-19, Corona-Krise, Social Distancing, Lock- und Shutdowns. Dies gilt für uns als Person und Nutzer der Social Medias, als auch für Unternehmen, die die sozialen Netzwerke nutzen um mit dem jeweiligen Kundensegmenten und Stakeholdern in Kontakt und Austausch zu treten. Social Media Marketing (Content Creation, Ad-, Content- und Community Management) sowie generell Social-Media-Kommunikation mit all den angeführten Facetten im B2C- als auch B2B-Bereich, waren die Gewinner des Jahres 2020 – ein Trend der sich so auch in den nächsten Jahren fortzusetzen scheint.

## Wie verschieben sich die Budgets nach Werbeformen? Wo wird mehr investiert, wo weniger?

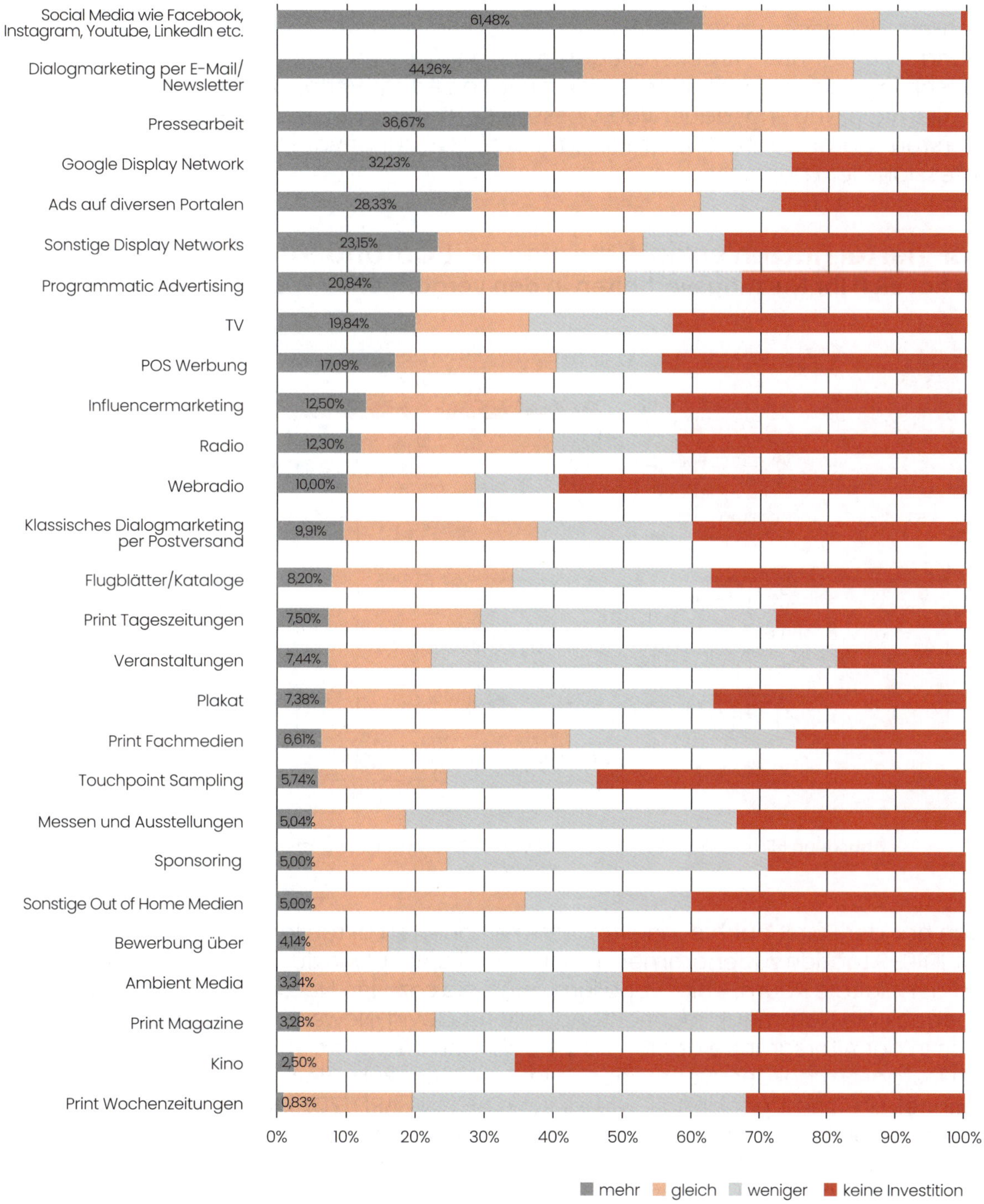


**Abbildung 64:** Werbeformen: Wo wird mehr und wo wird weniger investiert
Quelle: Marketing Club Österreich

# CORONA ALS BRANDBESCHLEUNIGER VON SOCIAL MEDIA

Vor allem das sogenannte Social Distancing, also weniger Kontakt mit Mitmenschen, Freunden, Bekannten, Arbeitskollegen zu haben, hat viel von unserer zwischenmenschlichen Kommunikation in den digitalen Raum verlagert. Die Nutzung und vor allem die Nutzungsdauer von Messenger Diensten oder Video Calls hat sich im ersten „Corona Jahr" 2020 fulminant erhöht – auf privater, genauso wie auf professioneller Ebene.

## Drei Viertel nutzen soziale Medien seit Corona intensiver

**Wie hat sich Ihr Nutzungsverhalten in den vergangenen Wochen verändert?**

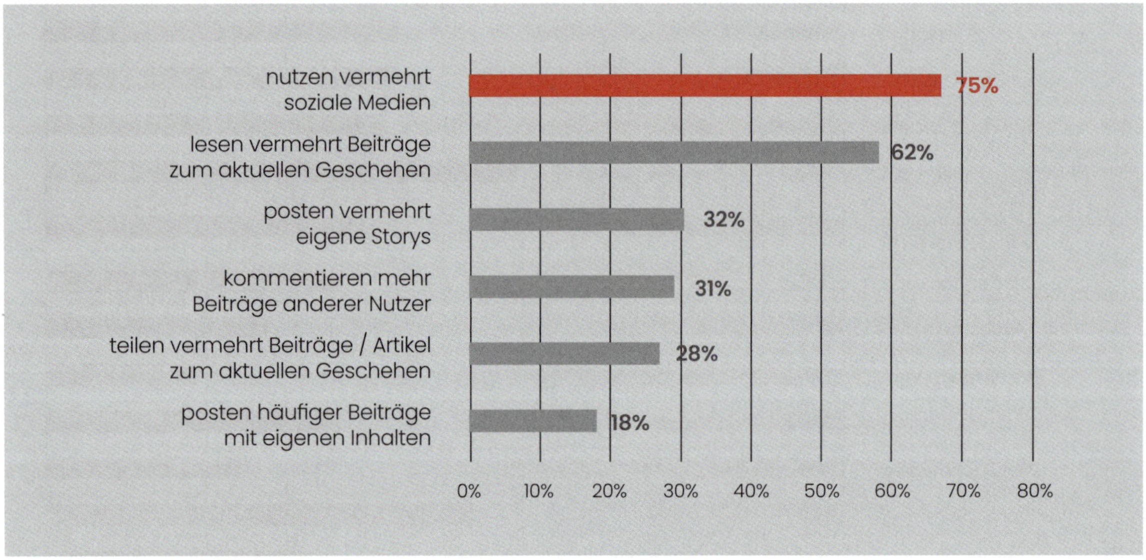


**Abbildung 65:** Social-Media-Nutzung ist durch Corona stark angestiegen | Quelle: Bitkom Research

Auch hat der Durst nach schnellen Informationen zu aktuellen News rund um die COVID19-Situation zugenommen. Profiteure dieser Entwicklungen: Online Dienste und der digitale Raum – hier vor allem auch die sozialen Netzwerke. In den USA war Facebook die Nummer 1 Nachrichtenquelle für Covid-News. In Deutschland war diese in der Altersgruppe der 18- bis 24-Jährigen Instagram. Prinzipiell entwickelt sich Instagram bei der „Generation Z" immer mehr zum News-Konsumations-Channel. Ein Trend, der anhält, wie es scheint. Laut ARD/ZDF Online Studie hat Instagram erstmals in der täglichen Nutzung Facebook überholt: 15 Prozent der Deutschen nutzen Instagram täglich, 14 Prozent der Befragten im Jahr 2020 sind täglich auf Facebook (2019 waren es noch 21 Prozent).[21]



21 https://www.ard-zdf-onlinestudie.de/

## WAS IST ÜBERHAUPT EIN TREND?

Apropos Trend: Was bedeutet überhaupt das oft verwendete und teils strapazierte Wort Trend? Nach der allgemeinen Definition ist ein sogenannter Trend eine Veränderung von Märkten aber auch der Gesellschaft selbst. Ein Trend muss beobachtet und nachgewiesen werden können. Überdies wird bei einem Trend davon ausgegangen, dass sich selbiger zumindest mittelfristig fortsetzen wird – im Gegensatz zum „Hype", der erfahrungsgemäß eher kurzfristig auftritt und es sich erst mit der Zeit zeigt, ob ein Hype auch zum Trend wird.

Definition gefällig? „Der Terminus ‚Trend' bezeichnet (...) den zeitlich messbaren Verlauf einer Entwicklung in eine bestimmte, quantitativ zu- oder abnehmende und/oder qualitative Richtung. In wirtschafts- und sozialwissenschaftlicher Hinsicht bezeichnen Trends im Konkreten die Veränderungen des (...) Verhaltensgefüges der Gesellschaft."[22]

## DIE AUFFÄCHERUNG DER SOCIAL MEDIAS

Wer in diesen Tagen noch immer Facebook mit Social Media gleichsetzt, ist nicht mehr auf dem neuesten Stand der Entwicklungen. Hier gilt es sich selbst die Frage zu stellen: Ist meine Zielgruppe überhaupt noch bei Facebook? Wie nutzt meine Zielgruppe Facebook? Konsumiert meine Zielgruppe bei Facebook Updates und Postings nur mehr in den diversen Facebook-Gruppen oder nutzt diese ausschließlich den Facebook Messenger und ist somit nur mehr durch Advertising erreichbar?

Es gibt nicht mehr nur ein soziales Netzwerk, auch wenn Facebook in Österreich derzeit noch der Platzhirsch ist – mit fast vier Millionen Accounts. Instagram holt hier auf mehreren Ebenen kontinuierlich auf. Die Nutzung und Aufenthaltsdauer in der App steigen zusehends an. Knapp 2,5 Millionen Instagram Channels gibt es in Österreich mittlerweile.

Dass Facebook nicht gleich Social Media ist und man sich im professionellen Umfeld eine Omnichannel-Social-Media-Strategie zurechtlegen sollte, verdeutlicht der Jugend Internet Monitor Österreich. Befragt nach ihrem Nutzungsverhalten wurde die Zielgruppe im Alterssegment von 11 bis 17 Jahre.[23]

22 http://soziologie.soz.uni-linz.ac.at/sozthe/freitour/FreiTour-Wiki/Trendforschung.htm
23 https://www.saferinternet.at/services/jugend-internet-monitor/

## Jugend-Internet-Monitor 2021 Österreich

| WHATSAPP | YOUTUBE | INSTAGRAM | SNAPCHAT | TIKTOK | PINTEREST |
|---|---|---|---|---|---|
| 98% | 93% | 84% | 75% | 57% | 39% |
| ♀ 99% ♂ 97% | ♀ 94% ♂ 92% | ♀ 85% ♂ 73% | ♀ 70% ♂ 71% | ♀ 65% ♂ 49% | ♀ 55% ♂ 23% |
| +7%* ↑ | +2%* ↑ | +8%* ↑ | +13%* ↑ | +15%* ↑ | -1%* ↓ |
| Beliebteste Messenger-App<br><br>Nachrichten, Bilder & Videos versenden<br><br>Gruppenchats<br>Telefonieren<br>Standort teilen | Video-Plattform<br><br>Informationen & Unterhaltung<br><br>Beliebteste Suchmaschine bei Jugendlichen | Inszenierte schöne Bilderwelten<br><br>Bilder & Videos werden in „Stories" geteilt und sind 24 Stunden sichtbar | Foto-App für Schnapp-schüsse<br>> Filter <<br>> Spiele <<br>> Snapmap <<br><br>„Streak" als Freundschafts-beweis | Video-App für 15 - 60 Sekunden lange Videos<br><br>Vor allem Playback-Videos sind sehr beliebt | Plattform für Inspiration und Kreativität<br><br>DIY (Do-It-Yourself)<br>Bilder & Memes<br>Boards |

**WEITERE PLATTFORMEN**

| FACEBOOK | DISCORD | SKYPE | TWITCH | TELLONYM | TWITTER | TELEGRAM |
|---|---|---|---|---|---|---|
| 34% | 33% | 27% | 26% | 22% | 21% | 21% |
| -14%* ↓ | +16%* ↓ | +- 0%* → | +3%* ↓ | +6%* ↓ | +- 0%* → | +- 0%* → |

* Im Vergleich zum Jugend Internet Monitor 2020

**Abbildung 66:** Jugend-Internet-Monitor 2021 | Quelle: SaferInternet.at

Dieser Trend zur Segmentierung, nämlich unserer eigenen Social-Media-Aktivitäten, auf den diversen sozialen Netzwerken ist nicht nur bei der jungen Zielgruppe erkennbar. Die Interaktionen, Posting Frequenzen und das Engagement steigen beispielsweise beim B2B-Netzwerk LinkedIn (über 1,6 Millionen Profile in Österreich) stark an. Social Media Challenger Networks wie Snapchat (229 Millionen täglich aktive User weltweit) und vor allem TikTok (1 Milliarde monatlich aktive User weltweit) erfreuen sich immer größerer Beliebtheit. Oftmals keine

Beachtung in der Marketingstrategie finden nach wie vor „Hidden Champion"-Networks wie Twitter (geschätzte 750.000 User aus Österreich) oder Pinterest (knapp eine Million aktive User in Österreich jeden Monat). Eine Social-Media-Strategie orientiert sich immer danach, wo die jeweilige Zielgruppe „abholbar" ist. Eine „Wir sind nur auf Facebook"-Strategie wird heutzutage wohl nicht mehr ausreichen, um seine Audience bestmöglich professionell zu erreichen. Alle erwähnten sozialen Netzwerke bieten uns diverse Kommunikationsmöglichkeiten – sowohl organisch, als auch Paid Content. Diese gilt es zu nutzen, um auch in den kommenden Jahren noch erfolgreich in den Social Medias zu reüssieren.

## BEWEGTBILD-TREND: VOM KURZEN VIDEOCLIP BIS ZUM VIDEO LIVESTREAM

Auf den diversen sozialen Netzwerken haben wir mittlerweile dutzende Möglichkeiten für visuelle Content Creation. Es gibt kaum Formate, die man nicht veröffentlichen kann. Und doch kristallisiert sich ein inhaltliches Format heraus, das besonders erfolgreich ist und von Fans und Followern besonders gerne konsumiert wird: Video Content. Doch auch hier haben wir mittlerweile mehrere Möglichkeiten unsere Bewegtbild-Inhalte zu veröffentlichen. Längere Videos als auch kurze Video Clips erfreuen sich genauso großer Beliebtheit wie Video-Livestreaming. Von LinkedIn, über Facebook, bis hin zu Twitter – fast alle Social Networks bieten uns die Möglichkeit, einen Video Livestream zu starten. Videos posten wir mittlerweile in den Newsstream der Follower genauso wie wir diesen in den Stories oder als Werbung veröffentlichen können. Überdies sind bei Facebook und Instagram sogar eigene Video Plattformen entstanden:
Facebook Watch und Instagram TV (IGTV). Noch relativ neu bei Instagram sind die sogenannten Reels. Ein weiteres, fast eigenständiges, Video Format für die Plattform, das neben einem eigenen Reels-Tab auch über den Newsstream ausgespielt und verbreitet wird. All diese Entwicklungen in Sachen Bewegtbild zeigen: Es war nur eine Frage der Zeit, bis ein soziales Netzwerk auf Video Only Content setzt.

## VIDEO ONLY SOCIAL NETWORK TIKTOK: DER CHALLENGER AUS CHINA

Kein anderes soziales Netzwerk konnte ein derart steiles Wachstum hinlegen, wie der Social Media Challenger TikTok aus China. Mehr als zwei Milliarden (!) Mal wurde die App weltweit auf Smartphones geladen. Knapp 60 Prozent der

Österreicherinnen und Österreicher zwischen 11 und 17 Jahren nutzen TikTok laut Jugend Internet Monitor 2021.[24] Weltweit verfügt der Challenger über mehr als 800 Millionen monatliche Nutzer. Was TikTok so besonders macht? Es ist ein Video Only Netzwerk.
Kurze Videoclips werden aufgenommen, bearbeitet, mit Effekten verfeinert, in der App geschnitten und dann hochgeladen. Natürlich im Hochformat – ganz so wie es sich für ein Smartphone Network gehört. TikTok hat auch seine eigenen Stars und Promis, also Personen und Creator, die mit ihren TikTok Accounts und Videos groß geworden sind. So verfügt zum Beispiel die junge US-Amerikanerin Charli D`Amelio über weit mehr als 100 Millionen Follower auf der Plattform.

## KAUM EIN ONLINE DIENST OHNE DIESEM CONTENT CREATION FORMAT: STORIES

Zum wohl dominierendsten Social Media Trend, was die Nutzung und Aufbereitung von Inhalten angeht, haben sich die sogenannten Stories entwickelt. Fotos und Videos idealerweise im Hochformat (Smartphone Content), aufgepeppt mit GIFs, Ortsangaben, Text in diversen Typos, Sound Clips und interaktive Sticker wie Votings oder Quizzes. In den Stories ist in jedem Fall allerlei Kreativität gefragt. Wichtig bezüglich der Stories: Stories sind nicht als weiteres Social Media Format zu verstehen, sondern als Weiterentwicklung des generellen Nutzungsverhaltens der User in den Social Medias. Stories lassen sich einfach konsumieren und man „swipt" sich, man scrollt nicht mehr, von einem Story-Frame in den nächsten Story-Frame. Das Ende des Newsstreams wie wir ihn kennen? Viele Netzwerke, aber auch andere Online Dienste, nutzen mittlerweile dieses Format zur Content Creation und Content Präsentation. Das erste soziale Netzwerk, welches auf den Story-Modus setzte war im Jahr 2013 Snapchat. Dann wurden Stories von Facebook übernommen und mit Instagram (Einführung 2016) feierten sie den großen Durchbruch. Auch Youtube, Google Fotos, WhatsApp („Status"), Netflix oder Spotify bieten Ähnliches an oder sind gerade dabei es zu tun. Auch Twitter (Stories waren dort „Fleets") sowie LinkedIn haben mit diesem Format experimentiert, es nach ein paar Monaten aber wieder entfernt. Bei Twitter mussten die Stories/Fleets den Audio Rooms - „Twitter Spaces" genannt - Platz machen. LinkedIn wiederum möchte laut Ankündigung den Fokus mehr auf Videos und nachhaltige Inhalte setzen, welche dann auch länger als nur 24 Stunden verfüg- und abrufbar sind, wie es bei den Stories üblich ist. Die Konkurrenz um die Aufmerksamkeit unserer Follower, auf den jeweiligen Channels und von unseren Usern bevorzugten Plattformen, bezüglich Stories wird nicht geringer, im Gegenteil. Aus diesem Grund wird es immer wichtiger auch bei den Stories KPIs zur nachhaltigen Performance Messung zu definieren. Die Completion Rate sollte beispielsweise schon jetzt einer dieser Indikatoren sein.



24 https://www.saferinternet.at/services/jugend-internet-monitor/

## B2B KOMMUNIKATION AUF DEN SOCIALS: SOCIAL CEOS UND CORPORATE INFLUENCER

Sie sind es die das Unternehmen auf den sozialen Netzwerken nach Außen repräsentieren: Social CEOs und die sogenannten Corporate Influencer. Mit viel Leidenschaft stehen sie hinter der Marke und dem Unternehmen, das ihnen gehört oder für das sie mit viel Einsatz tätig sind. Authentisch treten sie auf den Social Medias auf. Sie sind besonders glaubwürdig, da sie Experten und Spezialisten sind und multiplizieren so Unternehmensinhalte und Insights in ihr digitales Netzwerk und ihre online Communities. Da sie ein Ohr an und für die Community haben, können sie hier wertvolle Inputs, das so wichtige Feedback sowie die generelle Stimmung von außen ins Unternehmen holen. Den Social CEOs und Führungskräften kommt hier eine besonders wichtige Rolle zu. Sie leben den Austausch, die Offenheit und die eigene Positionierung auf den sozialen Netzwerken vor. Eine Umfrage von Brunswick hat zusammengefasst folgendes ergeben: Arbeitnehmer wollen ihre Führungskräfte regelmäßiger auf sozialen Medien sehen. Mehr Präsenz auf Social Media ist gewünscht. Und: 68 Prozent arbeiten lieber für eine Führungskraft, die eine höhere Aktivität auf sozialen Plattformen aufzeigt. Bei den unter 24-jährigen Angestellten liegt diese Zahl noch deutlich höher, hier sind es 82 Prozent.[25] Netzwerken, Kontakte aktuell halten, Feedback holen, die Community fragen, Employer Branding, News und relevante Informationen sowohl B2B- als auch im B2C-Bereich veröffentlichen und pushen – hier hat sich unter anderem LinkedIn im D-A-CH Raum als der „Place to be" etabliert.

## LINKEDIN: HIDDEN CHAMPION IM AUFWIND

„Wo Netzwerken noch funktioniert", titelte die Wiener Tageszeitung „Kurier"[26] jüngst im Wirtschaftsteil. Worum es ging? LinkedIn. Das zu Microsoft gehörende soziale Netzwerk mit Fokus B2B aus den USA liegt im Trend. Auch in Österreich: Mehr als 1,6 Millionen rot-weiss-rote Personen-Accounts gibt es im Moment. Weltweit sind es 722 Millionen sowie im D-A-CH Raum mehr als 16 Millionen aktive Nutzer. Tendenz steigend. LinkedIn mit seiner riesigen Job-Plattform, Job-Search und der Möglichkeit, sich zu vernetzen, ist mittlerweile weit mehr als eine digitale Visitenkarte, in dem ich Businesskontakte und deren E-Mail-Adressen aktuell halten kann. Mit einem klassischen Newsstream für berufliche (B2B) Inhalte avancierte das kalifornische Unternehmen zu einem vollwertigen Social-Media-Netzwerk. Immer mehr Postings und Updates werden von Personen, Unternehmen und in Gruppen veröffentlicht, immer mehr Interaktionen und Engagement lassen sich auf LinkedIn messen. Für die B2B Kommunikation wird LinkedIn im D-A-CH also immer relevanter. So übernimmt LinkedIn beispielsweise für einige ATX-Unternehmen schon jetzt die führende Rolle im Social-Media-Kommunikations/Marketing-Mix.

25 https://www.contentmanager.de/nachrichten/umfrage-angestellte-wollen-dass-ceos-social-media-aktiv-nutzen/
26 https://kurier.at/wirtschaft/linkedin-wo-netzwerken-noch-funktioniert/401082648

Auch Gründer, CEOs, Geschäftsführer bzw. KMU und Startups forcieren LinkedIn als Kommunikationskanal mit Kunden, Partnern, Stakeholdern und natürlich High Potentials, die es auf dem Business Network zu entdecken und erreichen gilt. Stichwort: Employer Branding.[27]

## VOM HYPE ZUM TREND? SOCIAL AUDIO CONTENT

Noch vergleichsweise neu unter den Social Media Networks war das „audio only"-Network Clubhouse. Gegründet 2020, traf es den von Home Office und Social Distancing dominierten Zeitgeist punktgenau. Als Clubhouse dann 2021 auch im D-A-CH-Raum verfügbar gemacht wurde, entstand in manchen Kreisen so etwas wie ein Hype um die App, die damals nur per Einladung auf iOS Geräten genutzt werden konnte. In digitalen Audio-Räumen konnten man sich mit den unterschiedlichsten Personen zu den unterschiedlichsten Themen austauschen. Man konnte sich gegenseitig folgen und hatte so etwas wie einen Newsstream, der kommende Talks aus dem eigenen Netzwerk als auch Empfehlungen zu Rooms, beinhaltete. Die Sehnsucht nach Kontakten, Austausch, Diskurs und einfach neue Menschen kennenzulernen, bediente Clubhouse - in dieser Phase im Frühjahr 2021 - wie kein anderes Netzwerk. So ist es kein Wunder, dass auch der eine oder andere Big Player aus dem Social-Media-Bereich ähnliche (Austausch-) Funktionen und Formate per Audio in seine Dienste implementieren würde. Exemplarisch sei hier Twitter Spaces angeführt, das schon seit dem 1. Quartal 2021 verfügbar ist. Aber auch Facebook und LinkedIn starteten mit Ende 2021 bzw. zu Beginn des Jahres 2022 ihre Social Audio Funktionen. Ob Clubhouse jemals im Social Media Mainstream ankommen wird, ist eher zu bezweifeln. Es bleibt, wie es derzeit scheint, bei einem kurzen corona-bedingten Hype des Jahres 2021. Hohe Finanzierungsrunden und Bewertungen für das US-Unternehmen hinter der App, werden den Abstieg in die Bedeutungslosigkeit eher nicht verhindern können. Stichwort: "Meerkat Schicksal". Was die Entwicklungen rund um Clubhouse aber so spannend machen: Wir konnten hier live miterleben, wie es zu einem neuen Hype im Social-Media-Bereich kam, wie ein komplett neuer Player versuchte, auf dem Markt Fuß zu fassen und die etablierte Welt der sozialen Netzwerke durch ein mehr oder weniger innovatives, aber doch irgendwie neues Setting - dem Zeitgeist entsprechend - herausforderten. 2022 könnte das Jahr des "Social Audio" Contents werden. Alle größeren Online Player, auch abseits der sozialen Netzwerke, arbeiten an solchen Features respektive haben solche Audio Only Funktionen schon in deren Diensten gelauncht. Ob diese auch tatsächlich genutzt werden, entscheiden wie immer am Ende die Nutzer:innen selbst.



27 https://www.derbrutkasten.com/ohne-social-ceo-keine-corporate-influencer-und-multiplikatoren/

# CONCLUSIO

Soziale Netzwerke sind gekommen, um zu bleiben. Kaum ein Bereich ist in so stetiger Bewegung wie Social-Media-Kommunikation und Marketing in und mit den sozialen Netzwerken. In kaum einem anderen Bereich ist man gefordert, so schnell auf neue Entwicklungen, was Formate genauso wie Vorlieben der eigenen Zielgruppen angeht, reagieren zu müssen. In den vergangenen Jahren hat in diesem Bereich eine laufende Professionalisierung der diversen Social-Media-Disziplinen wie Content Creation, Performance Messung, Community Management oder Social Advertising stattgefunden.

Gut so – endlich bekommt Social Media Marketing in den Unternehmen und Abteilungen den Stellenwert, den es sich bei professioneller Nutzung auch verdient. Galt es früher als okay, wenn man sich auf einen oder vielleicht zwei Channels fokussierte, findet jetzt und in allen Zielgruppen eine Segmentierung der Social Medias statt. Wer hätte zu Beginn der Social Media Ära in den 2000er Jahren mit ein paar Netzwerken wie Facebook oder Twitter daran gedacht, dass wir nur wenige Jahre später globale Player und Challenger wie TikTok, Snapchat, LinkedIn oder Pinterest am Radar haben müssen – auch und vor allem in Österreich. Die Reise mit den sozialen Netzwerken und die Entwicklungen im Social Media Marketing bleiben also spannend und weiterhin eine Herausforderung ganz nach dem Motto: Wir machen Social Media nicht zum Spaß, aber Social Media soll uns Spaß machen!

## QUO VADIS SOCIAL MEDIA 2025?

Wohin die Reise im Bereich Social Media geht, ist äußerst schwer zu sagen. Manche Netzwerke kommen, werden aber nie zum Mainstream, besetzten dann aber im Idealfall für die Netzwerke, zumindest Nischen. Neue Dienste werden gelauncht und werden aufgrund von verschiedenen Faktoren (Zeitgeist, Innovation, Kapital im Hintergrund etc.) zum Global Player, finden den Weg auf unsere Smartphones und werden zu unseren täglichen Begleitern.

Einen Ausblick, selbstverständlich ohne Gewähr, wollen wir aber an dieser Stelle wagen. Um die Frage „Quo Vadis Social Media 2025" beantworten zu können, lohnt sich ein Blick nach China. Eine der dominierenden Anwendungen im Reich der Mitte ist der multifunktionale Dienst „WeChat". Eine App für alles: eine sogenannte Super App – im Gegensatz zu den bei uns dominierenden Single Purpose Apps. Vor allem in China ist WeChat also ein Big Player mit weit mehr als einer Milliarde Nutzer. Was macht den Dienst nun zur Super App? Die Anwendung vereint mittlerweile diverse Dienste in einer einzigen Smartphone Applikation. Gestartet als Messenger Dienst im Jahr 2011 und chinesische Antwort auf WhatsApp, werden das Angebot und die Möglichkeiten innerhalb der App laufend ausgebaut. Ziel ist es, andere Internetangebote ersetzen und deren Leistungen zu integrieren – Stichwort „WeChat Prinzip", also die Monopolisierung der mobilen Nutzung auf nur einen einzigen Dienst. Dies gelingt WeChat wie keiner anderen Anwendung. Was bietet die App unter anderem den Usern alles an: (Mobile) Payment, E-Commerce, Mobility, Delivery, Hotel- und Flugbuchungen, Gaming, News Publishing und natürlich Social Media Network als auch Messenger Funktionen. Überdies können Behördenwege einfach über die App erledigt werden.

Alles Zukunftsmusik aus China? Jein! Auch in Europa gibt es Apps, die auf dem Weg zur Super App sind. Beispielsweise sei an dieser Stelle das Unternehmen Revolut aus Großbritannien genannt. 2016 als reine Online Bank gestartet, bietet Revolut mittlerweile diverse Dienstleistungen in der App an, die weit über das klassische Kerngeschäft „Online Bankkonto" hinausgehen. Kryptowährungen können genauso gekauft und verwaltet werden wie Gold und Silber. Es lässt sich in der App in Aktien investieren, das eigene Finanzleben analysieren, aber zum Beispiel auch Versicherungen abschließen. Eine „Super Anwendung" also für alles, was mit den persönlichen Finanzen zu tun hat.

Welches Unternehmen hat das Potential auch in den USA, Europa und dem Rest der Welt zu einer Super App à la WeChat zu werden? Facebook Inc. mit seinem Messenger-Dienst WhatsApp. Konkrete Pläne werden schon seit längerer Zeit immer wieder kolportiert. WhatsApp Business ist ja mittlerweile auch schon verfügbar und soll es Unternehmen erleichtern, mit ihren Kunden in Kontakt zu treten. Natürlich gilt dies auch umgekehrt. Kundenberatung und Kundenservice (auch per Messenger Bot), E-Commerce mit integrierter Payment Anbindung oder die Zusendung von Bestell- und Buchungsbestätigung über den WhatsApp Chat – auf diese und weitere Funktionen und Möglichkeiten werden wir uns als Unternehmen als auch Nutzer vielleicht bald einstellen müssen.

# KEY TAKEAWAYS dieses Kapitels auf einen Blick:

1. Social Media ist gekommen um zu bleiben.
2. Facebook ist nicht mehr das Maß aller Dinge.
3. Instagram ist Social Media Mainstream geworden.
4. Stellen Sie sich auf die aktuelle Segmentierung der sozialen Netzwerke, vor allem in Bezug auf ihre Zielgruppe und deren Nutzung, ein.
5. Behalten Sie Challenger wie TikTok, Snapchat oder Pinterest im Auge.
6. LinkedIn wird immer wichtiger in der B2B-Kommunikation. Werden Sie überdies zum Social CEO und nutzen Sie soziale Netzwerke zur Positionierung: proaktiv, professionell und bleiben Sie authentisch.
7. Das Stories-Format wird zum dominanten Content auf den sozialen Netzwerken. Denken Sie im Hochformat und natürlich mobile only.
8. Bewegtbild ist in den sozialen Netzwerken ein mehr als relevantes organisches als auch werbliches Content-Format geworden.
9. Laufen Sie – geht es um Unternehmenskommunikation – nicht jedem Hype hinterher, behalten Sie diesen aber stetig am Radar.
10. Ein Blick über den eigenen Tellerrand, gerne auch nach Asien oder in die USA, lohnt sich immer.

# Literaturverzeichnis

1 https://ec.europa.eu/eurostat/statistics-explained/index.php?title=Digital_economy_and_society_statistics_-_households_and_individuals/de _ 22.2.2021

2 https://de.statista.com/statistik/daten/studie/252671/umfrage/nutzungsschwerpunkte-des-internets-in-oesterreich/ _ 28.2.2021

3 https://marketingclub.at/news/neue-studie-online-berufsbild-marketing _ 22.2.2021

4 https://marketingclub.at/news/neue-studie-online-berufsbild-marketing _ 22.2.2021

5 https://onlinemarketing.de/programmatic-advertising/wachabloesung-werbebranche-digital-uebernimmt-spitze-tv-europa _ 24.2.2021

6 https://www.focusmr.com/de/werbebilanz-2020-und-prognose-2021/ _ 25.2.2021

7 Marketagent: Die österreichische Werbe- und Medienlandschaft im Jahr 2027 (gemeinsam mit der Marketingagentur falknereiss)

8 https://www.karriere.at/blog/digitale-talente-rekrutieren.html _ 25.2.2021

9 https://www.horizont.at/marketing/news/human-resources-ringen-um-fachkraefte-83872b _ 25.2.2021

10 https://onlinemarketing.de/karriere/karriere-tipps/jobs-der-woche-kw36 & https://www.talention.de/blog/fachkraeftemangel-das-sind-die-fakten _ 25.2.2021

11 https://marketingclub.at/news/neue-studie-online-berufsbild-marketing _ 22.2.2021

12 https://www.horizont.at/digital/news/die-vermarkter-digitale-vermarktung-was-erwartet-uns-2021-82755 & https://onlinemarketing.de/branding/digital-marketing-trends-2021 _ 01.03.2021

13 https://www.e-dialog.at/blog/wissen/happy-new-digital-marketing-trends-2021/ _ 28.2.2021

14 www.meaningful-brands.com

15 www.thelbm.org

16 S. Moro, P. Cortez and P. Rita "A Data-Driven Approach to Predict the Success of Bank Telemarketing. Decision Support Systems" (2014)

17 https://www.trendreport.de/megatrends/

18 https://jaai.de/starke-ki-schwache-ki-was-kann-kuenstliche-intelligenz-261/

19 https://medium.com/ipg-media-lab/the-rise-of-virtual-co-viewing-1572375f162d

20 Digital Around the World Report Jänner 2021

21 https://www.ard-zdf-onlinestudie.de/

22 http://soziologie.soz.uni-linz.ac.at/sozthe/freitour/FreiTour-Wiki/Trendforschung.htm

23 https://www.saferinternet.at/services/jugend-internet-monitor/

24 https://www.saferinternet.at/services/jugend-internet-monitor/

25 https://www.contentmanager.de/nachrichten/umfrage-angestellte-wollen-dass-ceos-social-media-aktiv-nutzen/

26 https://kurier.at/wirtschaft/linkedin-wo-netzwerken-noch-funktioniert/401082648

27 https://www.derbrutkasten.com/ohne-social-ceo-keine-corporate-influencer-und-multiplikatoren/

medianet

# Abbildungsverzeichnis

# Autobiographien

**CHRIS BUDGEN**

ist Global Head of Business Applications bei EMAKINA. Nach dem FH-Studium Marketing und Sales begann Budgen seine Karriere als Marketingleiter bei Boomerang Medien, heuerte dann als Projektmanager bei The Stoelzle Group an und stieg 2003 als Projektmanager Digital bei der Agentur diamond:dogs group ein. Ab 2006 war Budgen dann Head of Projektmanagement, um 2009 als Partner zum Chief Client Officer aufzusteigen. Nach dem Verkauf der diamond:dogs group an EMAKINA 2015 avancierte das Vorstandsmitglied des Marketing Club Österreich zum Chief Operations Officer von EMAKINA Central & Eastern Europe. Seit 2019 verantwortet er als Global Head of Business Applications die zentrale PMO und ERP Plattform in allen 18 Ländern der Gruppe. Seine über 20 Jahre Erfahrung im Bereich Digital Marketing, Strategieentwicklung und -beratung für Web, E-Commerce, Social Media und Mobile sowie Konzeption und Projektmanagement für Kunden wie Billa, Baumax, AGM, Adeg, AWS, Otto, HÖGL, Novomatic, ÖAMTC oder Hypo NÖ teilt Budgen gerne bei Seminaren und diversen anderen Vortragstätigkeiten.

**WAJDEN BYLOFF**

begann ihre berufliche Laufbahn 2012 bei Health Care Communications als Marketing Managerin. Nach Absolvierung des Magisterstudiums Psychologie mit Fokus auf Werbe- und Wirtschaftspsychologie, wechselte sie 2014 in den RG Verlag der Rewe International AG. Hier baute sie den digitalen Bereich auf und zeichnete vor allem für die Marketing Automatisierung und digitale Monetarisierung des Frauenmagazins „maxima" verantwortlich. 2017 machte sie als Head of Digital Marketing einen kurzen Ausflug zum französischen Konzern Sodexo. 2018 wechselte sie zur Wienerberger AG, wo sie die multinationale Transformation hin zu modernem Marketing Automation und Lead Management für über 30 Märkte angeführt hat. Gemeinsam mit Mario Schinner-Krendl, einem Kommunikationsexperten und Eigentümer der Agentur 360 Contently, gründete sie 2020 die punsch. group. Die MarTech Agentur erschließt mittels daten-getriebener Strategie, Technologie und personalisierten Kampagnen neue Marktpotenziale für ihre Kunden. Wajden Byloffs beruflicher Fokus liegt seit mehr als sieben Jahren auf den Themen Marketing Automation und die Digitalisierung des Lead Managements.

**ROMAN GAISBÖCK**
ist Digital-Stratege der VGN Medien Holding. Gaisböck machte 2001 seine ersten digitalen Schritte als Webdesigner und war später als Projektmanager für Produktentwicklung und Business Development tätig. 2013 führte er autorevue.at zum reichweitenstärksten österreichischen Autoportal. Aktuell verantwortet er in Österreichs größtem Magazin-Verlag die Bereiche Content & Audience Management.

**MANFRED GANSTERER**
ist seit 2018 selbständiger Marketing-Consultant bei FUTURA und Vorstandsmitglied der Österreichischen Marketinggesellschaft (ÖMG). Gansterer startete seine Karriere 1991 bei C&A Mode Düsseldorf/Wien, wo er eine Vertriebsausbildung genoss und bis 1996 zum Filialleiter aufstieg. Von 1997 bis 2001 war er bei C&A Mode Wien/Prag als Abteilungsleiter Werbung tätig und kümmerte sich auch um Market Research und Internet. Von 2001 bis 2018 arbeitete er bei MediaMarktSaturn Österreich im Marketing und trug als Head of Marketing die Gesamtverantwortung für den kommunikativen Auftritt der Marken MediaMarkt und Saturn in Österreich in klassischen, digitalen und eigenen Medien. Gansterer wurde mehrfach für seine Arbeit ausgezeichnet: als Auftraggeber des Jahres (CCA), Marketer des Jahres (IAA) und Onliner des Jahres. Außerdem gewann er zahlreiche Awards: Cannes Lions, Media Awards und Effies.

**GERHARD GÜNTHER**
Der gebürtige Niederösterreicher absolvierte sein Studium an der Wirtschaftsuniversität Wien mit internationalem Schwerpunkt sowie an der University of Illinois, USA. Nach beruflichen Stationen u.a. bei bwin.com, UPC/chello und Hutchison 3G Austria gründete er im August 2007 Digitalsunray Media, eine Full-Service Umsetzungs-, Kreativ- und Mobile Marketing-Agentur im Herzen Wiens. Digitalsunray begleitet nationale und internationale Kunden von der ersten Idee, Konzeption und Design über Umsetzung bis hin zur Vermarktung und laufenden strategischen Betreuung. Das Portfolio reicht von App- und Web-Entwicklungen mobile First, kreativen Online- und Mobile-Marketing- sowie Performance-Kampagnen, Mediaplanung bis hin zu Social Media Marketing und Betreuung. Digitalsunray betreibt darüber hinaus das eigene mobile Rich-Media-Vermarktungsnetzwerk ADvantage.
Neben Digitalsunray gründete Günther aus eigener Passion heraus 2015 AbHofLaden, einen regionalen Marktplatz mit der AbHof-App mit dem Ziel, regionale Produzenten und eine nachhaltig denkende Community auf Augenhöhe zu verbinden. AbHof unterstützt die kleinstrukturierte Landwirtschaft, stärkt die Wertschöpfung in den Regionen und möchte Menschen vor den Vorhang holen, die wertvolle Arbeit leisten und hochwertige Lebensmittel herstellen. AbHof bietet Direktvermarktern ein Netzwerk, eine Vertriebsplattform und vielseitige Software-Lösungen für den Onlineauftritt und eCommerce.

**THOMAS HINTERLEITHNER**
ist Gründer und Geschäftsführer der Retail Place GmbH, einer der führenden, unabhängigen POS Beratungsfirmen in Österreich. Er ist Digital-Marketer mit Schwerpunkt „Digitalisierung der realen Welt & Location Based Services", Country Manager der Location Based Marketing Association für Österreich und ausgewählte CEE-Länder. Sein Wissen und seine Leidenschaft basiert auf 21 Jahren Erfahrung im Digital Marketing, sowie in den Bereichen Sales, CRM, Kundenbeziehungs-Programme, Location Based Marketing. Vor der Gründung der Retail Place GmbH werkte er in der Softwareentwicklung und im Sales bei IBM.AT, als Geschäftsleiter der BERTELSMANN Österreich Gmbh & arvato AZ-Direct, sowie als Vice President NeoMedia Inc. USA. Hinterleithner liebt es, die Verbindung von analogen und digitalen Welten zu untersuchen, die digitale Transformation im Zeitalter exponentieller Beschleunigung zu beobachten und hält nebenbei Change-of-Digital-Mindset Workshops sowie Digital-POS-Marketing-Workshops mit der Führungsspitze renommierter Handelsunternehmen.

**KATHRIN HIRCZY**
begann ihre berufliche Laufbahn 2012, nach Absolvierung des Bachelorstudiums „Angewandte Medienwirtschaft" in Spanien und Deutschland, bei Omnicom Media Group in Düsseldorf. Die Special Business Unit der OMG, in der Hirczy tätig war, widmete sich vornehmlich Performance Marketing – insbesondere Programmatic, Social Media Advertising und Search Engine Advertising. Im Mai 2014 wechselte sie innerhalb der Omnicom Media Group nach Wien, übernahm Kunden in der digitalen Planung und im Performance Marketing und baute den Bereich Programmatic und Data mit auf. Berufsbegleitend absolvierte Hirczy das Masterstudium „Online Marketing" an der Donau Universität Krems, das sie 2016 erfolgreich beendete. Seit Januar 2017 ist sie bei IPG Mediabrands für die strategische Weiterentwicklung von Kunden im Online-Bereich verantwortlich.

**VIVIENNE HÖDL**
ist Account Director bei der PR-Agentur Ketchum Publico. Hödl stieg 2018 direkt nach ihrem Bachelorstudium in Media- und Kommunikationsberatung an der FH St. Pölten ins Agenturleben bei Ketchum Publico ein. Neben ihrer Tätigkeit als Kommunikationsberaterin ist sie in der Agentur auch als Influencer Expertin bekannt und setzte in den vergangenen vier Jahren bereits zahlreiche erfolgreiche Influencer Kampagnen für P&G, Gillette, Gillette Venus, Pampers, Braun, durgol, die Wirtschaftskammer Niederösterreich und Accor um.

**MICHAEL KATZLBERGER**
ist Gründer der auf Künstliche Intelligenz spezialisierten Katzlberger Consulting GmbH und gründete davor die TUNNEL23 Werbeagentur, einer der führenden, vielfach ausgezeichneten, unabhängigen digitalen Kreativagenturen in Österreich. Schon als Kind und Jugendlicher war Katzlberger von Science-Fiction und neuen Technologien fasziniert, hat Roboter gebaut und mit Film und Fotokameras sowie Computermusik herumexperimentiert. Seine Leidenschaft hat er zum Beruf gemacht. Seit 2016 widmet sich Katzlberger intensiv dem Thema Künstliche Intelligenz (KI) in der Kreativindustrie, berät Unternehmen und gibt sein Wissen in Seminaren, Lehrveranstaltungen und Gastvorträgen im In- und Ausland weiter. Sein Schwerpunkt liegt hierbei darauf, das Thema KI zu entmystifizieren, um es Unternehmen und der breiteren Öffentlichkeit besser zugänglich zu machen.

**HANNES KIRCHBAUMER**
verfügt über mehr als 15 Jahre Erfahrung als Unternehmer. Bereits mit 19 Jahren übernahm er von seinem Vater in einer für den Einzelhandel immer schwieriger werdenden Zeit ein traditionsreiches Herrenmodengeschäft, das er über fünf Jahre leitete. Basierend auf diesen Erfahrungen, seinen Studien der Betriebswirtschaft und der Psychologie entwickelte Kirchbaumer seine eigene Herangehensweise zum digitalen Marketing. Im Fokus stand und steht dabei immer die Frage, wie die richtigen Zielgruppen im richtigen Moment mit dem richtigen Inhalt über den richtigen Kanal zu erreichen sind. Seit 2016 begleitet Hannes mit seinem eigenen Unternehmen KIRCHBAUMER.COM seine Klienten regional und international bei der Planung und Umsetzung ihrer digitalen Strategie. Er ist zertifizierter Digital Consultant sowie Google-Partner und unterhält direkten Kontakt zu den Strategen der führenden Social-Media-Plattformen. Den operativen Bereich der Umsetzung von digitalen Marketingstrategien und Social Media-Kampagnen deckt er mit Radiant PIG ab, ein Unternehmen, das er 2018 gründete. Dort ist Kirchbaumer als Founder vor allem eines: Extrem nah am Kunden dran. Er übersetzt die jeweiligen Anforderungen in konkrete Konzepte, die Performance liefern. Zudem steht er als HubSpot-Experte bei der Implementierung der All-in-one-Plattform für Inbound-Marketing, Sales, CRM und Kundenservice hilfreich zur Seite.

**PAUL KOPPENWALLNER**
hat das Diplom- und Doktoratsstudium der Rechtswissenschaften an der Universität Wien absolviert. Seit 2016 ist Paul Koppenwallner als Partner bei WMWP Rechtsanwälte tätig und berät seine Klienten in allen Fragen des Wirtschaftslebens mit Fokus auf Gesellschaftsrecht sowie Medien- und IT-Recht.

**FRANZISKOS KYRIAKOPOULOS**
ist geschäftsführender Gesellschafter von 7LYTIX, passionierter Data Scientist und Spezialist für Predictive Analytics und angewandte Künstliche Intelligenz. Er beschäftigte sich bereits im Rahmen seiner Forschungstätigkeit am Complex Systems Research Institute der Med Uni Wien intensiv mit komplexen Systemen und verfügt über langjährige Erfahrung in den Bereichen Data Science, analytisches CRM, Direkt-Marketing-Optimierung und interaktive Datenvisualisierung. Sein Know-how, Data Science und Predictive Analytics auch in realen Business Cases für Unternehmen unterschiedlichster Branchen einzusetzen, ermöglicht es 7LYTIX stets innovative KI-Lösungen anbieten zu können.

**ANDREAS LADICH**
ist Head of Marketing am Flughafen Wien und Präsident des Marketing Club Österreich. Schon seit seiner Kindheit war er von Technik, Elektronik und Fotografie fasziniert. Seine Leidenschaft für Technik, Kommunikation und Marketing hat er dann mit seinem Studium in Vorarlberg zum Beruf gemacht. Anfang 2002 startete er mit einem Fokus im digitalen Bereich beim größten Patienteninformationsportal Österreichs und verantwortete den Aufbau mehrerer großer Wissensplattformen im Medizinbereich. Gleichzeitig gab er mehrere Jahre als Lehrbeauftragter an der HTL Spengergasse sein Wissen im Bereich Marketing und den dazu notwendigen Grundlagen weiter. 2006 landete Ladich beim Flughafen Wien und widmet sich bis heute zusätzlich zu den Marketing-agenden der Flughafen Wien AG stets innovativen digitalen Projekten und Themen mit klarem Fokus auf den Nutzen für Mensch und Unternehmen.

**MICHAEL MALIK**
ist Digital Stratege und Full Stack Developer bei Identum. Parallel zum Studium der Wirtschaftsinformatik an der TU Wien beschäftigte er sich ab 2003 beim Bundesforschungs- und Ausbildungs-zentrum für Wald, Naturgefahren und Landschaft mit der Umsetzung einer web-basierten Kostenkalkulation für Forstmaschinen. Ab 2007 führte ihn seine berufliche Laufbahn als Entwickler zur EUCUSA, wo er sich mit der automatisierten Auswertung und Analyse von Mitarbeiter- und Kundenbefragungen befasste. Die Webentwicklung, das systemische und strategische Denken und sein Interesse an innovativen Ideen mit einem starken Focus auf eCommerce-Projekte brachte ihn 2011 als Full Stack Developer zu Identum. 2015 gründete er gemeinsam mit zwei Kollegen das StartUp Waschbote, in das er sein Know-How für Marketing und E-Commerce einbringen konnte und als Entwickler unter anderem für das Buchungs- und Logistiksystem für die eigene „digitale Wäscherei und Textilreinigung" verantwortlich war. Nach vier Jahren des Unternehmertums führte Malik sein Weg zurück zu Identum wo er seit 2018 seine gewonnene Erfahrung als Digital Stratege einbringen kann und sich seitdem für die technische Konzeption und Umsetzung der Plattform „Österreich radelt" des Klimaschutzministeriums verantwortlich zeichnet.

**MICHAEL MÄRTIN**
ist Managing Partner Strategy der Mediaagentur Initiative Media. Nach dem Studium der Kommunikationswissenschaften und Informatik in Aachen, startete er 2012 seine Berufslaufbahn als Digital Planner bei der Annalect Group (Omnicom Media Group) in Düsseldorf. Ab 2014 fungierte Märtin als Senior Performance Manager bei Performics (Publicis Media) in Wien. 2016 checkte er bei seinem aktuellen Arbeitgeber Initiative Media in Wien ein, wo er als Client Advice Group Director begann. Anfang 2020 stieg Märtin zum Head of Strategy auf, um Mitte 2020 zum Managing Partner Strategy berufen zu werden.

**ANDREAS MITTELMEIER**
ist seit Jänner 2015 selbstständiger Berater für Digitale-Kommunikation mit seinem Unternehmen „Social Competence - Digital Consulting" sowie ausgewiesener Social-Media-Experte. Mittelmeier betreut und begleitet Kunden sowohl aus dem B2C als auch B2B Sektor. Im „Crashkurs Digitalisierung für Marketingentscheider" des Marketing Club Österreich (MCÖ) und iab ist er seit dem ersten Kurs als Vortragender gesetzt. Dem MCÖ steht er zudem auch seit vielen Jahren als Vorstandsbeirat eng zur Seite. Seit 2020 ist Mittelmeier Seminarleiter für das Kuratorium für Journalistenausbildung (KfJ) und unterrichtet dort zu den Themen: „Social Media Trends" sowie „LinkedIn für Medienmacher:innen". Zuletzt publizierte er gemeinsam mit Medien und Partnern diverse Auswertungen und präsentierte Ergebnisse u.a. zu Themen wie "LinkedIn Performance der österreichischen Tageszeitungen und Fachmedien", "ATX CEOs auf LinkedIn" sowie „LinkedIn: Die große österreichische Medienanalyse". Mit 2022 unterrichtet Mittelmeier auf der FH Wiener Neustadt als externer Lehrender zum Thema „Social Media Marketing". Diverse Expertentipps, Kommentare, Analysen und Podcasts von und mit Andreas Mittelmeier zum Thema Social Media finden sich im Web.

**DOMINIK PAULNSTEINER**
ist passionierter Performance & E-Mail-Marketer. Während seines Bachelor-Studiums Media und Kommunikationsberatung an der FH St. Pölten fing er bei einem Praktikum bei AboutMedia Feuer für den Vermarktung. Im Jahr 2015 arbeitete er bei der damaligen Goldbach Interactive im Vertrieb von E-Mail-Marketing Kampagnen. Parallel zum Masterstudium Media Management, abermals an der FH St. Pölten, machte sich Dominik Paulnsteiner 2016 mit einer Agentur für E-Mail-Marketing selbständig: Die DOMICOM war geboren. Zusätzliche zu seiner Expertise im E-Mail-Marketing widmet er sich seit 2018 verstärkt den Themen Lead-Generierung und Performance Marketing. Im Jahr 2019 folgten der Ausbau Teams, die Expansion in die Schweiz sowie die Gründung eines eigenen Adressverlages. Heute ist die DOMICOM international tätig und umfasst zwei Geschäftsbereiche: Die Vermarktung von E-Mail-Adressen mit Werbeeinverständnis für Standalone-Newsletter Kampagnen im gesamten deutschsprachigen Raum, sowie die Lead-Generierung über unterschiedlichste digitale Kanäle.

**FLORENTINA PERSCHY**
ist Business Director bei der PR-Agentur Ketchum Publico in Wien. Bei Themen rund um Content-Strategie, SEO und den neusten Trends in sozialen Medien schlägt ihr Herz höher. Seit fünf Jahren tobt sie sich agenturseitig als Beraterin unter anderem beim Thema Influencer Relations aus und trackt dabei jedes KPI auf Herz und Nieren. Dabei kann man Florentina als richtigen Reporting-Nerd bezeichnen, die vor keiner datenbasierten Analyse zurückschreckt. Seit dem Abschluss ihres Master-Studiums in Content-Strategy 2020 liegt ihr Fokus voll und ganz auf Lifestyle-, Tech- und Automotive Kunden, wo sie beispielsweise Nespresso, MG Österreich, vivo, Oral-B oder Pampers betreut.

**DANIEL PFEFFER**
Als Digital Native schon von klein auf an allem Digitalen hochgradig interessiert, begann Daniel Pfeffer vor mehr als fünf Jahren, während seines Marketing & Sales Studiums, als Trainee im Digitalteam von Havas Village Wien zu arbeiten. Seit gut zwei Jahren leitet er das Team von Havas Village Wien als Digital Director.

**HARALD RAMETSTEINER**
ist Dozent an der Fachhochschule St. Pölten und leitet die Masterlehrgänge Digital Marketing und Eventmanagement. Zusätzlich ist er Mitglied des Vorstands beim Marketing Club Österreich und Leiter der von ihm gegründeten Social-Media-Plattform Digital Marketing Austria. Vor seinem Einstieg in die Lehre war er Manager bei internationalen Unternehmen, unter anderem als Marketing Manager bei Kraft Foods (Milka). Bereits beim abgeschlossenen Studium Wirtschaftsinformatik an der Johannes Kepler Universität in Linz legte er die Grundlage für das Verbinden von IT und Management.

**MILLAD SHAHINI**
ist Lead Digital Advertising beim Handelsunternehmen BILLA AG (Rewe International AG) und zeichnet zusammen mit seinem Team für alle digitalen Paid-Media-Kanäle verantwortlich. Seine ersten Gehversuche im Digital Marketing absolvierte er als Campaign- und Account-Manager bei der AboutMedia Internetmarketing GmbH, wo er neben Mediaagenturen, auch einige Kunden direkt aus den verschiedensten Branchen betreuen durfte. In den Jahren 2012 bis 2017 absolvierte er ein berufsbegleitendes Bachelor- und Master-Studium mit dem Schwerpunkt Unternehmensführung und E-Business Management an der IMC Fachhochschule Krems.

**PHILIPP E. STEPHAN**
hat das Diplomstudium der Rechtswissenschaften an der Universität Wien sowie anschließend die Gerichtspraxis an mehreren Gerichten im Sprengel des OLG Wien absolviert. Seit Februar 2019 ist er Rechtsanwaltsanwärter bei WMWP Rechtsanwälte und in allen Rechtsgebieten des Zivil- und Wirtschaftsrechts, insbesondere im Bereich M&A, im Gesellschafts-, Restrukturierungs-, Bank-/Finanzierungs-, Medien-, IT- und Datenschutzrecht tätig.

**SIEGFRIED STEPKE**
ist Principal Consultant, Owner & CEO von e-dialog. Stepke ist seit 1994 Onliner – immer mit dem Ziel, Kommunikation mit Technik zu verbinden. Daher treibt er mit der 2003 von ihm gegründeten Agentur e-dialog mit mittlerweile 60 Mitarbeitern in Wien, Zürich und Düsseldorf das Thema Datadriven Advertising holistisch voran.

**HANNES WURZWALLNER**
ist Head of Business Development bei Noodles Agency und hilft Kunden dabei, ihren digitalen Gesamtauftritt aufzubauen, zu optimieren und weiterzudenken. Seine Kenntnisse über Programmatic Advertising erlangte er als Business Development Manager bei adverserve mit den Schwerpunkten auf Online-Marketing und digitale Service-Technologien. Gemeinsam mit seinem Team unterstützte Wurzwallner Unternehmen dabei, ihre Zielgruppen optimal anzusprechen, ihre Marke reichweitenstark am Markt zu platzieren und ihre Umsätze erfolgreich zu steigern. Für seine Qualitäten in der Kundenberatung und seine Leidenschaft für digitale Kommunikation wurde er 2017 in seiner damaligen Position als Spotify Product Lead bei Httpool zum „Onliner des Jahres" ausgezeichnet.

Wir BRINGEN UNTERNEHMEN und KUNDEN ZUSAMMEN
Hallo! Wir sind Salesforce. Wir helfen Unternehmen Marketing, Vertrieb, Kundenservice, Commerce und IT auf der führenden CRM-Plattform zu vereinen. So können Sie jeden Kunden mit einem personalisierten Erlebnis begeistern. Besuchen Sie uns auf salesforce.com/de/learnmore.
salesforce

# Glossar

## A

**AAL –PRINZIP**
Akronym für „Andere Arbeiten Lassen". Bestreben, aus der Leistung anderer, Profit zu schlagen. Bei Amazon.com z.B. sind es die Leser, die durch ihre Bewertungen und Empfehlungen den Verkauf ankurbeln.

**ADBLOCKER**
Software zur Unterdrückung von Werbung auf Webseiten.

**ADCLICK**
Anklicken einer Online-Werbeform, wodurch man auf die Website des Werbetreibenden gelangt.

**ADEXCHANGE**
Marktplatz für den Handel von Online Werbeflächen per Auktionsverfahren.

**ADNETWORK**
Einkaufsplattform, die nicht direkt verkauftes Display Inventar verschiedener Publisher/Vermarkter bündelt.

**ADREQUEST**
Misst den Abruf eines Browsers vom Adserver.

**ADSENSE**
Google bietet mit Google AdSense Website-Betreibern die Möglichkeit, auf der eigenen Website Werbung einzublenden. Dynamisch in die Seite eingebaut, werden die Google-AdWords-Anzeigen passend zum Inhalt der jeweiligen Seite eingeblendet. Klicken Besucher auf eine Anzeige, schüttet Google Anteile der Anzeigenpreise an den Website-Betreiber aus.

**ADSERVER**
Programm oder Rechner zur Bereitstellung und Abwicklung von Online-Werbung. Adserver übernehmen folgende Aufgaben: die Verteilung der Werbeschaltungen, die richtige Verlinkung, die Zählung der Seitenaufrufe und Klicks sowie die Berechnung der Reports.

**ADTAG**
Als Tags werden allgemein Etiketten und Markierungen zur Kennzeichnung bestimmter Elemente bezeichnet. In Bezug auf Online-Werbung ist ein Tag eine Art Platzhalter, der die Auslieferung der Werbeformen (z.B. Banner) für die jeweilige Werbefläche steuert.

**ADVIEW/ADIMPRESSION**
Die Darstellung einer Werbeform (Banner, Textlink, ...) in einem Browser eines Users. Da die Werbeform im Idealfall vom User gesehen wird, spricht man von einem Sichtkontakt. Jede einzelne Einblendung kann technisch gemessen werden (TKP, 1.000 Einblendungen) und fungiert gleichzeitig als Maßzahl für jene Nutzer, die in einem bestimmten Zeitraum ein bestimmtes Werbemittel gesehen haben und wird als harte Währung zur Verrechnung herangezogen.

**ADWARE**
Software, in der Regel kostenlos, die dem Benutzer zusätzlich Werbebanner oder Werbe-Popups zeigt. Der Hersteller finanziert sich durch den Verkauf solcher Werbeeinblendungen an Dritte.

**ADWORDS**
Die am rechten Rand des Google-Suchergebnisfensters eingeblendeten Anzeigen werden abhängig von gewählten Suchwörtern eingeblendet. Der Werbende definiert eine kleine Anzeige mit Suchwörtern, bei denen die Anzeige erscheinen soll. Bezahlt wird pro Klick auf die Anzeige (Cost per Click).

**AFFILIATE**
Partnerprogramme, die von kommerziellen Websites oder Online-Shops angeboten werden. Dabei werden Werbemittel (Banner, Buttons, usw.) auf Websites von Affiliate-Partnern gegen eine Provision platziert. Diese Provision kann auf Click-, Lead- (z.B. Registrierungen) oder Orderbasis (Bestellungen) abgerechnet werden.

**AFFINITÄT**
Gibt Aufschluss darüber, wie stark eine bestimmte Zielgruppe von einem Medium erreicht wird. Man gibt sie entweder als Prozentzahl oder in Form eines Indexwertes an.

**AJAX**
Asynchronous JavaScript and XML ist eine Technik, die den Austausch von Daten

zwischen Client/Browser und Server auch für Teile einer Website ermöglicht, so dass die Webseite nicht bei jeder Benutzeraktion auf der Seite das Laden der kompletten Internetseite erfordert.

**ALERT**
Google Alert selektiert speziell alle News aus Online-Zeitungen, Pressemitteilungen etc. Darin kann ganz normal gesucht werden. Mit den Google Alerts kann man Fragestellungen quasi abonnieren, so dass die Suche(n) regelmäßig automatisch durchgeführt werden und als E-Mail zugeschickt werden.

**ALT-TEXT**
Jener Teil des HTML-Codes, der einen Hinweis darauf enthalten soll, was in dem dargestellten Element zum Ausdruck kommt. Der Alt-Text gilt auch als ein Kriterium in der Onpage-Suchmaschinenoptimierung, denn die Suchmaschinen erfassen über diesen Text ebenfalls den Inhalt von Bildern.

**ANDROID**
Ist sowohl ein Betriebssystem als auch eine Software-Plattform für mobile Geräte wie Smartphones, Mobiltelefone, Netbooks und Tablets. Bei Android handelt es sich um eine freie Software, die quelloffen entwickelt wird.

**ANIMIERTE WERBEFORMEN**
Durch animierte Banner können Sequenzen von hintereinanderliegenden Einzelbildern gezeigt werden, die mit interaktiven Features ausgestattet sein können. Diese Werbeformen erzielen eine signifikant höhere Klickrate.

**API**
Application Programming Interface (Schnittstelle zur Anwendungsprogrammierung); Spezifiziert wie manche Software Komponenten miteinander interagieren.

**APIs**
greifen auf Datenbanken und Festplatten zu und erleichtern das Erstellen von Komponenten der grafischen Benutzeroberfläche. APIs sind Programmteile, die von einem Softwaresystem anderen Programmen zur Anbindung an das System bereitgestellt werden.

**APPS**
Bezeichnet im Allgemeinen jede Form von Anwendungsprogrammen (= Application oder Miniprogramme). Im Sprachgebrauch sind damit mittlerweile jedoch meist Anwendungen für Smartphones und Tablet-Computer gemeint, die über einen in das Betriebssystem integrierten Onlineshop (App-Store) bezogen und so direkt auf dem Smartphone installiert werden können. Apps finden auch als Social Media-Apps Verwendung.

**ATTACHMENT**
Dies können Bild-, Musikdateien und Dateien aller Art sein, die beispielsweise als Anlage einer E-Mail versendet werden.

**AUDIENCE TARGETING**
Bietstrategie im Real Time Biding (siehe RTB): Ansprache bestimmter Nutzer auf Basis von definierten Zielgruppen.

**AUGMENTED REALITY**
Darunter versteht man die computergestützte Erweiterung der Realitätswahrnehmung. Diese Information kann alle menschlichen Sinnesmodalitäten ansprechen. Häufig wird jedoch unter dem Begriff die visuelle Darstellung von Informationen verstanden, also die Ergänzung von Bildern oder Videos mit computergenerierten Zusatzinformationen oder virtuellen Objekten mittels Einblendung/Überlagerung.

**AUSTRIAN INTERNET MONITOR / AIM**
AIM hat die kontinuierliche Beobachtung moderner Kommunikationstechnologien, der Internet-Nutzung und des Besuchs von Internet-Angeboten als Ziel – auf Basis einer fundierten, repräsentativen Stichprobe für Gesamtösterreich und für InternetNutzer. Die Erhebung erfolgt über das ganze Jahr verteilt mittels telefonischer Interviews (CATI).

**AVATAR**
Virtuelle Abbildung eines Benutzers, z.B. als Kundenberater in Online-Shops, als Web-Guide oder als Held in Computerspielen.

**AWARENESS**
Fähigkeit, Wahrnehmungen und Erlebnisse ohne Gedächtnisstütze aktiv zu reproduzieren – in Bezug auf Werbung sich an einzelne Spots oder Sujets ohne Vorlage zu erinnern.

# B

**BACKLINK**
Bezeichnet einen eingehenden Link auf eine Webseite, der von einer anderen Webseite aus auf diese führt. In vielen Suchmaschinen wird die Anzahl und Beschaffenheit der Rückverweise als Maß für die Linkpopularität oder Wichtigkeit einer Webseite verwendet. In der Blogosphäre ist es teilweise üblich, sich mit einem Backlink erkenntlich zu zeigen, etwa für das Verlinken eines Beitrags.

**BANDBREITE**
Die Bandbreite bestimmt den Datendurchsatz und wird in bps (Bits pro Sek.), kbps (Kilobits pro Sek.) oder mbps (Megabits pro Sek.) gemessen. Je höher die Bandbreite, desto höher der Datendurchsatz. So hat beispielsweise eine analoge Telefonleitung eine maximale Bandbreite von 3 kbps, während eine digitale (ISDN) bereits über max. 128 kbps verfügt. Bei Kabelmodems beträgt der maximale Datendurchsatz dagegen bis zu 27 mbps.

**BANNER**
Bezeichnung für Werbeflächen auf Internet-Seiten. Ein Banner ist in der Regel mit der Website eines Werbetreibenden verbunden, so dass der User über einen Mausklick auf den Banner zum entsprechenden Online-Angebot gelangt. Werbebanner können in unterschiedlichen Grafikformaten erstellt werden. Die derzeit am häufigsten eingesetzten Formen sind: GIF, JPG/JPEG, HTML und FLASH.

**BARCAMP**
„Unkonferenz", im Gegensatz zu Konferenzen kommen die Inhalte nämlich von den Teilnehmern selbst. In einer offenen Umgebung sollen die Teilnehmer dabei ihr Wissen teilen und von einander lernen. Der Großteil der Barcamps beschäftigt sich mit dem Internet und neuen Technologien. Mittlerweile gibt es aber auch Barcamps zu anderen Themen, wie zum Beispiel Foodcamps.

**BEHAVIORAL-TARGETING**
Auch hier werden technische Daten ausgelesen, jedoch werden zusätzlich verschiedene Merkmale herangezogen und berücksichtigt. So können zum Beispiel auch installierte Schriftarten oder Plug-Ins Rückschlüsse auf ein potenzielles Kaufverhalten eines Users zulassen. Mittels der IP-Adresse kann man User geographisch einordnen. Die Gesamtheit dieser Merkmale und technischen Daten ergibt ein dynamisches Verhaltensprofil welches kontinuierlich wächst und angepasst wird. Nicht nur das aktuelle, sondern auch das längerfristige Interesse von Surfern kann beim Behavioral-Targeting berücksichtigt werden.

**BELEGUNGSEINHEIT**
Eine Belegungseinheit ist die mit Werbemitteln zu belegende Einheit eines oder mehrerer Werbeträger. Dabei können Belegungseinheiten komplette Onlineangebote, Teilbereiche von Online-Angeboten oder eine Kombination mehrere Online-Angebote oder deren Teilbereiche darstellen. Jede durch die Vermarkter definierte und ausgewiesene Belegungseinheit muss einzeln belegbar und buchbar sein.

**BEWEGTBILD**
siehe Digital Video Advertising

**BIT**
Bit = binary digit; Bezeichnung für eine Binärziffer (üblicherweise „0" und „1") sowie die Maßeinheit für die Datenmenge bei digitaler Speicherung oder Übertragung von Daten. Die Datenmenge entspricht in diesem Fall der verwendeten Anzahl von binären Variablen zur Abbildung der Information, kann also nur als ganzzahliges Vielfaches von 1 bit angegeben werden.

**BLIND NETWORK**
Werbenetzwerk, bei dem der Advertiser Kampagnen einbucht, ohne die genauen Webseiten zu kennen, auf denen die Werbung läuft.

**BLOG / WEBLOG**
Blog setzt sich zusammen aus Web und Logbuch. Ein Blog ist eine Informations- oder Diskussionswebseite,

für die laufend neue Einträge zu einem bestimmten Thema verfasst werden. Die Leser von Blogs können die Beiträge kommentieren und so in Diskussion mit dem Blogersteller bzw. anderen Lesern kommen. Früher wurden Blogs meist von einer einzelnen Person oder einer kleinen Gruppe erstellt. Mittlerweile gibt es auch Blogs, die von einer großen Gruppe von Autorinnen und Autoren geschrieben werden. Üblicherweise erscheint der neueste Eintrag an erster Stelle.

**BLOGGER RELATIONS**
Wenn von Seiten eines Unternehmens versucht wird Medienbeziehungen zu einem oder mehreren Blogbetreibern aufzubauen, um entsprechende Inhalte zu vermitteln oder Berichterstattungen zu erzielen, spricht man von Blogger Relations. Da Konsumentinnen und Konsumenten immer mehr auf Informationen, die von Blogbetreibern vermittelt werden, vertrauen, werden Blogger Relations von Unternehmerseite aus stetig wichtiger.

**BLOGROLL**
Eine Anhäufung von Links, die von einem Blog aus auf weitere Blogs verweisen. Diese anderen Blogs müssen weder vom selben Blogger erstellt worden sein, noch über dasselbe Thema wie der ursprüngliche Blog berichten. Normalerweise ist der Blogroll in der Seitenleiste zu finden.

**BLOOK**
Buch, das auf Inhalten basiert, die zuerst in einem Weblog veröffentlicht wurden. Das Wort ist als Neologismus zusammengesetzt aus den englischen Wörtern book und weblog.

**BLUETOOTH**
Kurzstrecken-Funkstandard für die drahtlose Übermittlung von Sprache und Daten.

**BOOKMARK**
Das Lesezeichen im Internet. Es ermöglicht Usern, interessante WWW-Seiten zu markieren, um sie später bei Bedarf leicht zu finden.

**BRANDING**
Einprägen von Markennamen über unterschiedlichste Werbemaßnahmen, um einen Nutzer von der Existenz eines Unternehmens und seiner Produkte in Kenntnis zu setzen.

**BREITBAND**
Internetzugang mit verhältnismäßig hoher Datenübertragungsrate von einem Vielfachen der Geschwindigkeit älterer Zugangstechniken wie der Telefonmodem oder ISDN-Einwahl, die im Unterschied als Schmalbandtechniken bezeichnet werden. Eine eindeutige Definition, ab wann eine breitbandige Verbindung beginnt, existiert nicht. Die österreichische Regulationsbehörde definiert einen Internet-Festnetzanschluss als Breitbandanschluss, wenn er über eine Downloadrate von mehr als 144 kBit/s verfügt (Quelle: RTR Austria).

**BROWSER**
Aus dem Englischen „to browse - durchblättern, sich umschauen". Software, die zum Abruf und Darstellung von HTML-Seiten aus dem Internet benutzt wird. z.B. Internet Explorer, Mozilla Firefox, Opera, Safari, Google Chrome usw.

**BROWSERGAMES**
Computerspiel, das einen Web-Browser als Benutzerschnittstelle benutzt. Die Berechnung des Spielgeschehens kann hierbei entweder vollständig oder teilweise auf dem lokalen Rechner oder aber auch den Servern des Spielanbieters erfolgen. Mit der Einführung des Web-Standards HTML5 und dem Aufkommen kompatibler Browser ist eine wachsende Anzahl von Browserspielen von keinem Zusatzmodul mehr abhängig. Die zur Implementierung verwendete Plattform besteht bei einem Browserspiel meist vorwiegend aus gängigen Web-Technologien, sodass die meisten Browserspiele kostenlos sind. Einige Anbieter verlangen aber für erweiterte Spielmerkmale sowie Support eine Gebühr.

**BUTTON**
Eine Grafik, meist im Standardformat 120 x 90 oder 120 x 60 Pixel, die als Werbeformat eingesetzt werden kann.

**BUZZ**
Technik zur Erzeugung von Mundpropaganda (Word-of-Mouth). Basiert auf der Wirkung traditioneller Mundpropaganda, der persönlichen Empfehlungen von Person zu Person. Beim Buzz Marketing sprechen Privatpersonen (sog. Buzz Agents) i.d.R. gegen ein Honorar oder die Vergabe von Gratisprodukten in ihrem sozialen Umfeld (bei Freunden und Kollegen) oder an öffentlichen Plätzen (Bushaltestellen, Warteschlangen) in

einem natürlichen und ungezwungenen Kontext positiv über eine zu bewerbende Marke bzw. Produkte, Services und Unternehmen.

**BYTE**
Einheit für die von einem Server übertragene Datenmenge. Ein Byte sind acht Bits. Die Übertragungsgeschwindigkeit von 9 bps entspricht 1 Byte pro Sekunde - siehe auch Kilobyte, Megabyte, Gigabyte, Terabyte.

# C

**CANONICAL TAG**
Angabe im Quellcode einer Website, die bei Websites mit (fast) gleichem Inhalt auf eine Standardressource – eine kanonische URL – verweist. Wird eine kanonische URL korrekt ausgezeichnet, so wird nur diese Quelle zur Indexierung der Suchmaschinen herangezogen. Suchmaschinen bewerten Duplicate Content negativ, da kein Mehrwert für den Internetnutzer besteht.

**CAT CONTENT**
Alle Arten von Bildern, Videos und Texten in denen Katzen vorkommen. Auf Facebook, YouTube und anderen sozialen Medien erfreuen sich Katzenfotos und Videos großer Beliebtheit.

**CHANNEL**
Gliederung von Internetangeboten nach Themenschwerpunkten, zum Beispiel Finanzen, IT, Entertainment oder Reise usw.

**CHAT**
Bezeichnet elektronische Kommunikation in Echtzeit über das Internet.

**CHATROOM**
Ein virtueller Raum im Internet, in dem man in Echtzeit plaudern/sich unterhalten kann.

**CLIENT**
Ein Netzwerk-Computer (Arbeitsplatzrechner), der die von einem korrespondierenden Server bereitgestellten Netzwerk-Ressourcen (Daten, Programme etc.) nutzt. Oder ein Programm, das Dienste eines anderen Programms nutzt.

**CLOUD COMPUTING**
zentrale Zusammenfassung aller möglichen Cloud-Dienste. Dabei kann es sich um Rechendienste, Transaktionen, Dokumentenverarbeitung, Datenbankanwendungen, E-Mail-Services oder Security-Aufgaben handeln. Der Anwender kann die zentralen Dienste jederzeit von jedem Ort aus nutzen.

**CMS**
Ein Content-Management-System (CMS, deutsch „Inhaltsverwaltungssystem") ist eine Software zur gemeinschaftlichen Erstellung, Bearbeitung und Organisation von Inhalten (Content) für Webseiten, aber auch anderen Medienformen. Diese können aus Text- und Multimedia-Dokumenten bestehen. Ein Autor kann ein solches System in den meisten Fällen ohne Programmier- oder HTML-Kenntnisse bedienen.

**COM**
Bestandteil der Internet-Adresse: Name für eine Domain, und zwar für den Server eines Wirtschaftsunternehmens. com steht für das englische Wort Company (zu Deutsch: Firma).

**COMMON GATEWAY INTERFACE / CGI**
Programme, die auf HTML-Seiten platziert werden und von dort aus einen dynamischen Ablauf in Gang bringen. Die meisten Online-Gästebücher im Internet benutzen diese CGI-Skripts, um die von den Usern eingetragenen Beiträge zu verarbeiten. Ein abgelaufenes CGI-Skript hat als Ausgabe immer eine HTML-Seite, z.B. ein neuer Eintrag im Gästebuch.

**COMMUNITY MANAGER**
Sorgen für den Aufbau und das Wachstum einer Internet Community rund um eine Marke oder einen gemeinschaftlichen Anlass. Es ist ihre Aufgabe, die wachsende Community zu regeln.

**CONNECTIVITY**
Im Kontext Internet der Überbegriff für den technischen Anschluss an das Internet, der sowohl die Software – den Browser – und die Hardware – Modem, ISDN-Karte, Router und Server – als auch die Leitung zum Provider einschließt.

**CONTENT**
Inhalte einer Website: Texte, Grafiken, Fotos Animationen, Downloadangebote oder sonstige multimediale Objekte.

**CONTENT MARKETING**
Jede Form von Marketing, die das Herstellen und Verbreiten von medialen Inhalten mit einbezieht, um Kunden zu erwerben. Content Marketing konzentriert sich nicht auf das Verkaufen an, sondern auf das Kommunizieren mit Kunden. Damit will man sich die Loyalität von Käufern sichern.

**CONVERSION**
Marketingmaßnahme, wodurch die angesprochene Zielperson

konvertiert. Während anfangs überwiegend die Konversion eines Besuchers eines Online-Shops zu einem Käufer oder Kunden gemessen wurde, werden heute sogenannte „Conversion Funnel" gebildet (z.B. Konversion eines Besuchers einer Webseite in einen Interessenten für ein Downloadangebot, Registrierung für einen Newsletter auf einer Website, Konversion des Nutzers einer Suchmaschine in einen Besucher einer Webseite).

**COOKIES**
Cookies sind kleine Text-Dateien, die vom Web-Server auf der Festplatte des Besuchers abgelegt werden. Sie beinhalten oft Informationen über Besuchsdauer und besuchte Seiten oder Einstellungen und Eingaben des Besuchers. Cookies lassen sich jedoch auch dazu gebrauchen, Profile der Besucher zu erstellen.

**COUNTER**
Automatischer Seitenzähler, der anzeigt, wie viele Besucher die eigene Website gesehen haben. Die Homepage aktualisiert jedes Mal einen Vermerk, wenn die Seite in einem Browser aufgerufen wird.

**CPA**
Cost per Action; Kosten pro bestimmte Aktion des Besuchers (z.B. Eintrag in Newsletter, Anruf, Informationsanforderung, Kauf etc.).

**CPC**
Cost per Click; Kosten für einen Klick auf ein Werbemittel.

**CPE**
Cost per Engagement; Kosten für eine Interaktion (z.B. Teilnahme am Gewinnspiel, Wiederkehrrate)

**CPI**
Cost per Interest; Kosten für einen echten Interessenten

**CPL**
Cost per Lead; Kosten für gewonnene Kontaktadressen

**CPM**
Cost per Mille - siehe TKP

**CPO**
Cost per Order; Kosten, die darauf basieren, wie viele Nutzer auf Grund der Werbeschaltung auf einer Website Produkte des Werbetreibenden bestellen.

**CPR**
Cost per Register; Kosten für eine Registrierung

**CPX**
Cost per X; Kosten für eine selbstdefinierte Variable

**CR**
Conversion Rate - Umwandlungsrate; Hierunter wird der Anteil von Besuchern, die zu Kunden werden oder eine Aktion (Newsletter-Registrierung) auslösen, definiert. Angegeben als Verhältnis zwischen Klicks oder Visits zu den getätigten Käufen oder Registrierungen.

**CRAWLER**
Spezielle Suchmaschinen, die das Internet selbständig auf neue Informationsangebote durchforsten. Dabei kommen meist sogenannte Agentenprogramme zum Einsatz, die mit bestimmten Suchbegriffen gefüttert auf ihrer Reise durch das Web alle Seiten registrieren, in denen die gewünschten Begriffe enthalten sind.

**CROWDSOURCING**
Als Crowdsourcing wird die Methode bezeichnet, Dienstleistungen, Ideen, Geld oder Inhalte von einer großen Menschengruppe zu erbitten, üblicherweise von Online Gemeinschaften, anstatt sich an die üblichen Versorger und Angestellten zu wenden. Eine Schar Onlinenutzern generiert Inhalte, löst diverse Aufgaben und Probleme oder ist an Forschungs- und Entwicklungsprojekten beteiligt. Crowdsourcing wird meist genutzt, um junge Unternehmen und Wohltätigkeitsorganisationen finanziell zu unterstützen. Crowdsourcing unterscheidet sich von Outsourcing, bei dem die Aufgabe oder das Problem einer spezifischen Gruppe zugeteilt wird, statt einer undefinierten Öffentlichkeit.

**CTR**
Click Through Rate / Klickrate - Die Anzahl der Klick-Aktionen auf ein Werbemittel, das die User direkt zur Website des Werbenden führt. CTR gibt das Verhältnis der Einblendungen vom Werbemittel zu tatsächlichen Klicks als Prozentzahl derer, die das Werbemittel gesehen haben, an.

**CVR**
Die Conversion Rate gibt an, wie viele User eine Aktion/einen Kaufabschluss getätigt haben. Eine Conversion Rate kann z.B. für E-Mail Aussendungen, Display Kampagnen oder auch Besucher einer Webseite definiert werden.

**CYBERCASH**
Virtuelle Währung für Kaufabwicklungen im Internet. So bieten manche Seiten

Credits zur Abwicklung von Geschäften an.

# D

**DACHANGEBOT**
Ein Dachangebot (DA) besteht aus mehreren Domains, die sich entweder zur Gänze im Eigentum des Anbieters befinden oder den Kriterien eines verbundenen Unternehmens genügen müssen.

**DATA MINING**
Darunter versteht man die systematische Anwendung von Methoden, die meist statistisch-mathematisch begründet sind, auf einen Datenbestand mit dem Ziel, neue Muster zu erkennen. Hierbei geht es auch um die Verarbeitung sehr großer Datenbestände (die nicht mehr manuell verarbeitet werden könnten), wofür effiziente Methoden benötigt werden, deren Zeitkomplexität sie für solche Datenmengen geeignet macht.

**DATENKOMPRESSION**
Reduzierung von digitalen Daten, um die Übertragung über das Internet zu beschleunigen und den benötigten Speicherplatz zu reduzieren. Die bekanntesten Verfahren sind bei Bildern GIF, PNG oder JPEG, bei Videos MPEG und bei Musikdateien MP3.

**DBM**
Database Marketing ist ein Marketingansatz, bei dem alle verfügbaren Informationen über jeden Kunden in einer Datenbank hinterlegt werden.

**DEAD LINK**
Ein nicht mehr funktionierender Link (auch toter Link genannt).

**DEEPLINK**
Links, die nicht auf die Homepage Ihrer Website verweisen, sondern unmittelbar auf „tiefer liegende" Unterseiten in einer Website.

**DHTML**
Dynamic Hypertext Markup Language; Erweiterung von HTML. Bezeichnet Methoden und Programmiersprachen (vor allem JavaScript), die es erlauben, eine bereits im Browser des Anwenders geladene Internetseite nachträglich zu verändern, also Interaktion zu ermöglichen.

**DIGITAL VIDEO ADVERTISING**
Plattform, über die Werbetreibende Videoanzeigen als Pre-Roll, Mid-Roll oder PostRoll in online gestreamtem Video-Content platzieren können.

**DIRECTORY**
Suchverzeichnis im Internet, populär Suchmaschine genannt. Neben der Eingabe von Suchbegriffen st eine kategorisierte Suche zulässig. Im Gegensatz zu Suchmaschinen wird die Datenbank eines Directory vom Anbieter redaktionell betreut.

**DMB**
Bezeichnet ein digitales Daten- und TV-Übertragungssystem für Mobilgeräte (z. B. Handys) via Satellit (S-DMB) oder terrestrisch (T-DMB).

**DMP**
Data Management Platform: Plattform, die Drittdaten sammelt/aggregiert/auswertet und mit diesen Daten handelt.

**DNS**
Domain Name System; „Adressverzeichnis" von Internet-Servern. Im DNS ist festgelegt, welche IP-Adresse welchem Host zugeordnet ist.

**DOKUMENTENMANAGEMENT**
Bezeichnet die datenbankgestützte Verwaltung elektronischer Dokumente. Dabei ist in der deutschen Sprache auch die Verwaltung digitalisierter, ursprünglich papiergebundener Schriftstücke in elektronischen Systemen gemeint und wird in einem erweiterten Sinn auch als Branchenbezeichnung verwendet.

**DOMAIN**
Der letzte Teil des Host-Namens, hinter dem kein Punkt mehr steht. In den USA steht eine Domain häufig für eine bestimmte Zuordnung wie „edu" für „Education", Universitäten usw. oder „org" für „Organisation". In allen anderen Ländern steht die Domain für den Namen des Landes, in dem der Server steht. „at" für Österreich, „de" für Deutschland, „uk" für England.

**DOMAIN NAME**
Der Teil einer URL, der dem „http://www." oder „http://" folgt und durch ein „/" abgeschlossen wird. In der URL http://www.iab-austria.at/ ist „iab-austria" der Domain Name.

**DOWNLOAD**
Übertragung von Daten von einem Computer in einem Netzwerk oder im Internet, dem Server, zum eigenen Computer, dem Client. Auch die übertragenen oder zur Übertragung bereitgestellten Daten selbst werden als Download bezeichnet.

**DSP**
Demand-Side Platform

ist ein System, das die Verwaltung und den Handel von Werbeanzeigen in Echtzeit auf einer Oberfläche gewährleistet. Siehe auch Real Time Bidding.

**DVB-H**
Standard für Handy-TV. Die Videos können mit moderneren Videokompressionsverfahren kodiert werden. Die genauen Datenraten und Auflösungen können entsprechend der Kapazität des Sendernetzes und der Anforderungen der Endgeräte angepasst werden. In den meisten Netzwerken wird heute eine Auflösung von 320 × 240 Pixel (QVGA) bei etwa 300 kbit/s eingesetzt; ebenfalls in Betracht käme ein Viertel der üblichen digitalen Fernsehauflösung: 352 × 288 Pixel (CIF).

**DYNAMISCHE WEBSITE**
Website mit festem Format, aber variablem Inhalt. Dynamische Webseiten werden erst bei Aufruf generiert. Die Inhalte, wie Kursabfragen, lassen sich individuell auf die Kriterien des Besuchers zuschneiden.

## E

**E-BOOK**
Das Medium Buch mit seinen medientypischen Eigenarten in digitaler Form.

**E-BOOK-READER**
auch E-Reader; Tragbares Lesegerät für E-Books. Neben spezialisierten Geräten (z.B. Kindle oder Tolino), die elektronisches Papier zur Anzeige verwenden, lassen sich mit entsprechender Software auch Smartphones, Tablet-Computer und PCs als E-BookReader nutzen.

**E-BRAND**
Bezeichnung für Marken, die überwiegend oder ausschließlich im Internet existieren.

**E-COMMERCE**
Electronic Commerce; bezeichnet den elektronischen Handel von Waren oder Dienstleistungen über das Internet zw. Firmen (Business to Business) oder zw. Firmen und Privatpersonen (Business to Consumer).

**E-MAIL**
Electronic Mail; Elektronisches Postsystem, das es dem User erlaubt, Botschaften, die sowohl Text als auch Grafik und Sound enthalten können, global zu verschicken. Für diesen Vorgang existiert ein eigenes Protokoll, das SMTP.

**ECPC**
Effective cost per Click gibt an wie effektiv man die Klicks eingekauft hat. Prinzipiell ist es das Verhältnis Brutto- zu Nettopreis.

**ECPM**
Effective cost per Mille gibt an wie effektiv man 1000 Kontakte eingekauft hat. Es ist das Verhältnis Brutto- zu Nettopreis. Im Real Time Bidding (siehe RTB) dient der eCPM als Rechengröße, um verschiedene Abrechnungsmodelle vergleichbar zu machen. Dabei werden Nicht-CPM-Abrechnungsmodelle auf einen durchschnittlichen CPM umgerechnet.

**EDGERANK**
Algorithmus, den Facebook verwendet, um zu bestimmen, welche Artikel im Newsfeed (der Nachrichteneinspeisung) eines Facebook-Benutzers aufscheinen sollen.

**EINZELANGEBOT**
Ein Einzelangebot (EA) besteht aus einer Domain, die sich entweder zur Gänze im Eigentum des Anbieters befindet oder den Kriterien eines verbundenen Unternehmens genügen muss.

**EPS / ENCAPSULATED POSTSCRIPT**
Vektor-Grafikformat. Der Inhalt von EPS-Grafiken kann nicht mehr verändert, sondern nur noch verkleinert oder vergrößert werden (Grafiken sind in sich geschlossen „encapsulated").

**ETKP**
siehe eCPM

**EXTRANET**
Über den Firmenstandort hinaus erweitertes Intranet, über das z.B. eine örtlich entfernte Filiale oder Geschäftspartner mit dem Hauptsitz der Firma kommunizieren können.

## F

**FACEBOOK**
Das weltweit größte soziale Netzwerk. Nach einer Registrierung kann man sich dort ein persönliches Profil erstellen, andere Benutzer als Freunde hinzufügen, Nachrichten austauschen, Fotos hochladen und sich über den Status anderer informieren. Zahlreiche Facebook Apps haben die Benutzermöglichkeiten um ein Vielfaches erweitert.

**FACEBOOK ADVERTISING**
Facebook bietet Unternehmen die Möglichkeit Werbung zu machen. Ein Unter-

nehmen kann Facebook dafür bezahlen, eine Werbeanzeige an Personen zu versenden, deren Daten darauf hinweisen, dass sie sich für diese Anzeige interessieren könnten. Facebook sammelt die entsprechenden Daten von Nutzern über die Informationen, die diese über sich preisgeben, wie auch deren Aktionen auf Facebook.

**FACEBOOK APP**
Zusätzliche Facebook-Anwendungen, die vom App Center heruntergeladen werden können. Facebook Apps sind zahlreich und reichen in ihren Anwendungsmöglichkeiten vom Bearbeiten von Dokumenten über Aufenthaltsangaben bis hin zum Spielen von Videospielen. Facebook Apps können aber auch von Unternehmen zur Kommunikation genutzt werden. Wenn externe Hersteller eine App auf Facebook stellen muss, sie mit den Richtlinien der Facebook-Plattform übereinstimmen.

**FACEBOOK CONNECT**
Erweiterung von Facebook, mit der man sich mit seinem Facebook-Profil auf anderen Webseiten einloggen kann, ohne sich auf diesen ein neues Profil erstellen zumüssen. Außerdem können Benutzer einwilligen, persönliche Informationen des eigenen Facebook-Profils an andere Webseiten weiterzugeben, während diese wiederum Inhalte an Facebook senden können.

**FACEBOOK TAB**
Einzelne Seiten einer Facebook Fanseite, die eine Vielzahl unterschiedlicher Informationen darstellen können. Firmen verwenden häufig kundenspezifische Facebook Tabs, um neue Besucherinnen und Besucher zu empfangen, Ermäßigungen anzubieten oder Videos zu präsentieren.

**FAQ / FREQUENTLY ASKED QUESTIONS**
„Häufig gestellte Fragen". Hierbei handelt es sich um Frage-Antwort-Listen zu einem bestimmten Thema.

**FEEDS**
Regelmäßig aktualisierte Dateien, die über das Internet abgerufen werden können. Sie enthalten meist keine Formatierung, sondern reine Inhalte. Bekannte FeedSysteme sind RSS, Atom und Avantgo, die mit Readern wie Feedburner, RSS-Reader, Live.com auch auf mobilen Endgeräten gelesen werden können. Die meisten Feeds basieren auf XML-Dateien.

**FEEDREADER**
auch Aggregator; Computerprogramm zum Einlesen und Anzeigen von News Feeds, die meist in den Formaten RSS oder Atom angeboten werden.

**FILESHARING**
Das direkte Weitergeben von Dateien zwischen Benutzern des Internets (meist) unter Verwendung eines Filesharing-Netzwerks. Dabei befinden ich die Dateiennormalerweise auf den Computern der einzelnen Teilnehmer oder dedizierten Servern, von wo sie an interessierte Nutzer verteilt werden. Im Regelfall werden Dateien von den einzelnen Nutzern sowohl heruntergeladen (siehe Download) als auch gleichzeitig an andere Netzwerkteilnehmer hochgeladen (siehe Upload).

**FIREWALL**
Schutzschild gegen den Zugriff Unbefugter auf ein firmeneigenes Netzwerk. Die Notwendigkeit besteht bei Internet-Providern und bei Firmen, deren Mitarbeiter das Internet nutzen, während ihre Computer gleichzeitig intern vernetzt sind.

**FLASH**
Mit Hilfe der Software Macromedia Flash lassen sich filmähnliche Animationen von Text und Bildern darstellen, die auch noch mit Sound-Elementen untermalt werden können.

**FOLKSONOMY**
Zusammengesetzter Begriff aus den Wörtern „folk" (Volk) und „taxonomy" (Klassifikation). Alle Internet-Nutzer können die von ihnen verwendeten Inhalte bestimmten Schlagworten zuordnen.

**FOLLOWER**
Auf Facebook, Twitter und anderen Social Media Seiten ist ein Follower eine Person, die sich dafür anmeldet, Updates über eine bestimmte Person, Organisation oder Einrichtung zu erhalten.

**FORUM**
Ein Internet Forum ist eine Online-Diskussionsseite, auf der man in Form von geschriebenen Nachrichten Konversationen führen kann. Sie unterscheiden sich von Chat Rooms dadurch, dass die Nachrichten eine Zeit lang archiviert werden. Außerdem müssen in manchen Foren Nachrichten erst freigegeben werden, bevor sie eingesehen werden können.

**FOURSQUARE**
Location-based Social Network, das als Software für Mobiltelefone den aktuellen Standort eines Benutzers ermitteln kann. Dazu wird das GPS des jeweiligen Mobilgerätes verwendet. Wenn ein Besucher bei einem gespeicherten Standort „eincheckt" erhält er dafür Punkte und manchmal Badges.

**FRAME**
Verschiebbarer Teilbereich einer HTML-Seite, in dem eine andere HTML-Seite dargestellt werden kann. Das einzelne Segment wird dabei als Frame (englisch für Rahmen, Fach), die Definition aller Frames als Frameset bezeichnet.

**FREQUENCY CAP (FC)**
Frequency Cap; Genaue Steuerung der Kontaktdosis je User und Kampagne. Die Häufigkeit der Werbeeinblendung erfolgt datenbankgestützt und kann individuell ausgespielt werden (z.B. ein Mal pro Tag und Client).

**FTP**
File Transfer Protocol; Ein Kommunikationsstandard, mit dem Internet-Dateien von einem Rechner auf den eigenen Computer heruntergeladen werden können. Zur Datenübertragung wird FTP gestartet und eine Verbindung mit dem Zielrechner hergestellt.

# G

**GEO TARGETING**
Targeting der Werbeplatzierung auf bestimmte geografische Zielregionen.

**GIF**
Graphics Interchange Format; Ein von allen gängigen Browsern unterstütztes Grafikformat mit guter verlustfreier Komprimierung für Bilder mit geringer Farbtiefe (bis zu 256 verschiedene Farben pro Einzelbild). Dieses Format eignet sich zum Erstellen von Bewegt-Abläufen, so genannten GIF-Animationen.

**GIGABYTE**
1 Gigabyte = 1.000.000.000 Byte à siehe auch Byte

**GOOGLE+**
Soziales Netzwerk, das von Google betrieben wird. Nach Facebook ist es das zweitgrößte soziale Netzwerk, nachdem es im Januar 2013 Twitter überholt hat. Es unterscheidet sich von anderen sozialen Netzwerken dadurch, dass es sich nicht auf eine einzelne Webseite beschränkt, sondern mehrere Online-Produkte von Google nutzt.

**GOOGLE ANALYTICS**
Eine kostenlose Webanalyse. Online-Werbekampagnen, Besucherströme und vieles mehr können analysiert werden.

**GRP**
Gross Rating Points; Bruttoreichweite in Prozent. Addierte Zahl aller mit den Schaltungen eines Mediaplans erreichten Kontakte unter Berücksichtigung von Mehrfachkontakten, d.h. es wird auch bei mehreren Kontakten mit einer Person jeder Kontakt zu den GRPs gezählt. Hat ein Mediaplan 100 GRPs, entspricht die Anzahl der erzielten Kontakte der Zielgruppengröße.

**GUERILLA-MARKETING**
Hirn schlägt Budget. Marketingaktivitäten, die darauf abzielen, mit geringem finanziellem Aufwand viele Kontakte zu erreichen und positiv zu beeinflussen. Guerilla setzt daher stark auf virale Verbreitung, außergewöhnliche Outdoor-Events und begleitende PR.

# H

**HASHTAG**
Wort oder eine Phrase innerhalb eines Fließtextes, dem das Doppelkreuz-Symbol # vorangestellt wird. Auf Facebook, Twitter und anderen sozialen Netzwerken werden Hashtags eingesetzt, um Texte, die das betreffende Wort enthalten, zu gruppieren und die Suche nach ihnen zu erleichtern.

**HIT**
Ein Hit ist die Bezeichnung für eine einzelne Anfrage eines Browsers an einen Webserver. Eine solche Anfrage kann aus einem Bild, einem Button oder einer Grafik bestehen.

**HOME**
Kurzform für Homepage. Meist wird man durch einen Button mit der Bezeichnung „Home" immer wieder zum Anfang zurückgeführt.

**HOMEPAGE**
Startseite eines Internet-Angebots. Die erste Seite, die der Browser aufruft, wenn man die Adresse eingibt.

**HOST**
Ein Rechner, der Daten und Dienstleistungen zur Verfügung stellt.

**HSDPA**
High Speed Downlink Packet Access; bezeichnet ein Übertragungsverfahren von

UMTS, welches Downlink-Datenraten von derzeit bis zu 1,8 Mbit/s und UplinkGeschwindigkeiten von 384 Kbit/s ermöglicht. Zum Einsatz kommt HSDPA auch für die mobile Anbindung des Notebooks, womit Highspeed-Surfen wie beim FetznetzDSL möglich ist.

**HTML**
Hypertext Markup Language; Editiersprache für Internet-Seiten. Mit HTML-Tags können Text und Grafiken so formatiert werden, dass sie vom Browser dargestellt werden. Der Browser verwendet dazu HTTP, mit Hilfe dessen das Programm die HTML-Befehle decodiert.

**HTML 5**
Ist eine textbasierte Auszeichnungssprache zur Strukturierung und semantischen Auszeichnung von Inhalten wie Texten, Bildern und Hyperlinks in Dokumenten. Sie bietet vielfältige neue Funktionalitäten wie unter anderem Video, Audio, lokalen Speicher und dynamische 2D- und 3D-Grafiken, die von HTML4 nicht direkt unterstützt werden, sodass bislang zusätzliche Plug-Ins eingesetzt werden müssen, zum Beispiel Adobe Flash.

**HTTP**
Hypertext Transfer Protocol; Das vom WWW verwendete Übertragungs-Protokoll. Mit Hilfe dieses Protokolls können Browser HTML-Dokumente erkennen und ihre Inhalte darstellen.

**HTTPS**
Hypertext Transfer Protocol Secure - Protokoll zur verschlüsselten Übertragung von WWW Seiten.

**HYPERLINK**
Bringt den User aus einem Dokument im Internet zu einem anderen, auf das der Hyperlink verweist. Auch hinter Bildern können sich Hyperlinks verbergen, die man spätestens dann erkennt, wenn man mit der Maus über sie hinweggeht (der Pfeil verwandelt sich in eine zeigende Hand).

## I

**IGA**
In-Game-Advertising; Einblendung von Werbebotschaften in Computerspielen. Dies kann auf unterschiedliche Art und Weise geschehen: Unter statischem In-Game Advertising (SIGA) versteht man fest (und bereits während der Spieleentwicklung) in das Spiel verbaute werbliche Handlungsstränge und visuelle Marken-/Produktdarstellungen, was dem Grundgedanken des Product Placements entspricht. In das Spiel integrierte Produkte und Marken verbleiben für die gesamte Lebensdauer Bestandteil des Spiels. Unter dynamischem In-Game Advertising (DIGA) versteht man die geo- und zeitcodierte Schaltung von Werbemitteln in TCP/IP konnektierten Spielen (Rückkanal) auf Basis eines Mediabudgets. Werbebotschaften werden dynamisch in das Spiel hinein und aus dem Spiel heraus geschaltet. Das Spiel fungiert dabei als Sender und wird temporär mit Werbeeinblendungen versorgt. Unter Ad-Games versteht man Spiele, die speziell und im Auftrag eines Markenartiklers entwickelt wurden und deren primäres Ziel es ist, die Marken des beauftragenden Unternehmens in den Blick der Spieler zu rücken.

**INSTAGRAM**
Soziales Netzwerk auf dem man Fotos und Videos teilen kann. Benutzerinnen und Benutzer können die Fotos und Videos mit unterschiedlichen digitalen Filtern versehen und die modifizierten Videos auf anderen sozialen Netzwerken wie Facebook und Twitter teilen.

**INSTANT MESSENGER**
Botschaften werden in Echtzeit übertragen. Benötigt wird zum einen eine spezielle Software, der sogenannte Client. Mit diesem Programm ist es nunmehr möglich, sich in Netzwerke der jeweiligen Instant Messenger einzuwählen und dort mit seinen Kontakten zu chatten. Zudem sind die Programme nur mit einer Registrierung eines Benutzeraccounts verfügbar.

**IN-STREAM**
siehe Digital Video Advertising

**INTERAKTIV**
Der User nimmt direkten Einfluss auf das Geschehen.

**INTERFACE**
Das Übergangs- bzw. Verbindungsstück, durch das der Datenaustausch zwischen zwei verschiedenen Bereichen stattfindet.

**INTERNET**
Weltweiter Verbund von Computernetzwerken, die über das Internet-Protokoll miteinander kommunizieren.

**INTERSTITIALS**
Unter einem Interstitial wird eine Einschub- oder Zwischeneinblendung verstanden. Der Besuch einer Website wird durch den werblichen Inhalt für kurze Zeit unterbrochen.

**INTRANET**
Ein abgeschlossenes, meist unternehmensinternes Netzwerk auf Basis von Internet-Technik (also TCP/IP-Protokoll, Browser, HTML etc.). Im Gegensatz zum Internet ist der Zugang auf bestimmte Personengruppen limitiert. Nach außen kann auch eine Schnittstelle (Interface) ins Internet vorhanden sein, die meist durch eine Firewall geschützt ist.

**IOS**
Standard-Betriebssystem der Apple-Produkte iPhone, iPod touch, iPad und der zweiten Generation des Apple TV. iOS basiert auf Mac OS X.

**IP-ADRESSE**
Internet-Protokoll-Adresse; Numerisches Gegenstück des Domain-Namens. Jeder Computer im Internet ist durch seine Adresse, eine festgelegte, lange Zahlenfolge, lokalisierbar. Sie besteht aus vier durch Punkt getrennten Zahlen, die jeweils einen Wert zwischen 0 und 255 annehmen können.

**ISDN**
Integrated Services Digital Network; Datenübertragungsprinzip, das mit digitalen Signalen anstelle von analogen Tonfrequenzen arbeitet und eine sehr viel höhere Übertragungsgeschwindigkeit erlaubt. Für Online-User bedeutet ISDN in erster Linie schnelle Verbindungen zu ihrem Internet-Provider und die Möglichkeit, während des Surfens im Internet auch zu telefonieren oder Faxe zu empfangen.

**ISP**
Internet-Service-Provider; Anbieter eines Internet-Zugangs, meist kurz Provider genannt. Als Abonnent kann man sich gegen eine Gebühr einwählen und den Zugang zum Internet nutzen.

**ISPA**
Internet Service Provider Association - Dachorganisation der Internetwirtschaft. Ihr Anliegen ist die Gestaltung der optimalen wirtschaftlichen und rechtlichen Bedingungen für die Entwicklung des Internets. Die ISPA betrachtet die Nutzung des Internets als entscheidende Kulturtechnik und nimmt die sich daraus ergebende gesellschaftspolitische Verantwortung wahr.

**ITUNES**
Multimedia-Verwaltungsprogramm von Apple zum Abspielen, Konvertieren, Brennen, Organisieren und Kaufen von Musik, Hörbüchern, Podcasts, Filmen, iPod-,iPhone- und iPad-Apps. Es kann die Inhalte angeschlossener iPods, iPads und iPhones verwalten.

# J

**JAVA**
Eine im Jahr 1995 von der Firma Sun Microsystems entwickelte Programmiersprache, die besonders zur Entwicklung von interaktiven Programmen (zum Beispiel mit Grafiken) innerhalb von Webseiten geeignet ist. Das Besondere an Java-Programmen ist, dass sie unabhängig vom Internet geschrieben werden können.

**JPEG**
Joint Photographic Experts Group; Ein, im Gegensatz zu GIF, starres Bildformat, das häufig zur Darstellung von Bildern im Internet verwendet wird. JPEG-Dateien verfügen über eine hohe Kompressionsrate bei guter Bildqualität.

# K

**KEYWORD**
Im Zusammenhang mit Suchmaschinen verwendet. Der bei einer Suchanfrage vom Benutzer eingegebene Begriff wird mit dem Datenbestand der Suchmaschine verglichen und als Treffer auf einer oder mehreren Seiten ausgegeben.

**KILLERAPPLIKATION**
Funktion oder Angebot eines Online-Dienstes, das als alleiniges Merkmal den Erfolg des Angebotes bestimmt.

**KILOBIT**
Maßeinheit für die Anzahl übertragener Daten, z.B. im ISDN; ein Kilobit entspricht 1.024 Bits.

**KILOBYTE**
1 Kilobyte = 1024 Byte - siehe Byte

**KOMPATIBILITÄT**
Wird in der Technik entweder die Austauschbarkeit von Baugruppen, die Vereinbarkeit von Eigenschaften oder die Gleichwertigkeit von Eigenschaften verstanden.

**KONVERGENZ**
Im Bereich Netzwerk wird die Auflösung einzelner, voneinander getrennter Netze hin zu größeren Netzen verstanden, die ihre Aufgaben übernehmen.

**KPI**
Key Performance Indicators; Kennzahlen, die auf Basis von Dimensionen und Metriken erhoben werden und zu aussagekräftigen Erfolgsfaktoren für das Onlinegeschäft verdichtet werden.

# L

**LANDING PAGE**
Ist eine speziell eingerichtete Webseite, die nach einem Mausklick auf ein Werbemittel oder nach einem Klick auf einen Eintrag in einer Suchmaschine (Google, Bing etc.) erscheint. Bei einer Landing Page steht ein bestimmtes Angebot im Mittelpunkt, welches ohne Ablenkung vorgestellt wird. Ein wesentliches Element ist die Integration eines Response-Elements (z. B. Anfrageformular, Link zum Webshop oder Call-Back-Button), das die einfache Interaktion mit dem Besucher sicherstellt.

**LBA**
Location Based Advertising; Mobile Marketing-Konzept, das zur Gruppe der standortbezogenen Dienste (! siehe LBS) gehört. Das Prinzip beruht darauf, den aktuellen Aufenthaltsort der Nutzer zu berücksichtigen und so beispielsweise für gewünschte Produkte oder Dienstleistungen das günstigste Angebot oder besondere Aktionen im näheren Umkreis anzuzeigen.

**LBS**
Location Based Services - sind mobile Dienste, die unter Zuhilfenahme von positionsabhängigen Daten (via GPS z.B.) dem Endbenutzer selektive Informationen bereitstellen oder Dienste anderer Art erbringen. Starker USP des Mobile Advertising.

**LEADS**
Eine vorher festgelegte Handlung, die ein Besucher einer Website vollziehen muss. Ein Lead kann z.B. eine Anmeldung, ein Kauf oder das Besuchen einer bestimmten Seite sein.

**LEAN BACK**
Passiver, entspannter Medienkonsum.

**LEAN FORWARD**
Aktiver, konzentrierter Medienkonsum.

**LINK**
Stelle in einem Hypertext-Dokument, die mit einem Mausklick aktiviert werden kann und ein anderes Dokument auf den Schirm bringt.

**LOCATION-BASED SOCIAL NETWORKS**
Standortbezogene soziale Netzwerke; Man kann über die Netzwerke von Mobilgeräten auf diesen Service zugreifen. Dabei werden Informationen über die geographische Lage des Mobilgeräts abgerufen. Hauptsächlich werden Locationbased Social Networks zum Finden einer Person oder eines Objekts benutzt. Foursquare ist eines der bekanntesten Location-based Social Networks.

**LONGTAIL KEYWORDS**
Suchwörter, die bei Suchmaschinen weniger umkämpft (=weniger Suchanfragen) sind als jene, die einem für eine Branche oder zu einem Thema direkt ins Auge fallen.

**LOGFILE**
Datei, mit der die Reaktionen auf ein Online-Angebot protokolliert werden. Logfiles sind so Basis zur Bewertung von Effizienz und Nutzerverhalten eines Online-Auftritts. Diesen Vorgang bezeichnet man als Logfile-Analyse.

**LOGIN**
Eintritt in ein Netzwerk oder Online-System, das heißt Anmelden beim betreffenden Server. Meistens muss man sich identifizieren, um seine Teilnahmeberechtigung nachzuweisen.

**LOGOUT**
Austritt aus einem Netzwerk oder Online-System, das heißt Abmelden beim betreffenden Server.

**LTE**
Long Term Evolution; Mobilfunkstandard der vierten Generation (3,9G-Standard), der mit bis zu 300 Megabit pro Sekunde deutlich höhere Downloadraten erreichen kann. Das Grundschema von UMTS wird bei LTE beibehalten. So ist eine rasche und kostengünstige Nachrüstung der Infrastrukturen der UMTS-Technologie (3GStandard) auf LTE-Advanced (4G-Standard) möglich.

# M

**M-COMMERCE**
Mobile Commerce – Spezielle Ausprägung des Electronic Commerce unter Ver-

wendung drahtloser Kommunikation und mobiler Endgeräte.

**MANAGED SERVICE DSP**
Demand Supply Platform, die „alles aus einer Hand" anbietet. DSP und Advertiser legen einen Ziel-CPO/CPI fest, die DSP übernimmt das komplette RTBHandling.

**MASHUP**
Bezeichnet die Erstellung neuer Inhalte durch die nahtlose (Re-)Kombination bereits bestehender Inhalte. Mashups werden als ein wesentliches Beispiel für das Neue an Web 2.0 angeführt: Inhalte des Webs, wie Text, Daten, Bilder, Maps, Töne oder Videos, werden neu kombiniert.

**MEDIATHEK**
Bezeichnung auch für Online-Archive, die Medien sammeln und zugänglich machen. Darunter fallen Hörfunk-und Fernsehsender mit Video on Demand und sonstige Anbieter. Bei Fernsehsendern spricht man auch von TVtheken.

**MEGABYTE**
Maßeinheit für die Größe eines Speichers: 1 Megabyte = 1.000.000 Byte - siehe auch Byte.

**MEME**
Einheit, die zur Übertragung kultureller Ideen, Symbole und Tätigkeiten von einer Person auf eine andere dient. Diese kann in verschiedenen imitierbaren Formen, wie etwa als Text oder Bild auftreten. Durch Internet Memes werden Konzepte und Inhalte meist in Form humorvoller Bilder auf Seiten wie Facebook und Youtube verbreitet.

**META-SUCHMASCHINE**
Übergeordnete Suchmaschine, die gleichzeitig mehrere Datenbanken bzw. Einzelsuchmaschinen nach den eingegebenen Suchbegriffen durchforstet.

**META-TAG**
Im Quellcode versteckte Befehle, die sich an Suchmaschinen richten. Man benötigt sie, um besser gefunden zu werden und um Anweisungen an die Suchmaschinen weiterzugeben.

**MICROBLOG**
Unterscheidet sich von einem normalen Blog in der Kürze der Nachrichten. Die kurzen Mitteilungen auf einem Microblog werden als Microposts bezeichnet. Auch Twitter fällt in den Bereich der Microblogs.

**MMS**
Multimedia Messaging Service. Der Service ermöglicht den Versand von Bildern, Tönen und Texten mit einem Mobiltelefon. Anders als bei einem SMS ist die Nachrichtenlänge einer MMS nicht begrenzt. Auch Videosequenzen können als MMS verschickt werden.

**MOBILE ADVERTISING**
Teil des Mobile Marketings, das Werbung auf mobilen Endgeräten ermöglicht unter Verwendung drahtloser Telekommunikation.

**MOBILE INTERNET**
Bezeichnet die Möglichkeit, das gesamte oder Teile des Internets, insbesondere das World Wide Web, auf einem Mobilgerät zugänglich zu machen.

**MODEM / MODULATOR / DEMODULATOR**
Digitale Daten aus Computernetzwerken wie dem Internet werden für analoge Telefonleitungen in analoge Dateninformationen verwandelt. Das Modem wandelt diese analogen Daten wieder in digitale Informationen um.

**MP3**
Datenkompressionsverfahren, mit dem Tondateien im Internet bis auf ein Dreißigstel ihrer ursprünglichen Größe verkleinert werden können.

**MPEG**
Moving Pictures Experts Group; Expertengruppe, die sich mit den Methoden der Videokompression beschäftigt. Allgemein wird damit jedoch ein spezieller MPEGStandard bezeichnet.

**MULTICHANNEL MARKETING**
Strategischer Ansatz, die (potenziellen) Konsumenten auf mehreren verschiedenen Wegen zu erreichen versucht und ist die konsequente Fortsetzung der Nutzung unterschiedlicher Werbekanäle nun in Form von Bereitstellung unterschiedlicher Kommunikations- und Vertriebswege.

# N

**NEW MEDIA**
Bezeichnet Medien, die auf Abruf (On-Demand) Content zur Verfügung stellen, jederzeit und überall.

**NEWSGROUP**
Diskussionsgruppen im Internet; Virtuelles Internetforum, in dem zu einem umgrenzten Themenbereich Textbeiträge (auch Nachrichten, Artikel oder Postings) ausgetauscht werden.

**NEWSLETTER**
Elektronisches Rundschreiben, das regelmäßig an registrierte Empfänger versandt wird und Neuigkeiten zu relevanten Themen liefert.

**NFC**
Near Field Communication ist ein internationaler Übertragungsstandard zum kontaktlosen Austausch von Daten über kurze Strecken von bis zu 4 cm. Bisher kommt diese Technologie vor allem in Lösungen für Micropayment - bargeldlose Zahlungen kleiner Beträge - zum Einsatz.

**NIC.AT**
Zentrale Registrierungs- und Verwaltungsstelle für Top Level Domains.

**NOFOLLOW**
Anweisung innerhalb des HTML-Codes, welche Suchmaschinen anweist, Rückverweise nicht zur Berechnung der Linkpopularität heranzuziehen.

## O

**OFFLINE**
Zustand, in dem ein Gerät, das über eine Kommunikationsschnittstelle verfügt, nicht bereit ist, Daten über diese Schnittstelle zu empfangen oder zu senden. Das Gegenteil davon ist online.

**ON DEMAND DIENSTE**
Möglichkeit Dienste auf Anfrage zu erhalten. Vor allem durch die Digitalisierung ist es möglich bestimmte Medieninhalte auf Abruf zu erhalten (z.B. Video on Demand).

**ONLINE**
Aktive Verbindung mit einem Kommunikationsnetzwerk, insbesondere dem Internet.

**OPEN GRAPH**
Ähnlich wie im Social Graph werden im Open Graph auf Facebook Aktionen von Benutzern aufgezeichnet, um Werbungen und Ankündigungen gezielt an die entsprechenden Benutzerprofile zu versenden. Dabei werden noch mehr Aktionen der Benutzerschaft beachtet als beim Social Graph z.B. welchen Profilen man folgt oder welche Videos man sich ansieht.

**OPEN SOURCE**
Jedem Nutzer wird es ermöglicht, Einblicke in den Quelltext eines Programms zu erhalten.

**OPEN-SOURCE-MARKETING**
Jeder Nutzer erhält die Erlaubnis, den Quellcode auch beliebig weiterzugeben oder zu verändern. Immer mehr „Freie Kreative" veröffentlichen Bilder, Videos oder Musik im Internet und stellen diese zu Marketingzwecken der Allgemeinheit ohne Lizenzgebühren zur Verfügung.

**OPT-IN**
Verfahren, bei dem der Endverbraucher Werbekontaktaufnahmen vorher – meist durch E-Mail, Telefon oder SMS – explizit bestätigen muss. Sein Gegensatz ist ein – in vielen Fällen rechtlich unzulässiges – Opt-out-Verfahren.

**OPT-OUT**
Automatische Aufnahme in eine Verteilerliste für Newsletter, beispielsweise nach dem Kauf in einem Internetladen oder der Anmeldung in einer Online-Community. Der Empfänger erhält oft erst bei Zusendung der E-Mail oder SMS die Möglichkeit, sich aus der Verteilerliste des Anbieters entfernen zu lassen, wenn er keine weitere Werbung wünscht. Dieses Verfahren gilt im E-Mail-Marketing als unseriös und an der Grenze zum Spam.

**ORIGINALDATEN**
Vom Advertiser selbst gesammelte Daten, Gegenteil zu Drittdaten.

**ÖWA**
Österreichische Web-Analyse – Kontrolleinrichtung für die Prüfung von Online-Medien. Ziele der ÖWA sind die Förderung des Online-Marktes und insbesondere die Erhebung vergleichbarer und objektiver Daten zur Beurteilung der Leistungsfähigkeit von Online-Angeboten.

**ÖWA PLUS**
Zweimal jährlich von der ÖWA erhobene Reichweiten und Strukturdaten (Alter, Geschlecht, Bildung, Einkommen etc.) von Website-Besuchern. Damit wird die Online-Mediaplanung mit der klassischen Mediaplanung kompatibel.

## P

**P2P**
Peer to Peer; Erlaubt den unmittelbaren Datenverkehr zwischen Nutzergruppen. Webseiten, Dateien oder Datenbanken müssen nicht mehr auf Webservern gespeichert sein. Die Nutzer rufen die Dateien direkt vom PC ab.

**PAGE-IMPRESSION / PAGE-VIEW**
Einblendung einer Seite eines Werbeträgers beim User. Bei framebasierten Seiten gilt pro Benutzeraktion nur

eine Page-Impression, auch wenn technisch mehrere Seiten geladen werden. Page-Impressions liefern ein Maß für die Nutzung einzelner Seiten eines Internet-Angebotes. Sie stehen für die Anzahl der Sichtkontakte beliebiger User mit einer potenziell werbeführenden HTML-Site.

**PERMISSION MARKETING**
Eine auf dem Einverständnis des Empfängers basierende Direktmarketingstrategie. Interaktive Kommunikationstechnologien wie z.B. E-Mail oder SMS erlauben den Versand von ausdrücklich erwünschten Nachrichten. Im Vergleich zu traditionellen offline Direkt Marketing Strategien werden so oft deutlich höhere Responsequoten erzielt. Die Erlaubnis zum Versand der Nachrichten kann vom Empfänger jederzeit wiederrufen werden.

**PING**
Misst die Zuverlässigkeit einer Netzverbindung und die Reaktionszeit eines Servers. Dabei wird ein Server auf dessen Ping-Port kontaktiert.

**PINTEREST**
Pinnwandartige Foto-Webseite, auf der Benutzer themenbasierte Bilderkollektionen entwerfen können, etwa in Bezug auf bestimmte Hobbies oder ein Event. Auf Pinterest kann man Fotos von anderen Nutzern mit einem „Gefällt mir" anerkennen oder an die eigene Pinnwand heften.

**PIXEL**
Bezeichnung für die einzelnen Farbwerte einer digitalen Rastergrafik sowie die zur Erfassung oder Darstellung eines Farbwerts nötigen Flächenelemente bei einem Bildsensor.

**PLUGIN**
Softwareprogramm, das die Fähigkeiten eines Browsers erweitert. Plugins können vom Internet auf den eigenen Computer heruntergeladen werden, z.B. Unterstützung für Sound-, Video- und 3D-Animationsdateien.

**PODCAST**
Verschmelzung der Begriffe Broadcasting (Rundfunk) und iPod. Alternativ sind Podcasts auch unter dem markenneutralen Begriff Netcast bekannt. Podcasts sind vergleichbar mit Radiosendungen, die auch unabhängig von den Sendezeiten angehört werden können.

**POPUPS**
Werbeeinschaltung, die sich über dem eigentlichen Inhalt einer Website in einem neu geöffneten Browser-Fenster präsentiert.

**PORTALSITE**
Bezeichnung für eine Webseite, die als Einstieg in das WWW genutzt wird. Enthält meist ein Verzeichnis anderer Websites, einen Nachrichtenbereich, eine Suchmaschine und häufig kostenloses E-Mail. Kann bei einigen Anbietern personalisiert, das heißt vom User individuell konfiguriert werden.

**PREDICTIVE BEHAVIORAL TARGETING (PBT)**
Beim PBT werden Messdaten aus dem Surfverhalten mit Befragungs- oder Registrierungsdaten weniger Internetnutzer kombiniert. Diese Verknüpfung liefert geschätzte Angaben zu Alter, Geschlecht und Produktinteressen und wird mithilfe mathematischer Algorithmen auf die Gesamtheit der Websitebesucher übertragen.

**PROXY-SERVER**
Internet-Server eines Providers oder einer großen Firma, der gleichzeitig als Zwischenspeicher für häufig abgerufene Internet-Seiten eingesetzt wird. Mit Hilfe dieses Cache-Speichers wird vermieden, dass jede Anfrage auf eine Internet-Site mit einem Zugriff auf den Primärserver verbunden ist, was die allgemeine Performance der Datenleitung negativ beeinflussen würde.

**PUBLISHER**
Betreiber der Webseite.

## Q

**QUANTIFIED SELF**
Netzwerk aus Anwendern und Anbietern von Methoden sowie Hard- und Softwarelösungen, mit deren Hilfe sie z.B. umwelt- und personenbezogene Daten aufzeichnen, analysieren und auswerten. Ein zentrales Ziel stellt dabei der Erkenntnisgewinn u.a. zu persönlichen, gesundheitlich- und sportlichen, aber auch gewohnheitsspezifischen Fragestellungen dar.

**QUICKTIME**
Bestandteil des Betriebssystems von Macintosh-Rechnern, dass Kompressionsverfahren wie JPEG bereithält, um digitale Videos ohne HardwareErweiterungen zu realisieren. Auch für Windows verfügbar.

# R

**REAL TIME BIDDING**
Verfahren, mit dem Werbetreibende bei der Auslieferung von Online-Werbemitteln automatisiert und in Echtzeit (real time) auf Werbeplätzen bieten können. Den Zuschlag bekommt der Höchstbietende.

**RECOGNITION**
Die Wiedererkennung einer Werbeanzeige oder eines -spots.

**REICHWEITE**
Bezeichnet das Verhältnis der Unique User einer Website zur Grundgesamtheit aller Benutzer, die während des Berichtszeitraums das Internet mindestens einmal benutzt haben.

**RESPONSE**
Reaktion von Personen der Zielgruppe auf eine bestimmte Werbemaßnahme. Die Responserate gibt an, wie viel Prozent einer direkt angeschriebenen Personengruppe auf die Aktion hin antworten.

**RETARGETING**
Auch Remarketing genannt; wird im Online-Marketing ein Verfolgungsverfahren genannt, bei dem Besucher einer Webseite – üblicherweise ein Webshop – markiert und anschließend auf anderen Webseiten mit gezielter Werbung wieder angesprochen werden sollen. Ziel des Verfahrens ist es, einen Nutzer, der bereits ein Interesse für eine Webseite oder ein Produkt gezeigt hat, erneut mit Werbung für diese Webseite oder ein Produkt zu konfrontieren.

**RICH MEDIA**
Bezeichnet Inhalte, die optisch und akustisch durch beispielsweise Video, Audio und Animation angereichert werden. Eine verbreitete Technologie, die das Erzeugen von Rich-Media-Inhalten ermöglicht, ist Adobe Flash.

**RICH SNIPPET**
Im Gegensatz zu herkömmlichen Snippets beinhalten Rich Snippets weitere simple Informationsergänzungen zu Suchergebnissen wie z. B. eine Sternbewertung oder Produktpreise der betreffenden Website. Nutzer können dank ihnen bereits im Voraus erkennen, ob die in ihrem Suchergebnis aufgelisteten Websites für ihre weitere Suche relevant sind.

**RON**
Run Over Network - Werbebuchung über das gesamte Netzwerk eines Vermarkters.

**ROS**
Run Over Site - Werbebuchung über den gesamten Dienst einer Website

**ROTATION**
Das Anzeigen von unterschiedlichen Werbebannern auf einer Werbeposition. Bei jedem Seitenaufruf wird per Zufall und mit Hilfe von Ad-Servern eines der gebuchten Werbemittel angezeigt. Somit nutzen sich die Werbebanner nicht so schnell ab, und es wird sichergestellt, dass jeder User unterschiedliche Kampagnen zu sehen bekommt.

**RSS**
Steht für Rich Side Summary, eine XML-basierte Technik, die es einem RSS-Reader ermöglicht, Blogs oder News zu lesen, ohne dafür die jeweilige Website aufrufen zu müssen.

**RSS READER**
RSS Reader ist eine Software, die RSS-Nachrichten vergleichbar einem E-MailProgramm darstellt, ohne jede Website einzeln besuchen zu müssen. Der Nutzer kann sich so selbst einstellen, welche Themen ihn interessieren.

# S

**SCREENSHOT**
Darstellung des aktuellen Monitors bzw. dessen Inhalts in einer Grafik. Screenshots werden bevorzugt in Büchern, Zeitschriften und Online-Artikeln benutzt, um Programme und Arbeitsweisen anschaulich erklären zu können.

**SEA**
Search Engine Advertising - Onlinewerbung wird meist über Keyword-Advertising (Suchwortwerbung) in Suchmaschinen eingebunden und über frei zu wählende Suchbegriffe (engl. Keywords; gesteuert.

**SECOND LIFE**
3D-Infrastruktur für von Benutzern gestaltete virtuelle Welten, in der Menschen durch Avatare interagieren, spielen, Handel betreiben und anderweitig kommunizieren können.

**SECOND SCREEN**
Nutzung eines zweiten Bildschirms parallel zu TV.

**SELF-SERVICE DSP**
Demand Side Platform im Real Time Bidding, die die Technologie und Anbindung zur Supply Side Platform (siehe SSP) bereitstellt. Der Advertiser/die

Agentur erstellen und optimieren die Bietstrategien selbst (im Gegensatz zum Managed Service DSP).

**SEEDING**
Gezieltes Säen/Platzieren der eigenen Inhalte auf relevanten Seiten im Internet.

**SELFIE**
Spezieller Typ von Selbstportrait-Fotos, die üblicherweise mit einer tragbaren Digitalkamera oder einer Handykamera gemacht werden. Selfies stehen meist in Zusammenhang mit sozialen Netzwerken und Foto-Sharing-Seiten wie Facebook, Twitter und Instagram, wo sie normalerweise veröffentlicht und versendet werden.

**SEM**
Search Engine Marketing (Suchmaschinenmarketing); Umfasst alle Maßnahmen zur Gewinnung von Besuchern für eine Webpräsenz über Websuchmaschinen. Suchmaschinenmarketing gliedert sich in die Teildisziplinen Suchmaschinenoptimierung (SEO) und Suchmaschinenwerbung (SEA). Ziel des Suchmaschinenmarketings ist die Verbesserung der Sichtbarkeit in Suchmaschinen. Neben der direkten Bewerbung von Produkten gewinnt das Suchmaschinenmarketing auch in der Öffentlichkeitsarbeit und im Branding zunehmend an Bedeutung.

**SEO**
Search Engine Optimization (Suchmaschinenoptimierung); Beschäftigt sich mit der Verbesserung der Platzierung von Internetseiten innerhalb der redaktionellen Ergebnisanzeige von Suchmaschinen.

**SERPS**
Search Engine Results Pages = Auf dieser Seite werden Suchergebnisse dargestellt.

**SERVER**
Computer oder Programm, die Informationen oder Dienste anbieten, die von anderen Rechnern (= Client) oder Programmen nachgefragt werden (z.B. für WWW, FTP oder E-Mail).

**SHARE OF ADVERTISING**
Der Share of Advertising (SoA) weist den Prozentanteil der Werbeausgaben einer Marke an den Gesamtwerbeinvestitionen des Konkurrenzfelds aus.

**SHARE OF VOICE**
Unter dem Begriff Share of Voice (SoV) versteht man die Maßzahl für das Verhältnis zwischen den gesamten AdViews eines Mediums innerhalb eines bestimmten Zeitraums und dem Anteil der gebuchten AdViews für eine Kampagne in diesem Zeitraum.

**SHITSTORM**
Anhäufung empörter und entrüsteter Kommentare auf Facebook oder anderen Social Media-Plattformen, die als Reaktion auf problematische Nachrichten, Videos oder Kommentare erfolgen. Dabei mischt sich überlegte Kritik mit undifferenzierten, oft beleidigenden Aussagen, was eine sinnvolle Diskussion erschwert.

**SILVER SURFER**
Bezeichnung für aktive ältere Menschen, die das Internet nutzen, um sich zu informieren, zu kommunizieren und einzukaufen.

**SITE**
Gesamtbezeichnung für eine Internet-Präsenz eines Anbieters, einer Firma etc. umfasst alle dazu gehörenden Bildschirmseiten, Webseiten und Dokumente sowie Download-Bereiche.

**SITEMAP**
Gliederung, die auf einen Blick über Umfang und Inhalt einer Website informiert.

**SKRIPT**
Programme oder Teile davon, die nicht vom Prozessor des Rechners, auf dem sie installiert sind, sondern zum Beispiel auf einem Web-Server ausgeführt werden. Beispiel für eine Skriptsprache ist JavaScript.

**SKYPE**
Kostenlose IP-Telefonie-Software von Microsoft mit Instant-Messaging-Funktion, Dateiübertragung und Videotelefonie, die ein proprietäres Netzwerkprotokoll verwendet. Sie ermöglicht das kostenlose Telefonieren zwischen Skype-Kunden via Internet.

**SMARTPHONE**
Mobiltelefon, das mehr Computerfunktionalität und -konnektivität als ein herkömmliches fortschrittliches Mobiltelefon zur Verfügung stellt. Smartphones lassen sich meist über zusätzliche Programme (sogenannte Apps) vom Anwender individuell mit neuen Funktionen aufrüsten. Ein Smartphone kann auch als ein kleiner transportabler Computer mit zusätzlicher Funktionalität eines Mobiltelefons verstanden werden.

**SMS**
Short Message Service; Nachrichtendienst

bei Mobiltelefonen, der die bidirektionale Übertragung von kurzen Textnachrichten (bis zu 160 Zeichen) ermöglicht. Über Drittanbieter lassen sich aus dem Internet Kurznachrichten an ein Mobiltelefon senden. Als SMS werden im deutschsprachigen Raum auch die Kurznachrichten selbst bezeichnet.

**SNIPPET**
Kurzer Textauszug aus einer Webseite, angezeigt in der Ergebnisliste einer Suchmaschine.

**SOCIAL BOOKMARKING**
Zentralisierter Online Service, welcher es der Userschaft ermöglicht, Lesezeichen für Web-Dokumente hinzuzufügen, zu editieren und zu kommentieren. Man spricht auch von gemeinschaftlichem Indexieren von Internet-Quellen.

**SOCIAL COMMERCE**
Im Social Commerce verschwimmen die Grenzen zwischen Produzenten und Konsumenten („Prosumer"). Die aktive Teilnahme der Besucher äußert sich durch das Schreiben eigener Artikel, im Hochladen von Fotos und Videos oder in der Empfehlung und Bewertung von Produkten, Dienstleistungen, ... Durch die Vernetzung dieser aktiven Teilnehmer ergibt sich eine sehr hohe Personalisierung und Individualisierung.

**SOCIAL GRAPH**
Diagramm, das die persönlichen Beziehungen von Internet-Benutzern darstellt. Bei einer Facebook Konferenz wurde der Begriff benutzt, um zu erklären, dass mit Hilfe des Social Graph, der die auf Facebook entstandenen Beziehungen aufzeichnet, eine ergiebigere Online-Erfahrung ermöglicht wird.

**SOCIAL LOGIN**
= Social Sign-In; benutzt bereits existierende Login Informationen eines Benutzers von sozialen Netzwerken wie Facebook (siehe Facebook Connect), Twitter oder Google+, um sich auf anderen Webseiten anzumelden, anstatt sich für diese ein neues Profil erstellen zu müssen. Der Social Login wurde kreiert, um den Endbenutzern das Einloggen zu erleichtern, sowie Web-Entwicklern verlässlichere demographische Informationen zu liefern.

**SOCIAL MEDIA**
Digitale Plattformen, die es Nutzern ermöglichen, sich untereinander auszutauschen und mediale Inhalte einzeln oder in Gemeinschaft zu gestalten.

**SOCIAL MEDIA MONITORING**
Aktives Beobachten von Social Media Kanälen auf Informationen über bestimmte Unternehmen oder Organisationen. Durch das Kontrollieren von Facebook, Twitter u.s.w. werden die Menge und die Stimmung von Online-Konversationen über eine Marke oder ein Thema gemessen.

**SOCIAL NETWORK**
Lose Verbindung von Menschen in einer Netzgemeinschaft. Handelt es sich um Netzwerke, bei denen die Benutzer gemeinsam eigene Inhalte erstellen, bezeichnet man diese auch als soziale Medien.

**SOCIAL PLUGINS**
Durch Social Plugins oder soziale Erweiterungsmodule, wie etwa dem Like-Button, kann ein Facebook-Benutzer feststellen, was seine Freundinnen und Freunde auf anderen Seiten im Internet gemocht, kommentiert oder geteilt haben. Diese Facebook-Werkzeuge können von anderen Seiten genutzt werden, um Benutzern personalisierte Nutzerfahrungen zu ermöglichen.

**SPAM**
(auch Junk) werden unerwünschte, in der Regel auf elektronischem Weg übertragene Nachrichten bezeichnet, die dem Empfänger unverlangt zugestellt werden und häufig werbenden Inhalt haben.

**SPLIT SCREEN**
Werbeformat, das einen größeren Teil des Bildschirmes (max. 1/3) kurzfristig einnimmt.

**SSP**
Supply Side Platform – Begriff aus dem Real Time Bidding (siehe RTB); Plattform, die für den Publisher das vorhandene Inventar über verschiedene angeschlossene Werbe-Einkäufer (siehe SSP, Ad Networks...) optimiert und so den optimalen TKP für den Publisher einholt (= Yield Optimierung).

**STATISTICAL TARGETING**
Bietstrategie beim Real Time Biding (siehe RTB), die die Zielgruppe nicht vorab definiert, sondern auf Basis eines Ziel-CPI/CPO mittels Algorithmen optimiert.

**STICKY AD**
Werbebanner, die in eine Webseite statisch eingebaut wurden. Selbst wenn der Webseitenbesucher auf der Seite hin- und herscrollt bleibt das Sticky Ad auf der selben Stelle. Die Besonderheit liegt darin, dass die Werbung immer im Blickpunkt des Users bleibt. Um den Effekt dieser Bannerform nutzen zu können, lohnt sich eine Schaltung meist nur auf scrollbare Seiten.

**STREAMING**
Darstellung von Werbefilmen/Videos im Internet. Streams können bereits bei laufendem Ladevorgang betrachtet werden. Live Stream, Ad Stream.

**SUCHMASCHINE**
Ein Programm zur Recherche von Dokumenten, die im Internet gespeichert sind. Diese verfügen über große Datenbanken, auf denen URLs hinterlegt sind, die nach bestimmten User-individuellen Kriterien durchsucht und selektiert werden können. Die bekannteste Suchmaschine ist Google.

**SUPERSTITIAL**
Ein weiterentwickeltes Popup. Während der User eine Internet-Seite betrachtet, wird im Hintergrund die Werbung geladen. Wird dann weitergeklickt, füllt eine Werbegrafik kurzzeitig den Bildschirm aus.

# T

**TAG-IN-TAGSCHALTUNG**
Kampagnen, die über mehr als einen Adserver geschalten werden, haben naturgemäß Abweichungen bei den Statistiken der beteiligten Adserver. Man spricht von Tag-in-Tag, wenn das Werbemittel von einem Adserver präsentiert wird, der wiederum durch einen anderen Adserver am Werbeträger eingebunden ist.

**TAGS**
Als Tags werden allgemein Etiketten und Markierungen zur Kennzeichnung bestimmter Elemente bezeichnet. In Bezug auf das Adserving ist ein Tag eine Art Platzhalter, der die Auslieferung der Werbeformen (z.B. Banner) für die jeweilige Werbefläche steuert.

**TARGETING**
Unter Targeting versteht man zielgruppenorientierte Werbung. Ziel des Targetings ist die Maximierung des Wirkungsgrades von Online-Werbung. Dies wird unter anderem durch eine Einschränkung der Zielgruppe und damit verbundener Verringerung von Streuverlusten erreicht. Ein Instrument zum Targeting ist Data-Mining – das systematische Aufspüren und Verwerten von relevanten Informationen in großen Datenmengen.

**TARGETING-KRITERIEN**
Kriterien, nach denen die Zielgruppe für eine Online-Kampagne eingeschränkt werden kann. Z.B. regional, soziodemografisch, Bandbreite (ADSL, ISDN) etc.

**TCP/IP – TRANSMISSION CONTROL PROTOCOL / INTERNET PROTOCOL**
Standard-Kommunikationsprotokoll für alle mit dem Internet verbundenen Rechner. Regelt die Kommunikation und den Datenaustausch von Rechnern innerhalb des Internets, aber auch innerhalb von firmeneigenen Netzwerken.

**TERABYTE**
1 Terabyte = 1.000.000.000.000 Byte - siehe auch Byte.

**THUMBNAIL**
Mini-Grafik, die in der Regel angeklickt werden kann, worauf ein entsprechend größeres Bild geladen wird.

**TKP**
„Tausend-Kontakt-Preis", Preis für 1.000 Adimpressions eines Werbemittels. Da im Internet Kontakte und nicht Kontaktchancen verrechnet werden, gibt es beim TKP im Internet kein entsprechendes Risiko.

**TOOLBAR**
Funktionsleiste mit bebilderten Schaltflächen, die schnellen Zugriff auf häufig verwendete Funktionen und Services ermöglichen.

**TOP LEVEL DOMAIN**
Bezeichnung für den rechten äußeren Teil einer Internet-Adresse, beispielsweise die Endung „.at" oder „.com", bei der Suche der zugehörigen Website. Die Top Level Domain bezieht sich auf den Standort der Namensverwaltung, nicht auf den Standort der Domain oder des Servers selbst.

**TRACKBACK**
Durch die Trackback Funktion (auch Pingback genannt) wird dem Autor eines Blogs angezeigt, wann jemand auf einer anderen Webseite einen Link zu einem seiner Artikel erstellt. Dadurch kann der Autor mit verfolgen, wer Links zu seiner Webseite erstellt.

**TRACKING**
Der Begriff Tracking stammt aus dem Englischen und heißt ins Deutsche übersetzt ‚Nutzer-Verfolgung". Dabei werden die Bewegungen der Nutzer innerhalb des Internets verfolgt.

**TRADING DESK**
Gruppe innerhalb der Agentur, die als Managed Service Demand Side Platform (siehe Manage Service DSP) für die Agentur auftritt und dabei auf eine Self-Service Demand Side Platform (siehe Self-Service DSP)eines Drittanbieters zurückgreift.

**TRAFFIC**
Messgröße für Zugriffe auf ein Online-Angebot.

**TUMBLR**
Microblogging-Plattform und soziales Netzwerk von Yahoo!. Userinnen und User können multimediale Kurznachrichten posten, sich die Blogs von anderen durchlesen und ihre eigenen Blogs privat machen.

**TWITTER**
Microblog, der es den Nutzern ermöglicht, textbasierte Nachrichten mit bis zu 140 Zeichen zu senden und zu lesen. Twitter wird benutzt, um aktuelle Nachrichten möglichst schnell und in prägnanter Form zu erhalten. Man kann sowohl den Nachrichten einzelner, oft berühmter Personen, wie auch denen größerer Unternehmen folgen.

# U

**UMWANDLUNGSRATE**
siehe CR

**UNIQUE CLIENTS**
Unique Client ist die Bezeichnung für jeden einzelnen Browser, dessen Internetnutzung (Zugriffe auf die Online-Angebote von Werbeträgern) im Rahmen der technischen Messung in gelernten Größen wie z.B. Page-Impressions erhoben wird.

**UNIQUE USER**
Der Unique User ist der „einzelne" Nutzer und damit die Basis der ÖWA Plus. Die Unique-User-Zahl drückt aus, wie viele Personen in einem bestimmten Zeitraum Kontakt mit einem Werbeträger bzw. einzelnen Belegungseinheiten hatten. Der Unique User ist die Grundlage für die Berechnung von Reichweiten und Strukturen.

**UNIVERSAL AD PACKAGE**
Standardwerbemittelformate, die vom internationalen IAB definiert wurden und internationale Gültigkeit haben. Hierzu zählen Superbanner (728x90 px), Content Ad (300x250 px) und Skyscraper (160x600 px).

**UPLOAD**
Datenfluss vom lokalen Rechner oder einem lokalen Speichermedium zu einem entfernten Rechner.

**URL**
Uniform Resource Locator; Adressformat für Dokumente im World Wide Web. Das URL-Format macht eine eindeutige Bezeichnung aller Dokumente oder Objekte im Internet möglich. Der URL spezifiziert die genaue Adresse (Domainname, Verzeichnis) der gewünschten Information und in welchem Format bzw. Protokoll (Gopher, HTTP, FTP usw.) die gewünschte Information auf dem eingesetzten Browser abgerufen werden soll.

**USABILITY**
Bezeichnet die vom Nutzer erlebte Nutzungsqualität bei der Interaktion mit einem System. Eine besonders einfache, zum Nutzer und seinen Aufgaben passende Bedienung wird dabei als benutzerfreundlich angesehen.

**USER**
Nutzer eines Online-Angebotes.

**USER GENERATED CONTENT (UGC)**
Mediale Inhalte, die von Benutzerinnen und Benutzern selbst und nicht vom Anbieter einer Webseite hergestellt wurden. UGC reflektiert die Expansion medialer Produktionen, die dadurch entstanden ist, dass neue Technologien leistbar und für die allgemeine Öffentlichkeit zugänglich geworden sind.

**USER ID**
Eindeutige Identifikationsnummer eines Nutzers.

**USER-TRACKING**
Identifizierung des Internet-Users und seines Surfverhaltens. Geschieht meist mit Hilfe von Cookies.

# V

**VANITY URL**
Im Social Media Bereich ist die Vanity URL eine Web-Adresse, in der der Username in der Adresse aufscheint. So verlinkt einen z.B. die Adresse facebook.com/youtube zur YouTube Fan-Seite auf Facebook.

**VIDEO-STREAMING**
Videos im Internet

sind meist sehr speicheraufwändig und würden daher zu sehr langen Downloadzeiten führen. Mit Streaming-Technologien (à siehe Streaming) werden die Videos ohne vorherigen Download gezeigt. Dazu sind aufwendige Kompressionsverfahren und teilweise auch Qualitätseinbußen notwendig. Der Vorteil dabei ist, dass man nicht warten muss, bis der Download abgeschlossen ist.

**VIEWTIME**
Zeit, die ein Besucher mit einem Werbemittel oder einer Website verbracht hat, bis er zur nächsten Website gewechselt ist.

**VIEW-THROUGH**
Anzahl an Besuchen einer beworbenen Website, die zwar direkt durch die Werbeschaltung, aber auf anderen Wegen als dem Klick begonnen wurden. Diese Zahl ist zwar weit größer als die Klick-Zahl, allerdings nur mit großem Aufwand messbar.

**VIRALITÄT**
Verbreitung von Informationen über ein Produkt oder eine Dienstleistung im Netz, die zu einem Selbstläufer werden; also von Personen, die vom Initiator unabhängig sind, ähnlich einem biologischen Virus, weiterverbreitet werden.

**VIRAL MARKETING**
Marketingaktivitäten, die auf eine virale Verbreitung durch die Zielgruppen setzt – und dadurch eng mit Guerilla-Marketing, Viral Spots und Web 2.0 verwandt ist. Häufig auch als Empfehlungsmarketing bezeichnet.

**VIRUS**
Schädliche Einlagerung in Software-Anwendungen, die vorsätzlich programmiert wurde. Kann zu Datenverlusten und Systemfehlern bis zum Totalausfall des Computers führen. Zum Schutz sollten Anti-Viren-Programme verwendet werden.

**VISIBILITY**
Maßeinheit, die die Sichtbarkeitsdauer eines Werbemittels auf einer Website angibt.

**VISIBILITY TRACKING**
Tracking-Verfahren, das die Sichtbarkeit eines Werbemittels misst.

**VISITS**
Anzahl der Besuche einer Website bzw. eines Werbeträgers. Ein Besuch gilt als abgeschlossen, wenn ein User eine bestimmte Zeit lang keine Aktionen mehr auf der Website durchführt (in der Regel etwa 20 Minuten).

# W

**W3C**
Gremium zur Standardisierung der das World Wide Web betreffenden Techniken. Es wurde am 1. Oktober 1994 am MIT Laboratory for Computer Science in Cambridge (Massachusetts) gegründet.

**WAP**
Wireless Application Protocol; Standard-Protokoll, das die Kommunikation mobiler Endgeräte (Mobiltelefone oder Handhelds) untereinander einerseits und zu fest installierten Endgeräten andererseits beschreibt. Letzteres soll unter anderem den Internet-Zugang auf mobilen Endgeräten, die mit Mikro-Browsern ausgestattet sind, vereinfachen.

**WAP-HANDY**
Bezeichnung für Internet-fähige Mobiltelefone mit Mikro-Browser, die den Übertragungsstandard WAP unterstützen.

**WEB 2.0**
Web 2.0 ist eine Haltung, die die neue Form der Nutzung digitaler Medien zeigt. Der Nutzer selbst wird dabei vom ehemals passiven Zuschauer und Medienkonsumenten zu einem (inter-)aktiven (Ko-)Produzenten digitaler Medien. Sender und Empfänger verschmelzen.

**WEB 3.0**
Auch Semantisches Web genannt; neues Konzept bei der Weiterentwicklung des World Wide Webs und des Internets. All die in menschlicher Sprache ausgedrückten Informationen im Internet sollen mit einer eindeutigen Beschreibung ihrer Bedeutung (Semantik) versehen werden, die auch von Computern „verstanden" oder zumindest verarbeitet werden kann.

**WEB ANALYTICS**
siehe Webcontrolling

**WEBCAST**
Ein Webcast ist dem Zweck nach ähnlich einer Fernsehsendung, jedoch für das Medium Internet konzipiert. Webcasts können live gesendet oder per Abruf (on demand) zu Verfügung gestellt werden.

**WEBCONTROLLING**
=Web Analytics ist die Sammlung und Auswertung des Verhaltens von Besuchern auf Websites. Ein Analytic-Tool untersucht typischerweise, woher die Besucher kommen, welche Bereiche auf einer Internetseite

aufgesucht werden und wie oft und wie lange welche Unterseiten und Kategorien angesehen werden.

**WEBCRAWLER**
Wird auch Spider oder Searchbot genannt und ist ein Computerprogramm, das automatisch das World Wide Web durchsucht und Webseiten analysiert. Webcrawler werden vor allem von Suchmaschinen eingesetzt. Weitere Anwendungen sind das Sammeln von RSS-Newsfeeds, E-Mail-Adressen oder von anderen Informationen.

**WEBSITE**
Oft als Internetauftritt, Webpräsenz, Webangebot oder Homepage bezeichnet; es stehen verschiedene Dokumente und Objekte bereit, die untereinander verlinkt sind. Sie werden durch eine einheitliche Navigation zusammengefasst.

**WERBEMITTEL**
Werbemittel sind die gestaltete (objektivierte) Form der Werbebotschaft. Sie wird durch Werbeträger an die Zielpersonen übermittelt, z.B. Banner oder Instream.

**WERBETRÄGER**
Medium, durch welches die Werbebotschaft zum Empfänger transportiert wird.

**WIKI**
Ein Gemeinschaftsprojekt, bei dem Informationen von mehreren Nutzern eingegeben und verbunden werden. Diese Art Inhalte zu erstellen wird oft auch als Crowdsourcing bezeichnet. Das bekannteste aller Wikis ist die seit 2001 bestehende Online-Enzyklopädie Wikipedia.

**WOM**
Word of Mouth; Mund-zu-Mund-Kommunikation (öfters auch Mundpropaganda genannt) und steht für die direkte persönliche Kommunikation zwischen Konsumenten innerhalb eines sozialen Umfeldes.

**WWW**
World Wide Web; Ein auf Hypertext basierendes Informationssystem im Internet, unterstützt durch Grafiken, Sounds, Videos und Animationen. Dies wurde 1990 vom Schweizer Institut für Kernforschung (CERN) entwickelt und bedeutete den Durchbruch des Internets als Informationssystem für breite Nutzerschichten ohne EDV-Fachkenntnisse. Abkürzungen: WWW, Web, W3.

## X

**XING/LINKEDIN**
Soziale Netzwerke, in denen Unternehmen wie auch einzelne Benutzer meist ihre beruflichen, aber auch privaten Kontakte verwalten. Außerdem können neue Kontakte geknüpft werden. Auf den beiden Plattformen kann man Stellenangebote einstellen, Veranstaltungen organisieren, sowie selbst nach Fachpersonal suchen. Die Hauptfunktion von Xing und LinkedIn ist es, Kontaktnetze sichtbar zu machen. Daneben bieten die Netzwerke aber auch zahlreiche Community-Funktionen zum Austausch unter den Mitgliedern.

**XML**
extensible Markup Language; Oft als Ergänzung zu HTML und als sein Nachfolger gesehen. Ermöglicht die Trennung von Inhalt einerseits sowie Formatierungen und Layout andererseits. Es handelt sich um eine strukturierte Datenbeschreibungssprache.

## Y

**YIELD OPTIMIERUNG**
siehe SSP

**YOUTUBE**
Internet-Videoportal, auf dem die Benutzer kostenlos Video-Clips ansehen und hochladen können. Auf der Internetpräsenz befinden sich Film- und Fernsehausschnitte, Musikvideos sowie selbstgedrehte Filme. Sogenannte „Video-Feeds" können in Blogs gepostet oder auch einfach auf Webseiten über eine Programmierschnittstelle (API) eingebunden werden.

## Z

**ZUGANGSBERECHTIGUNG**
Müssen Nutzer eines Internet-Angebots nachweisen, wenn sie einen Dienst mit einer geschlossenen Benutzergruppe besuchen wollen.